제2판

통계적 탐구

김기영 | 박유성 | 송석헌 | 이재원
장인식 | 전명식 | 허명회 지 음

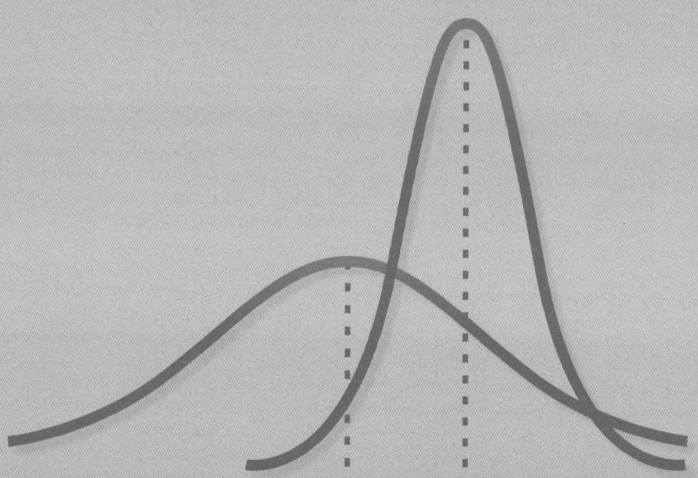

교우사

머 리 말

모든 학문에는 이름이 붙여져 있어 다루려는 몫이 제각기이고 이로써 그 하나 하나의 고유성이 생겨나게 마련이다. 의학이 사람의 몸을, 심리학이 마음의 이치를, 그리고 경제학이 재화와 용역의 흐름을 주요대상으로 한다면 통계학은 자료를 다루는 학문이라고 할 수 있다. 그래서 통계학을 잘 안다는 말은 바로 자료가 가지는 성질을 잘 파악한다는 뜻이 된다. 그런데 이 세상에 그 어떤 것도 완벽히 같은 것이 하나도 없듯이 자료를 이루는 개별 개체가 개체임은 이들이 서로 다르기 때문이고 더욱이 그 다름은 끊임 없이 변화를 거듭한다. 그러므로 자료가 가지는 개체의 변이성과 시간에 따른 변화의 양태를 주의 깊게 살펴보는 일은 곧 통계학의 요체를 더듬는 일이라 하겠다.

자료가 가지는 이런 변화의 속성을 통계학에서는 불확실성을 바탕으로 사유하며, 불확실성의 정도를 재는 지표로서 확률의 개념을 도입한다. 이리하여 통계학은 확률적인 변화를 보이는 양에 각별한 관심을 가지며, 이로써 통계학을 '변이의 학문'이라 해도 하나 지나침이 없는 것이다. 요컨대 통계학은 변화하는 것들을 대표하는 양과 그 변화의 정도, 나아가 변화를 일으키는 가능한 원인과 그에 의한 결과의 탐구를 기본적 추론의 대상으로 삼는다.

그러면 통계학이 무슨 까닭으로 거의 모든 학문분야에서 교양 혹은 전공필수로 다루어질 만큼 중요한 영역이 되는 것인가? 통계학이 출발한 역사적 배경에서 이 물음에 대한 답을 찾을 수 있다. 즉, 통계학은 국상학(國狀學) 내지 정치산술학 등을 원류로 하는 사회과학의 한 분야와 확률론을 중심으로 하는 수리과학의 한 분야로 출발했다는 점이다. 이에 따라 사회과학적이고 수리과학적이라는 양면성이 통계학에 처음부터 배태되어 있어 그의 사유범위나 응용영역이 자연히 범 학문적일 수밖에 없는 것이다.

우리가 직면하고 있고, 앞으로 당장 만나게 될 상황은 '많은 양의 정보가 빨리 지나가는' 그리고 '학제간의 통합적 사고에 우선적 가치가 부여되는' 세상으로 그려진다. 이와 더불어 미래의 교육은 정보와 지식에 근간을 둔 가치창출에 그의 역점을 두고 있음을 주시해야 된다. 이런 여건 하에서 과거와 현재의 정보를 분석하여 미래의 상황을 예측하고, 이를 근간으로 올바른 의사결정 내지 지식의 영역으로 인도하는 통계학의 주도적인 역할이 없이 과연 무엇을 과학의 이름으로 실증할 수 있을 것인가?

고려대학교의 경우 통계학과는 설립될 때부터 정경대학 내에 포함되어 사회과학의 여러 학문부문간 균형적인 발전에 중요한 몫을 담당해왔다. 사회과학분야를 호랑이 얼굴에 비하고, 이때 정경부분을 호랑이가 살아감에 필요한 지혜를 받아들이는 눈으로 치자. 그렇다면 그 눈을 통해 들어오는 내용을 수량화하여 객관적인 지식으로 형상화시키는 통계학이 곧 호랑이의 눈동자에 해당한다고 하면 통계학의 역할을 제대로 본 것이리라. 과연 무엇을 준비해야 다가오는 세상의 주역으로 바로 그 '눈동자'가 될 수 있을지 곰곰이 생각해 볼 일이다.

이 책은 통계학 공부를 시작하려는 학도에게 통계학의 전반을 개괄하고 통계적 생각의 틀을 소개하기 위해 고려대학교 통계학과의 교수들이 그 간의 강의내용과 교육경험을 기초로 정리한 것이다. 사려 깊고 현실감 있는 예를 들어 잘 설명하면 우선 이에 관련된 기본 개념이 명료해지고 통계적 탐구에 대한 동기도 충만해져 마치 마른 모래톱이 물을 더 갈구하듯 통계학에 대한 그 이상의 갈증이 한층 증폭되리라는 것이 우리의 기대이다. 그래서 구체적 문제에 대해 방법론적인 접근보다는 개념 중심으로, 그것도 수식 대신 쉬운 말을 쓰려고 애썼다.

이 책은 크게 세 영역으로 나뉘어 있다. 제1부에서는 자료의 생산을 주제로 하고 있으며, 제2부에서는 생산된 자료를 정리하고 묘사하기 위한 부분을, 그리고 제3부에서는 얻어진 자료에 근거한 통계적 추론의 영역을 다루고 있다. 이 책의 전체적인 짜임이 자료를 통해 세상을 탐구하고자 할 때 자연적으로 이루어질 일의 차례와 같을 것으로 생각되어 특별한 상황이 아닌 한 군이 공부하는 순서를 바꿀 필요는 없을 것으로 판단되며, 가급적 여기에서 언급한 모든 부분이 교육되었으면 한다. 아무쪼록 저자들의 뜻이 잘 전달되어 독자의 사고체제가 더욱 풍요해지기를 기원한다.

원고정리에 애쓴 대학원생들과 출판에 관련한 여러분들께 고마움의 뜻을 적는다.

고려대학교 정경대학 통계학과

차 례

제1부 자료의 생산

제 1 부

자료의 생산

요 약

정보가 필요한 경우 여러분은 무엇을 해보겠는가? 인터넷, 가장 먼저 생각해볼 수 있다. 그러나 인터넷은 이미 있는 정보를 활용할 수 있게 할 뿐 일차적 정보를 주지는 않는다. 예컨대 엠씨스퀘어가 실제로 얼마나 효과가 있는가를 알고 싶다고 하자. 만약 누군가가 이에 대한 연구를 한 바 있다면 그 정보가 혹시 인터넷에 올라와 있을 수 있다. 그러나 아직 아무런 선행연구가 없었거나 아니면 이 문제를 새롭게 탐구하고자 할 때는 일차적인 통계자료 생산이 필요하다.

어떤 자료 생산 방법이 있는가? 엠씨스퀘어 문제를 염두에 두고 생각해보자. 첫째, 현재 사용 중인 사람들을 조사하는 방법이 있을 것이다. 그들을 모두 조사하는 것이 어려운 경우엔 표본을 뽑아 조사할 수 있겠다. 그러면 어떻게 표본을 뽑을까? 무엇을 어떻게 질문해야 할까? 표본에서 얻은 수치는 모집단에 대하여 어떤 정보가 될까? 1장 표본조사에서는 이런 것들을 공부하게 될 것이다.

둘째, 실험하는 방법이 있겠다. 실험을 어떻게 설계해야 잘 했다는 소리를 들을 수 있을까? [어떻게 하면 허점 투성이의 실험이 될까?] 실험의 결과가 단편적인 관측에 불과한가, 아니면 어느 정도의 일반화가 가능한가? 이것들이 2장 실험에서 논의하게 될 주제들이다.

그리고 마지막으로 3장에서는 모든 자료생산에 있어 가장 기본이 되는 측정의 문제를 다룬다. 여기서는 주로 다음 주제들을 다루게 될 것이다. 타당한 측정과 그렇지 않은 측정은? 정확한 측정과 그렇지 않은 측정은? 측정의 척도는? 어떤 경우 우리는 숫자에 속게 되는가?

1장. 표본조사

언론사 세무조사에 대하여 사람들은 어떤 생각을 할까? 우리나라 도시 가구는 얼마나 벌어서 얼마나 쓸까? 이를 알기 위하여 모든 사람들에게 질문을 하기보다는 잘 선택된 일부 사람들에게 질문하는 것이, 우리나라 도시의 모든 가구들을 조사하는 것보다는 일부 가구들을 조사하는 것이 효율적이다. 그렇다면 전체를 대표하는 일부, 즉 표본(標本, sample)을 어떻게 뽑아야 하는가?

1.1 표본추출의 기초

다음은 통계전문가들이 표본추출(標本抽出, sampling; 표집(標集))을 할 때 자주 쓰는 용어이다.

표본추출 용어

모집단(母集團, population) : 우리가 정보를 원하는 대상이 되는 모든 사람, 가구, 사업체 등

개체(個體, unit) : 모집단의 개별 요소. 모집단이 사람들로 구성되는 경우 표본추출 개체를 흔히 응답자(respondent)라고 한다.

표본(標本, sample) : 우리가 관측하는 모집단의 일부

표본추출 틀(sampling frame) : 표본이 추출될 개체들의 목록. 표본추출 틀로부터 표본이 추출된다.

변수(變數, variable) : 개체의 특성. 표본 내 개체들에 대하여 변수가 측정된다.

모집단은 우리가 정보를 원하는 대상이다. 예컨대 화장시설에 대하여 서울시민들의

의견을 알고자 한다면 모집단은 서울시민이다. 화장시설 예정지 인근주민들의 의견을 알고자 한다면 모집단은 인근지역 주민들이다 ['인근지역'에 대한 정의가 필요하다. 예컨대 반경 4킬로미터 이내라든가 …].

예 1.1 여론조사

한국 갤럽은 2001년 6월말 전국 성인남녀 1055명을 대상으로 언론사 세무조사와 관련한 여론조사를 하였다. '언론사 세무조사가 정부에 비판적인 언론사에 대한 탄압 의도인가?'라는 설문에 조사대상자의 56%가 '그렇다'고 응답해 '그렇지 않다'(39%)보다 훨씬 많은 것으로 나타났다 [www.chosun.com, 2001/07/01]. 여기서 모집단과 표본은 다음과 같다.

- **모집단** : 전국 성인남녀 [2000년 인구 총조사에 의하면 우리나라의 20세 이상 성인은 32,655,000명으로 추정된다. www.nso.go.kr 참조]
- **표　본**: 1,055명의 성인남녀

예 1.2 마케팅 조사

2000년 TV 방송을 매체로 하는 광고비 지출은 2조원을 넘어섰다. 방송광고비 책정을 합리적으로 하기 위하여 시청률의 정확한 측정이 선행되어야 한다. 2006년 6월 현재 우리나라에서는 AGB닐슨(Nielsen)과 TNS미디어코리아가 TV 시청률을 측정하여 광고주 및 광고회사, TV 방송사에 자료를 판매하고 있다. 두 회사는 피플미터라는 전자기기를 표본가구의 TV 세트에 부착하여 누가 언제 무엇을 시청하는가를 초 단위로 측정한다 [매일]. 다음은 TNS미디어코리아 시청률 조사의 모집단과 표본이다 [www.tnsmk.co.kr 참조].

- **모집단** : 서울, 인천 및 수도권, 부산, 대구, 광주, 대전 소재 일반가구
- **표　본** : 1,500 가구

예 1.3 정부의 사회·경제 자료수집

통계청은 6,000여 가구를 대상으로 가구의 수입과 지출 등을 매달 조사한다 [가계조사]. 그 결과 2006년 1/4분기 현재 도시근로자 가구의 가구당 월 평균소득은 344만원·전년동기대비 4.6% 증가, 소비지출은 232만원·전년동기대비 3.4% 증가로 나타났

다 [www.nso.go.kr 참조]. 가계조사에서 모집단과 표본은 다음과 같다.

- **모집단**: 전국 도시의 일반가구 중에서 농어가 등을 제외한 일반 가구
- **표　본**: 6,000여 가구 [매달]

어떤 조사에 있어서는 모집단과 표본이 같다. 그런 조사를 총조사 또는 센서스(census)라고 한다. 거의 대부분의 나라들은 매 5·10년마다 인구에 대하여 센서스를 한다. 그러나 자료수집에 있어 센서스는 매우 예외적이다. 왜 그럴까?

표본을 취하는 이유는?

통계전문가들은 센서스를 하는 대신 표본을 취하라고 말한다. 일반적으로 센서스에는 많은 비용이 들고 시간이 걸리기 때문이다. 예컨대 2000년 인구 및 주택 총조사에 840억원 정도가 소요되었고 2005년 총조사에는 1,290억원 정도가 소요되었다. 그리고 2000년 11월에 시행된 총조사 결과가 2001년 12월에 나왔으므로 분석에 소요되는 시간도 1년이나 되었다 [www.nso.go.kr/census2000 참조]. 그럼에도 불구하고 인구 및 주택 총조사는 국가통계의 가장 중요한 기초가 되므로 매 5년마다 어김없이 수행된다. 그러나 대부분의 조사는 인구 및 주택 총조사 만큼 중요하지는 않기 때문에 표본조사로 충분하다.

센서스의 이점은 모든 개체가 조사되므로 표본추출로 인한 변동이 없다는 점이다. 그러나 실제로는 여기에 함정이 있다. 1999년 12월 경기도 성남시는 백궁·정자지구 용도변경 찬반 여론조사를 시민 93,000명에 대하여 실시하였고 그 결과 70,000명이 찬성하고 23,000명이 반대하였다고 발표하였다. 그러나 여론조사에서 찬성을 했다는 8명의 주민을 무작위로 선정, 서명 사실 여부를 질문한 결과 그 중 1명만이 찬성 서명한 사실이 확인되었고 나머지 7명은 기억이 나지 않거나 찬성 서명한 사실이 없다고 응답하였다 [www.joins.com, 2001/06/28]. 이처럼 치밀하게 계획되지 않은 대규모 조사는 부실하게 진행되었을 가능성이 있기 때문에 주의 깊게 검토되어야 한다.

표본을 잘못 취하는 방법은?

표본을 잘 취하여야 하는데 실제로는 잘못 취하기가 쉽다. 예를 들어 귤의 품질을 검사하고자 100개들이 박스를 뜯어 그 중 몇 개를 검사한다고 하자. 편의상 맨 위 줄에 놓인 귤들을 검사한다면 그것은 잘못된 방법이다. 그런 방식으로 귤의 품질이 검

사된다는 사실이 알려지면 귤 생산농가에서는 상대적으로 좋은 귤들을 박스 맨 윗줄에 넣을 것이기 때문이다. 다른 예로서, 백화점에서 고객 만족도를 조사하고자 출구에서 쇼핑을 마치고 나오는 고객을 상대로 면접조사를 한다고 하자. 오후 6시 근처엔 워낙 출구가 붐비기 때문에 모든 면접이 오후 4시 이전 시간에 이루어졌다고 하자. 오후 4시 이전 쇼핑고객과 그 이후 시간의 쇼핑고객은 사회-경제적 측면에서 큰 차이가 있을 수 있으므로 이런 조사 방법은 잘못이다. 전화조사에서도 표본을 잘못 취하기 쉽다. 가정주부가 집에 있을 가능성이 가장 크고 30대 남자가 가장 작기 때문에 단순한 전화면접은 균형 잡히지 않은 표본을 만들어낸다.

편향된 표본추출

편향(偏向)적 설계(biased design) : 한 쪽으로 치우치게 된 연구 설계

자발적 응답표본(voluntary response sample) : 응답자가 자발적으로 참여하여 생성된 표본

편의표본(便宜標本, convenience sample) : 뽑히기 쉬운 개체들로 구성된 표본

자발적 응답표본과 편의표본은 편향되어 있기 쉽다.

예 1.4 온라인 조사

신문사의 인터넷 홈페이지에 가보면 독자들의 의견을 물어보는 박스가 있는 경우가 있다. 예컨대 온라인 동아일보 [www.donga.com]의 2006년 6월 27일자 여론조사의 경우를 보자.

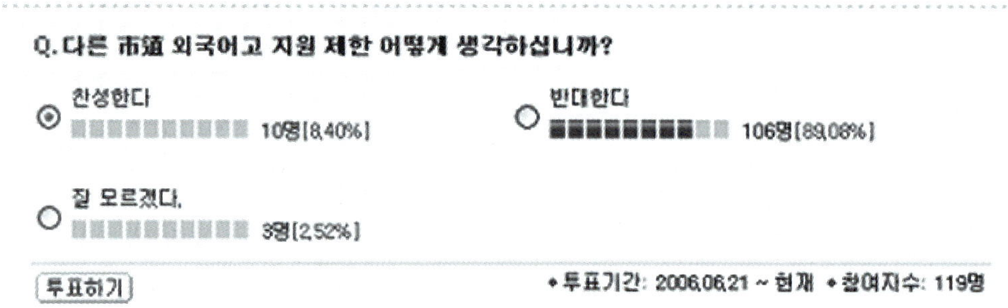

이런 설문에 자발적으로 참여하고자 하는 독자는 조사 주제에 특별한 흥미를 가진 사람들이기 쉽다. 그런 사람들은 일반인들과 다른 성향이 있기 때문에 이런 조사에서 얻어진 표본은 편향되어 있을 가능성이 높다.

예 1.5 길거리 조사

영국의 1992년 선거예측은 실패였다. 거의 모든 조사가 노동당이 승리할 것으로 보았으나 결과는 보수당의 승리였다. 원인을 분석한 결과 '길거리 조사'라는 조사방식에 큰 문제가 있는 것으로 밝혀졌다. 영국은 전화 보급률이 낮기 때문에 주로 길거리에서 통행인들을 대상으로 조사가 이루어졌는데 보수당 지지자들이 노동당 지지자들에 비해 가지는 조사에 대한 비협조적인 경향으로 인해 길거리 조사의 표본은 노동당 지지층에 편향되어 있었다. (어느 나라나 고학력·고소득층의 조사 거절률이 저학력·저소득층에 비하여 상대적으로 높다).

1.2 단순임의표본추출

무슨 일이든 엉터리로 하기는 쉽고 제대로 하기는 쉽지 않다. 표본추출도 마찬가지이다. 자발적 응답표본과 편의표본은 각각 응답자와 조사자에 의한 선택편향이 문제이다. 그러므로 이런 선택편향을 막으려면 조사 당사자들의 선택성향이 개입하는 것을 막아야 한다. 이를 위한 통계적 방법이 단순임의표본추출이다.

단순임의표본추출(單純任意標本抽出, simple random sampling; 단순임의추출)

크기 n의 단순임의표본은 표본추출 틀 내 n개 개체의 모든 모임이 동일한 추출기회를 갖도록 표본추출이 시행되는 경우에 얻어진 표본이다.

앞으로 영문약어 SRS는 단순임의표본 및 단순임의표본추출(단순임의추출)을, n은 표본 내 개체의 수를 말하게 될 것이다.

SRS로써 모든 개체는 같은 확률로 표본에 포함될 것이다. 성과 나이에 관계없이, 사회경제적 계층에 관계없이 누구나 표본에 잡힐 가능성이 있고 그 가능성은 같다.

어떤 특정 성향이 있고 없음에 따라 표본에 잡힐 가능성이 달라지지 않는다. 예를 들어 게임 소프트웨어 발표회에서 제작사가 n명의 참가자들을 SRS로 추출하여 정품 CD를 경품으로 준다고 하자. 이를 위하여 참가자들에게 각자의 명함을 1매씩 제출하게 하여 큰 상자에 넣은 뒤 손을 넣어 잘 섞은 뒤 명함 1장씩을 총 n장이 될 때까지 뽑음으로써 SRS가 얻어진다. 이보다 좀 더 세련된 방법이 있지 않을까?

임의숫자

그림과 같이 원판을 10등분하여 0, 1, 2, 3, 4, 5, 6, 7, 8, 9 등 숫자를 하나씩 적어 넣고 중심에 침을 세워 원판을 회전시켜 보자. 회전판이 멈춘 뒤 바늘이 가르키는 영역에 있는 숫자를 읽는다. 이 숫자는 0부터 9까지 10개 숫자 중 임의의 하나일 것이다. 첫째 시행에서 9가 나왔고 그 다음 시행에서 2가 나왔다고 하자. 계속해서 시행한 결과 다음과 같은 숫자들이 나타났다고 하자 [각종 복권추첨도 이런 식으로 한다. 가끔 TV에서 중계방송을 볼 수 있다].

92001 61769 ⋯

원판을 돌리는 시행들은 독립적이라고 볼 수 있으므로 이런 식으로 임의숫자표(table of random numbers, 난수표(亂數表))를 만들 수 있다. <표 1.1>은 임의숫자표의 예인데 예전에는 이런 표가 의례 통계학 책들의 끝 부록으로 나와 있었다. 그러나 요즘은 컴퓨터로 하여금 임의숫자를 생성하게 하므로 굳이 표를 들쳐볼 필요가 없겠다.

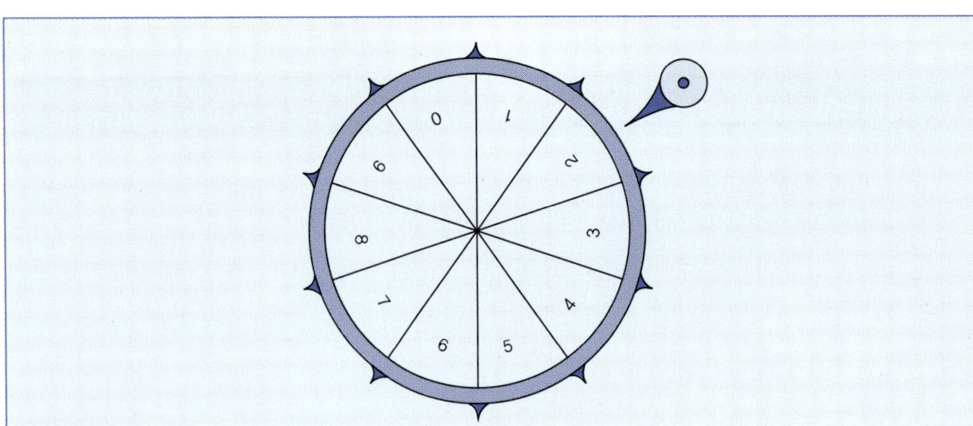

표 1.1 ▸ 임의숫자표

92001	61769	39350	47017	25076
16943	61485	80207	29399	22661
86151	19063	94583	37892	68444
06214	91848	87730	53288	18150
65914	08108	64537	38430	48501
84088	10336	68368	91939	10254
87804	99755	36149	42571	59891
70112	73174	12412	66646	87937
33853	57917	66910	31890	80412
06379	89658	16272	62701	00780
65735	67449	71195	28465	93695
62646	03926	66579	58462	93830
64234	72866	97653	75219	12140
23146	93414	94419	03749	27350
31888	12012	31640	73412	11355
68362	72001	41181	32477	00310
82608	50848	31294	83007	93419
83063	70781	40356	13176	41393
86327	54642	30490	87719	31930
45056	22860	88173	71589	66197
25158	46994	19589	65623	12625
61023	02125	92704	70622	26679
64614	00569	42761	93670	88751
61695	44593	44984	41175	96848
47395	39200	45894	05299	45370
72951	77141	17858	57480	40523
04498	57312	27105	62755	00427
25681	15267	58761	33960	58935
38538	71761	12362	44083	21963
35573	27953	53094	03592	69655
00254	17208	65976	79779	13237
46312	25336	03756	30090	70189
73002	03573	61379	99216	11220
27036	50718	49856	86443	72764
48434	63647	14721	28539	58646
73116	39365	55302	62822	13320
73636	27102	06580	39491	25162
60229	07216	95241	91945	71173
40839	05306	57183	96360	16698
30580	98563	22321	61752	62777
17925	47202	64687	44317	63035
01466	…			

단순임의표본추출(SRS)

표본추출 틀에서 주어진 크기 n의 SRS를 뽑아보기로 하자. 예를 들어보겠다.

예 1.6 코스닥 기업

현재 우리나라에서 주식거래는 거래소 시장과 코스닥 시장, 장외시장에서 이루어진다. 그 중 코스닥에 등록된 기업들 중 25(=n)개 기업을 단순임의 표본추출하여 무엇인가 조사할 일이 있다고 하자. 어떻게 해야 하나?

- 단계 1 : 조사대상, 즉 모집단에 모두 몇 개의 개체가 있는가를 알아보고 고유번호를 매긴다. 코스닥 시장의 웹사이트 www.kosdaq.or.kr에 들어가 보면 모두 931개 법인이 등록되어 있음을 알 수 있다 (2006/6/27 현재). 따라서 일련번호(순번)로 정렬된 등록법인 리스트에 001부터 931까지의 고유번호를 부여한다. N을 리스트에 등재된 개체수라고 하자 [이 예에서 N은 931이다].

- 단계 2 : <표 1.1>의 임의 숫자표를 사용하여 다음과 같이 n개 숫자를 뽑아낸다.

  1) 난수를 N의 자리수인 3자리씩 끊어서 정렬한다.

  920 016 176 939 350 470 172 507 616 943
  614 858 020 729 399 226 618 615 119 063
  945 833 789 268 444 062 149 184 887 730
  532 881 ⋯

  2) 이 중에서 001부터 931(=N)까지를 번호를 하나씩 찾아내 밑줄을 긋는다. 모두 25(=n)개를 찾아내면 작업을 종료한다.

  920 016 176 939 350 470 172 507 616 943
  614 858 020 729 399 226 618 615 119 063
  945 833 789 268 444 062 149 184 887 730

  3) 뽑힌 번호에 해당하는 개체들의 리스트, 즉 표본 리스트를 완성한다[예컨대 920은 (주)오엘케이이다]. 이것이 크기 25의 SRS 결과이다.

단계 2의 작업을 더 쉽게 할 수도 있다. 예컨대 적당한 컴퓨터 프로그램을 이용하는 것으로 1부터 931까지의 숫자 중 25개를 원한다고 지정하면 즉시 그 숫자 리스트가 만들어진다.

요약하자면, SRS의 고유번호 추출작업은 2단계로 구성된다.

- 단계 1 : 모든 개체에 고유번호 부여 [1부터 N까지]
- 단계 2 : 1부터 N까지의 수 중에서 n개를 선발

단계 1의 과정에서 고유번호의 자리 수를 N의 자리 수와 일치하게 하는 것이 좋다. 예컨대, N이 62이면 고유번호를 01부터 62까지로 하고, N이 6210이면 고유번호를 0001부터 6210까지로 한다. 그리고 단계 2에서 같은 수가 2번 이상 나오는 경우 1번만 인정한다.

1.3 표본에서 모집단으로

한국갤럽이 1055명에게 '언론사 세무조사가 정부에 비판적인 언론사에 대한 탄압 의도인가?'라는 질문을 한 결과 56%인 591명이 '그렇다'고 응답하였다. 여기서 단순임의표본추출을 가정하기로 한다 [실제로는 이보다 약간 복잡한 표본추출방법이 시행된다. 1.6절 참조]. 이 경우 모집단 크기가 대략 30,454,000명이기 때문에 추출률은

$$1055/30454000 = 0.000035, \text{ 즉 } 0.0035\%$$

에 불과하다. 말하자면 100,000명 중 3명 정도 조사한 셈인데 그런 조사의 결과를 믿을 수 있을까?

이런 것을 논의할 때, 통계학에서는 우리가 모집단에 대한 수치를 말하는 것인지 표본으로부터의 수치를 말하는 것인지를 엄격히 구분하도록 요구한다.

모수와 통계량

모수(母數, parameter; 파라미터) : 모집단의 특성에 관한 수이다. 모수는 고정 값을 가지나 실제로 우리는 그 값을 알지 못한다.

통계량(統計量, statistic) : 표본의 특성에 관한 수이다. 일단 표본이 관측되면 통계량이 산출된다. 그러나 통계량은 표본에 따라 다르다. 통계량으로 모수를 짐작한다.

예 1.7 여론조사

언론사 세무조사에 관한 여론조사에서 모집단은 우리나라의 20세 이상 사람들이다. 이들이 '언론사 세무조사가 정부에 비판적인 언론사에 대한 탄압 의도인가?'라는 질문에 '그렇다'라고 응답할 사람의 비율은 모수이다. 그것을 p라고 하자. 우리들은 p에 대하여 알지 못한다.

크기 1,055명의 단순임의추출표본에서 591명이 '그렇다'고 응답하였다. 따라서 표본 구성원들의 동의율

$$591/1{,}055 = 0.5602, \text{ 즉 } 56.0\%$$

는 통계량의 한 값이다. 이것을 $\hat{p}$이라고 하자 [$\hat{p}$은 'p hat'으로 읽는다]. 즉 $\hat{p} = 0.560$이다. $\hat{p}$은 p와 어떤 관계가 있을까?

표본추출분포

한국갤럽만이 아니고 H 리서치도 같은 질문을 가지고 1,055명의 SRS로부터 동의율을 산출하였다고 하자. H 리서치의 조사에서는 648명이 동의하였다고 하자. 그러면 통계량 $\hat{p}$은

$$\hat{p} = \frac{648}{1055} = 0.614, \text{ 즉 } 61.4\%$$

로 계산된다. 이처럼 $\hat{p}$은 표본에 따라 다른 값을 취한다.

표본추출변동과 표본추출분포

표본추출변동(標本抽出變動, sampling variability) : 동일 모집단에서 동일한 확률적 절차에 의해 표본을 추출하더라도 실제 추출된 표본에 따라 다른 통계값이 산출된다.

표본추출분포(標本抽出分布, sampling distribution) : 일정한 확률적 절차에 의해 표본을 많은 횟수 거듭 추출하는 경우 통계값들은 어떤 패턴의 분포를 보이게 된다. 통계값들이 따르는 이러한 확률분포를 표본추출분포라고 한다.

예 1.8 표본추출실험

1,055개의 임의숫자를 읽어 5이하의 숫자들의 비율을 계산해보자. 예컨대 <표 1.1>의 첫 두 줄은

92001	61769	39350	47017	25076
16943	61485	80207	29399	22661

로 모두 50개 임의숫자 중 0, 1, 2, 3, 4, 5인 것들이 29개이다. 이런 작업을 1,055개 임의숫자에 대하여 해보니 642개가 5이하였다. 즉, 크기 1,055의 표본에서 이런 비율은

$$\hat{p} = \frac{642}{1055} = 0.609$$

로 나왔다. 실제로는 컴퓨터가 이 작업을 우리 대신 할 수 있는데 이를 **컴퓨터 시뮬레이션**(simulation, 모의시행)이라고 한다 [Minitab이나 R 등 통계소프트웨어를 활용하면 쉽게 할 수 있지만 여기서는 이에 대한 설명을 생략한다]. 이런 시뮬레이션을 1,000번을 반복하여 보니 다음과 같이 $\hat{p}$ 이 산출되어 나왔다 [첫 10개만 제시함].

$$0.609,\ 0.583,\ 0.606,\ 0.564,\ 0.615,\ 0.632,\ 0.599,\ 0.597,\ 0.595,\ 0.611,\ \cdots$$

<그림 1.1>은 이것에 대한 히스토그램이다. 임의숫자가 5 이하일 확률은 $p = 0.6$ 이기 때문에 <그림 1.1>은 $p = 0.6$ 인 모집단에서 크기 1,055인 단순임의표본이 취하는 분포, 즉 표본추출분포를 근사하게 보여준다.

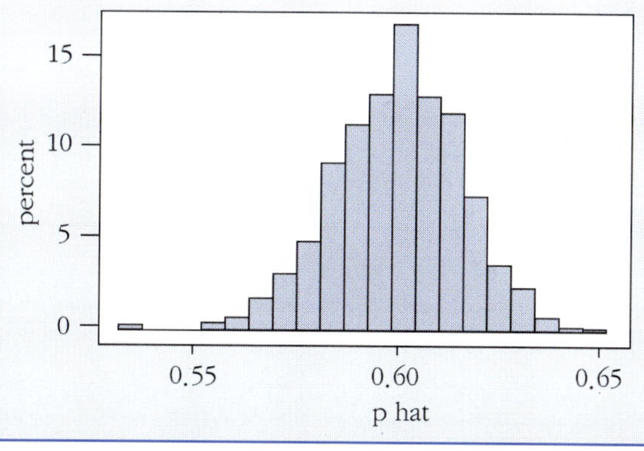

그림 1.1 ▸ $p = 0.6$ 인 모집단에서 크기 1,055인 단순임의표본이 취하는 $\hat{p}$ 의 표본추출분포 : 1,000번의 컴퓨터 모의시행결과

<그림 1.1>에서 다음 두 가지 점을 주의 깊게 보기 바란다.

① 분포가 참 비율인 $p = 0.6$ 을 중심으로 하고 있다. 즉 표본비율들은 참 비율을 중심으로 한 임의변동을 보이고 있다.

② 표본추출변동의 크기가 그다지 크지 않다. 1,000개의 표본 중 거의 대부분의 표본비율 $\hat{p}$ 는 참 비율 p 로부터 ± 0.05 이내에 분포하고 있다.

따라서 이 정도의 크기를 갖는 단순임의표본으로부터 산출된 표본비율 $\hat{p}$ 은 참 비율 p에 대하여 어느 정도 정밀한 추정값임을 알 수 있다.

혹시 앞의 결과가 $p = 0.6$ 인 시뮬레이션에서만 그럴 듯하게 나오는 것은 아닐까? 이런 의문을 가질 수 있겠는데 이에 대하여 알아보고자 참 비율 p 가 0.5 인 경우와 0.7 인 경우를 더 해보았다[표본크기 1,055, 시뮬레이션 회수 1,000번]. <그림 1.2>를

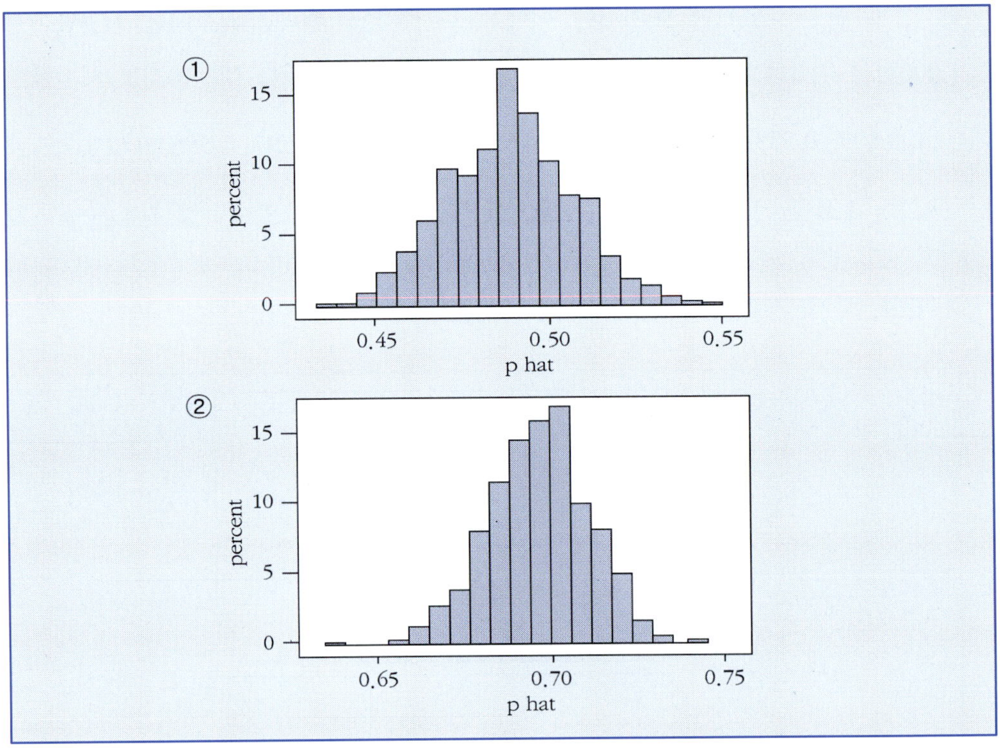

그림 1.2 ▸ ① $p = 0.5$ 인 모집단과 ② $p = 0.7$ 인 모집단에서 각각 크기 1,055인 단순임의표본이 취하는 $\hat{p}$ 의 표본추출분포 : 1,000번의 컴퓨터 모의시행결과

보라. <그림 1.1>에서 관측한 바와 같이 표본비율 $\hat{p}$ 가 참 비율 $p\,(=0.5$ 또는 $0.7)$를 중심으로 분포하고 있고 그 편차범위도 대략 $\pm\,0.05$ 정도임을 볼 수 있다. 다시 말하자면 $p=0.6$ 의 시뮬레이션에서 얻은 결론이 참 비율 p 의 더 넓은 범위에서 성립한다는 것이다.

낮은 정밀도와 편향

예 1.8에서는 표본크기 n 이 1,055인 단순임의표본을 취하였는데 만약 표본크기를 대폭 줄이면, 예컨대 1/4 정도인 254로 하면 어떤 결과가 될까?

예 1.9 표본추출실험 (계속)

예 1.8의 시뮬레이션을 그대로 따라하되 1,055개의 임의숫자를 읽는 대신 254개의 숫자를 읽어 5이하의 숫자들의 비율을 계산해보자. 그러면 표본비율이 1개 계산되어 나온다. 그리고 이와 같은 작업을 1,000번 반복함으로써 $p=0.6$ 인 모집단에서 단순임의표본(크기 254)으로부터의 표본비율 $\hat{p}$ 이 따르게 될 표본추출분포를 구할 수 있다. (물론 컴퓨터를 사용한다.)

<그림 1.3>이 이러한 시뮬레이션 결과이다. 모양은 <그림 1.1>과 비슷하지만 자세히 비교해 보면 가로 축의 척도가 다름을 알 수 있다. <그림 1.1>에서 $\hat{p}$ 의 범위가 (0.55, 0.65)인데 반하여 <그림 1.3>에서는 그 범위가 (0.50, 0.70)으로 2배 확장되어 있다.

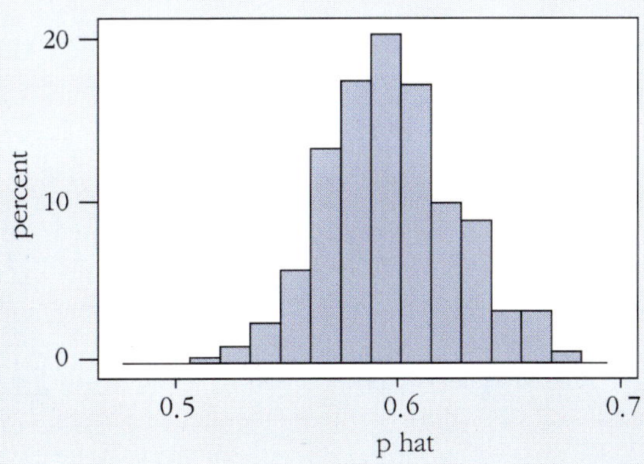

그림 1.3 ▸ $p=0.6$ 인 모집단에서 크기 254인 단순임의표본이 취하는 $\hat{p}$ 의 표본추출분포 : 1,000번의 컴퓨터 모의시행 결과

이는 표본비율 $\hat{p}$ 이 참 비율 p 를 중심으로 분포하되 그 편차범위가 $\pm$ 0.10 정도라는 것을 의미한다.

예 1.8은 특수한 어떤 경우에서의 결론이 아니고 통계학에서는 매우 일반화된 결론이다. 표본크기를 작게 하면 추정값의 정밀도가 낮아진다.

표본조사를 부실하게 만드는 것은 낮은 정밀도만이 아니다. 아무리 표본조사를 거듭해도 한 쪽으로 치우치는 성향이 있다면 진짜 문제이다. 예를 들어 전화조사를 낮 시간에만 하였다면 집에 있는 가정주부들이 응답했을 가능성이 많다. 낮에 집에 있는 주부와 직장에 있는 주부는 다른 의견을 가질 수 있겠는데, 이런 문제는 표본크기를 크게 한다고 해결되지 않는다. <그림 1.4>를 보라. 모집단 비율이 $p = 0.4$ 이나 ③과 ④에서는 편향이 존재한다. 이에 대하여는 1.5절에서 논의를 계속하기로 하겠다.

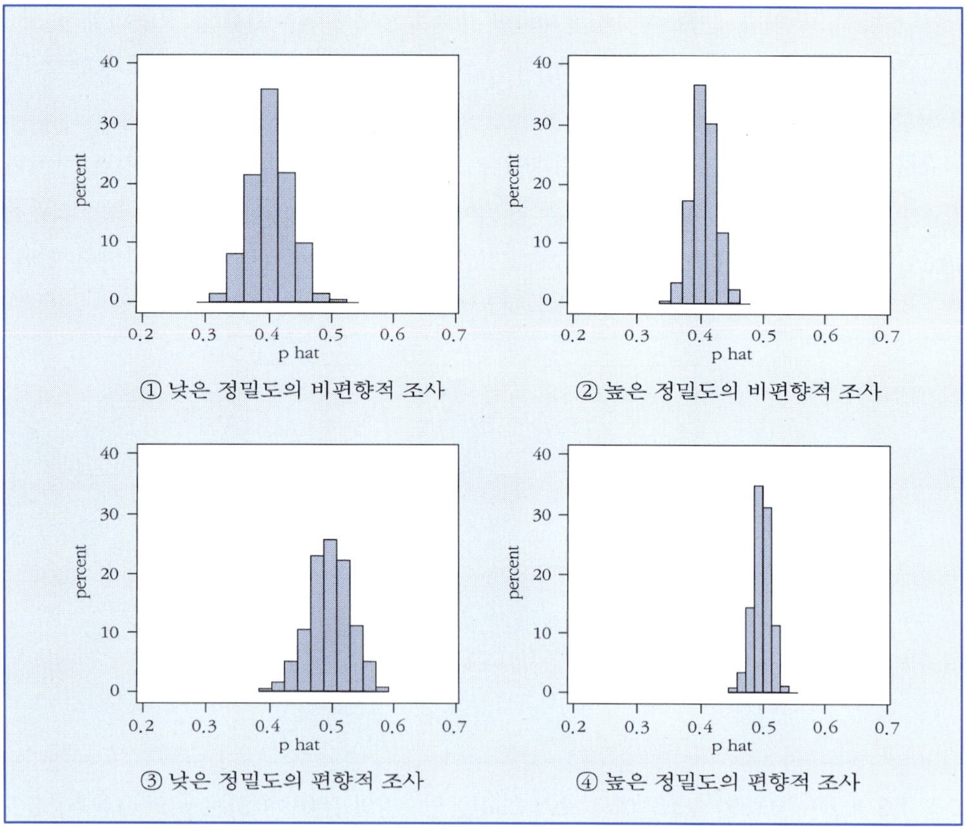

그림 1.4 ▸ $p = 0.4$ 인 모집단에서의 여러 표본조사 결과

편향(偏向, bias) : 거듭된 표본추출에서 통계량이 취한 값과 해당 모수 간의 평균적 편차(deviation).

모집단의 크기

미국의 인구는 우리나라의 5배, 중국의 인구는 우리나라의 25배쯤 된다. 그러면 각국에서의 표본조사가 동일한 통계적 정밀도를 갖기 위해서 필요한 표본크기는 모집단 크기에 비례하는 1:5:25일까?

그렇지 않다. 모집단 크기가 표본크기에 비하여 충분히 크다면 통계적 정밀도는 모집단 크기에 무관하다는 것이다. 그 이유를 수학을 쓰지 않고 설명하여 보기로 하겠다.

두 사람의 통계학도 A와 B가 예 1.8의 시뮬레이션을 하는데, A는 10,000,000개의 임의 숫자표에서 크기 1,055인 임의표본을 취하여 그 중에서 5이하인 숫자들이 어느 정도의 비율로 있는가를 센다. B는 1,000,000,000개의 임의 숫자표에서 동일한 작업을 한다. A의 표본비율 $\hat{p}_A$ 가 B의 표본비율 $\hat{p}_B$ 와 체계적으로 다를 것 같은가? 물론 그렇지 않다. A와 B는 결국 임의숫자표의 일부를 표본으로 취하는 것이기 때문이다.

대통령 선거예측에 있어 한국 갤럽이 크기가 1,600인 표본을 취하는 경우가 많은데 이 점에서는 미국 갤럽도 마찬가지이다. 그리고 중국에서도 대통령 선거가 있게 된다면 중국 갤럽도 크기 1,600의 표본을 사용하게 될 것이다.

또 다른 예로서 국회의원 선거예측을 생각해보자. 국회의원 선거의 1개 지역구 예측에 필요한 표본크기는, 대통령 선거예측에서와 동일한 통계적 정밀도를 갖게 하려면, 대통령 선거예측에서 사용한 전국 표본과 표본크기가 동일해야 한다. 17대 총선거(2004년 4월)의 경우 지역구 총수는 243개였기 때문에 1개 지역구에 1,600의 표본을 조사하려면 총 표본크기는 어마어마하게도 388,800(=1,600×243)이나 된다. 실제로 이 정도 규모의 조사는 매우 많은 인적·물적 자원을 요구하기 때문에 우리 실정에서는 곤란하다. 따라서 국회의원 선거예측에서는 각 지역구에 작은 크기의 표본조사를 하게 되는데 이것이 국회의원 선거예측이 대통령 선거예측에서보다 부정확한 결과가 나게 하는 한 원인이 되고 있다.

1.4 신뢰문

모든 표본조사는 수학적인 의미에선 정확하지 않다. 표본(부분)으로는 모집단(전체)를 '정확히' 알아낸다는 것은 가능하지 않다. 그러므로 표본조사로써 '어느 정도' 정확한 결과를 내는 것으로 만족해야 한다. 현실적으로는 그러한 통계적 방식이 유용하다.

예 1.8의 실험에서 얻은 $\hat{p}$(= 크기 1,055인 단순임의표본에서의 표본비율)의 표본추출분포에서 극히 일부를 제외한 표본들의 $\hat{p}$은 $p = 0.60$ 을 중심으로 $\pm$ 0.05 사이에 있다. <그림 1.1>을 좀 자세히 살펴보면 0.600 $\pm$ 0.025에 표본비율들이 집중적으로 분포되어 있음을 알 수 있다. 더욱 세밀하게 따져보면 구간(0.569, 0.631)에 949개의 표본비율을 발견하게 되는데 [이 숫자는 시뮬레이션에 따라 다를 수 있음], 이는 1,000개의 시뮬레이션 표본 중 대략 95%에 해당한다. 즉 예 1.8의 표본추출 실험에서 95%의 $\hat{p}$들은 $p(=0.60)$ 를 중심으로 $\pm$ 0.031 이내에 있다. <그림 1.5>를 보라. 이런 사실은 p의 다른 값들에서도 두루 성립하므로 다음과 같은 결론을 얻을 수 있다.

크기 1,055인 임의표본 중 대략 95%에서는, 통계값 $\hat{p}$가 참 값 p를 중심으로 $\pm$ 0.031 이내 범위에 있다.

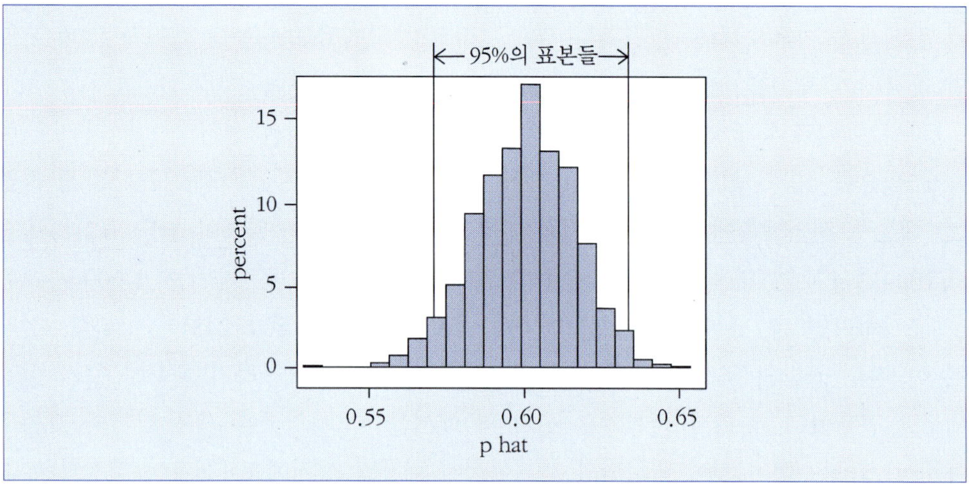

그림 1.5 ▸ $p = 0.6$ 인 모집단에서 크기 1,055인 단순임의표본이 취하는 $\hat{p}$ 의 표본추출분포 : 1,000번의 컴퓨터 모의시행 결과 95%의 표본들에서 $\hat{p}$ 가 0.569과 0.631사이에 있다.

실제로 크기 1,055인 임의표본을 취한 결과 $\hat{p} = 0.560$이 얻어진 경우,
통계전문가들은 다음과 같이 기술한다.

신뢰도 95%에서 모비율 p는 0.560 ± 0.031 사이에 있는 것으로 추측된다.

일상 언어로는 다음과 같이 기술한다 [p가 찬성률인 경우] :

표본조사 결과 56.0%의 사람들이 찬성하는 것으로 나타났다. 신뢰도 95%에서 오차한계(margin of error)는 ±3.1% 포인트이다.

신뢰수준과 오차한계

앞에서 소개한 신뢰수준과 오차한계의 개념을 재정리하면 다음과 같다.

신뢰문(信賴文, confidence statement)

신뢰문은 오차한계(誤差限界, margin of error)**와 신뢰수준**(信賴水準, level of confidence)의 두 부분으로 구성된다. 오차한계는 모집단의 참 값과 표본에서 산출되는 통계값과의 차이에 관한 일정한 경계값이고 신뢰수준은 가능한 모든 표본들 중에서 그 경계 내 표본들의 비율을 말한다.

신뢰문을 정확히 이해하는 일은 매우 중요하다. 몇 개의 Q&A를 통해 다시 개념을 다듬어보자.

Q1. 신뢰수준 95%로 모비율($=p$)가 0.560 ± 0.031 사이에 있다고 하면 미지의 p가 (0.529, 0.591)에 있을 확률이 95%라는 말인가?

A1. 그렇지 않다. 참 값 p는 (0.529, 0.591)에 있던가, 그렇지 않던가 둘 중 하나이다. 그러므로 p가 (0.529, 0.591)에 있을 확률에 대하여 말하는 것은 의미가 없다[굳이 말하자면 0이거나 1이다]. 우리는 p가 (0.529, 0.591)에 있는지 표본자료로부터 알아낼 수 없다. 신뢰수준 95%는 특정구간 (0.529, 0.591)에 미지의 모수 p가 있을 확률이 아니라 그렇게 산출되는 구간들의 95%쯤이 미지의 모수 p를 포함하게 된다는 말이다.

Q2. 왜 꼭 95%인가, 이왕이면 99%의 신뢰수준이 낫지 않을까?

A2. 꼭 그렇지는 않다. 신뢰수준을 99%로 크게 하면 오차한계가 커진다. 크기 1,055의 임의표본의 경우 신뢰수준 99%에서 p에 대한 오차한계는 ± 0.040, 즉 ± 4% 포인트이다. 즉 "$p = 0.560 \pm 0.040$"이라고 할 수 있는데, 이것은 앞서 신뢰수준 95%에서의 표현인 "$p = 0.560 \pm 0.031$"보다 가치가 적다. 통계전문가들이 95%의 신뢰수준을 주로 쓰는 이유는 그것이 편리한 규범이기 때문이다. 특별히 신중한 추론이 요구되는 상황에서는 신뢰수준을 99%로 놓을 수도 있겠다.

Q3. 동일한 신뢰수준에서 오차한계를 줄이고 싶다. 어떻게 하면 되는가?

A3. 표본크기를 크게 하라. 돈 더 들이지 않고 좋게 하는 방법은 없다[가능하다면, 더 나은 표본추출법을 사용하라. 1.6절 참조].

1.5 표본조사의 여러 측면

지난 2개 절의 결론은 ① 임의표본추출에서는 편향이 없다는 것과 ② 표본크기로써 정밀도를 제어할 수 있다는 것이었다. 그것이 전체 이야기라면 오죽 깨끗할까. 실제로 표본조사에서는 단순임의추출이라고 하더라도 신뢰문으로 표현될 수 없는 여러 가지 얼룩들이 있다.

표본조사에서의 각종 오류

표본추출오류(標本抽出誤謬, sampling error) : 표본조사는 센서스와는 달리 일부 개체들, 즉 표본을 관측하여 결과를 낸다. 표본으로 인하여 발생하는 오류를 표본추출오류라고 한다.

임의표본추출오류(任意標本抽出誤謬, random sampling error) : 임의표본의 통계값과 모집단 특성값(모수) 사이에 생기는 차이를 말한다. 이것은 신뢰문에서 오차한계로 표현된다.

비표본추출오류(非標本推出誤謬, nonsampling error) : 표본추출 오류가 아닌 모든 오류를 비표본추출오류라고 한다. 센서스에서도 비표본추출오류가 존재한다.

표본추출오류

임의표본추출오류는 표본추출오류의 한 가지이다. 임의표본추출오류는 표본크기에 의하여 제어 가능하다. 즉 표본크기를 크게 하여 임의표본추출오류를 작게 할 수 있다. 이외에도 표본추출오류에는 잘못된 표본추출로 인해 발생하는 오류가 있다. 예컨대 자발적 응답표본이나 편의표본으로 인해 문제가 발생한다면 그것은 표본추출오류이다. 표본추출 틀(sampling frame)이 부실하다면 임의추출표본이라 하더라도 표본에 문제가 있게 되므로 표본추출오류가 발생한다.

예 1.10 전화조사

우리나라에서 1990년대 이후 전화조사가 사회조사의 방법으로 자주 활용된다. 대부분의 전화조사에서 표본추출 틀은 전화번호부인데, 전화번호부는 몇 가지 문제를 갖고 있다.

첫째, 사생활 침해(privacy)를 우려하는 사람들은 자기들 이름을 전화번호부에 올리지 않는다는 점이다. 즉 비등재(unlisting)의 문제가 있다. 우리나라에서 비등재율이 어느 정도인지는 파악되고 있지 않으나 미국 대도시의 경우 비등재율은 50%를 넘는다고 한다. 비등재율은 사회경제적 상류층과 1·2인 가구에서 높다.

둘째, 최근 이사를 한 사람들은 전화번호부에 나타나지 않는다는 점이다. 전화번호부는 1년에 한 번 출간되므로 상당기간 동안 업데이트되지 않는다. 우리나라 대도시에서는 전월세를 사는 상당 비율의 사람들이 2년 정도마다 이사하므로 이로 인한 문제를 무시할 수 없다.

셋째, 전화가 없는 가구는 전화조사에서 원천적으로 배제된다. 우리나라는 전화 보급률이 워낙 높기 때문에 이로 인한 문제는 경미할 것으로 생각되지만 일부 국가에서는 그렇지도 않다. 예컨대 영국은 전화 보급률이 85% 정도에 불과하다.

처음 두 문제 때문에 전화번호부를 표본추출 틀로 쓰지 않고 대신 임의번호걸기(random digit dialing)라는 방법이 고안되었다. 이 방법은 전화번호 중 마지막 4자리를 임의로 뽑아 전화면접자를 일반 가구와 연결시킨다. 그렇게 접근한 많은 수의 번호들은 결번이거나 일반가구가 아닌 회사나 상가의 전화이기도 하지만 일반가구의 모든 전화번호는 전화번호부 등재·업데이트 여부에 관계없이 표본으로 뽑힐 가능성이 있다 [아직 우리나라에서는 이 방법이 거의 쓰이고 있지 않다].

또한, 전화조사에서는 접촉실패로 인하여 표본추출오류가 발생한다. 일반가구라 하더라도 전화를 항상 받는 것은 아니다. 맞벌이 부부는 접촉이 힘들고 30대 남자는 집에 있는 시간이 적다. 또 전화 면접자가 전화를 건 시간이 그 집으로서는 질문에 응답하기에 너무 바쁜 시간일 수가 있다. 따라서 전화조사에서는 최소한 3회 이상의 재통화(call-back)가 필요하다. 그렇지 않은 조사에서는 접촉이 쉬운 사람/가구들로 표본이 구성된다.

비표본추출오류

비표본추출오류는 부실한 자료처리, 무응답, 면접자와 응답자 사이의 심리적 상호작용 등으로 발생한다.

예 1.11 컴퓨터보조 면접

과거에는 조사면접자가 설문지 묶음을 들고 다니면서 응답내용을 설문지에 기입하였다. 그러다보니 인간적 실수로 말미암아 기록이 부실하게 되기도 하였다. 예컨대 자녀가 있는지·없는지를 묻고 만약 있는 경우에는 여러 개의 후속질문이 뒤따르는데 이것이 잘 지켜지지 않는 경우가 있었던 것이다.

요즈음의 컴퓨터보조 면접(computer-assisted interviewing)에서 조사면접자는 노트북 컴퓨터를 갖고 다닌다. 컴퓨터에는 설문지가 담겨 있고 응답은 즉시 기입된다. 만약 응답자가 자녀가 있다고 응답하면 자녀에 관련된 후속질문이 나오고 자녀가 없다고 응답하면 관련 질문은 자동적으로 나오지 않는다.

과거 종이 설문지에 연필로 응답하는 방식에서는 특정 설문에 대한 응답항목이 ①, ②, ③, ④로 되어 있는데도 ⑤가 기록되는 사고가 발생하였다. 그러나 컴퓨터보조 학습에서는 그런 것이 사전 체크되고 예방된다. 컴퓨터가 경고음과 메시지를 내고 응답을 받아들이지 않기 때문이다. 또한 컴퓨터보조 조사에서는 자료입력이 자동적으로 이루어지기 때문에 분석시간이 단축될 뿐만 아니라 타이핑 오류(typing error)가 발생하지 않는다.

충분한 주의를 기울인다면 자료처리(data processing)상 오류는 막을 수 있다. 그러나 무응답은 조사자들을 괴롭히는 영원한 골칫거리이다.

무응답(無應答, non-response)

무응답은 응답자의 비협조로 발생한다. 응답자가 주어진 특정 설문에 답하기 싫거나 꺼릴 수가 있고 아니면 조사 자체를 거절할 수도 있다. 사회적 일탈행동 (성, 마약, 부정행위 관련), 개인/회사 정보(소득/수입 관련), 투표의향(지지후보) 등이 조사 주제인 경우 무응답이 빈번하다.

무응답은 상당히 극복하기 힘든 문제이다. 그렇지만 무응답률을 낮추기 위하여 최선의 노력을 해야 한다. 전화면접에 앞서 조사취지가 인쇄된 엽서를 표본에 선발된 대상자·대상가구에 보냄으로써 조사에 대한 협조율을 높일 수 있다. 응답자에 대한 금전적·비금전적인 인센티브를 제공할 수도 있을 것이다. 조사경험이 충분히 많은 전화면접자를 확보하는 것과 충분한 면접자 훈련(interviewer training)도 중요하다.

응답자가 잘못된 응답을 함으로써 발생하는 응답오류(response error)도 비표본추출오류 중 하나이다. 응답자가 고의로 자신의 나이, 소득, 학력수준 등에 대하여 거짓응답을 하는 경우가 있다. 설문에 대한 응답이 기억에 의존해야 하는 경우 많은 응답자는 오류를 범하게 된다[지난 1년간 몇 번 병원에 갔습니까?]. 투표소 출구 조사에서도 응답오류가 발생하기도 하는데 일부응답자들이 성(性)적·지역적 편향이 없는 사람으로 위장하는 경우가 있기 때문이다.

설문의 어구

설문을 명확하면서도 공정하게 작성하는 것은 매우 중요하나 쉽지 않다. 예컨대 A) '불우한 이웃을 돕기 위한 정부지출 증가에 찬성하십니까?'와 B) '사회복지 수준을 높이기 위한 세금 인상에 동의하십니까?'라는 두 설문은 같다고 보기 힘들다.

설문의 어구(語句, wording)를 검토할 때, 무엇보다도 응답자들을 한 쪽으로 유도하는지를 꼼꼼하게 따져봐야 한다. 예컨대 A) '인륜파괴적 범죄를 줄이기 위하여 불가피하게 사형제도를 존속해야 한다는 주장에 동의하십니까?'와 B) '극악한 범죄자라고 하더라도 최소한의 인간성 존중을 위하여 사형제도가 폐지되어야 한다는 주장에 동의하십니까?'라는 두 설문은 모두 응답자들을 한 쪽으로 모는 유도성 설문이다. 이런 것을 묻기 위해서는 양쪽 주장을 모두 제시한 뒤 '사형제도를 존속해야 한다는 주장에 동의하십니까? 아니면 사형제도를 폐지해야 한다는 주장에 동의하십니까?'를 물어야 한다. 대부분의 언론 보도에서는 조사결과만 보도될 뿐 실제 설문이 제시되지 않는다. 따라서 사회·여론조사에 대한 언론 보도에 대하여 어느 정도 의구심을 갖고 살펴 볼 필요가 있다.

표본조사의 수용에 앞서 검토되어야 할 사항들

과학적 방법임을 표방하는 각종 표본조사가 간혹 사람들을 속이는 경우가 있기 때문에, 조사결과의 수용에 앞서 여러 사항들이 검토되어야 한다.

1) 누가 조사를 수행하였는가? 전문조사기관에 위촉하지 않고 이해 당사자(정치단체, 노동단체, 환경단체 등)가 조사를 직접 수행하였다면 의심해야 마땅하다.
2) 모집단은 무엇이었는가? 예컨대 화장장 건립에 시민의 과반수가 찬성하는 것으로 나왔다고 하였을 때, 어느 지역이 조사 대상이었는지를 알아볼 필요가 있다. 또한 조사의 목표 집단과 실제 표본이 추출된 대상이 일치하는지 검토되어야 한다.
3) 표본이 어떻게 추출되었는가? [자발적 응답에 의한 표본이 아니었는가? 조사자의 편의에 의한 표본이 아니었는가?]
4) 표본의 크기는 얼마인가? 이와 함께 95% 신뢰수준에서 오차한계를 볼 필요가 있다.
5) 어떤 조사방법이 사용되었는가? 면대면(面對面, face-to-face) 조사였는가, 아니면 전화조사·우편조사였는가? 이로 인하여 조사결과가 어떤 영향을 받지 않았는지 검토되어야 한다.
6) 응답률은 얼마였는가? 임의 추출된 개체들의 몇 %가 접촉가능 하였는지? 그리고 그 중에서 몇 %가 실제로 응답하였는가를 검토해야 한다.
7) 언제 조사되었는가? 정확한 일시를 파악해야 한다. 그 날, 또는 즈음해서 설문과 관련된 특정 사건이 발생하였다면 응답자들이 영향을 받았을 수 있기 때문이다.
8) 실제 설문은 무엇이었는가? 설문의 어구가 적절하였는지 검토해야 한다.

신문, TV 등 대중매체에서 표본조사에 의한 사회·여론조사 결과를 보도할 때에는 앞의 항목들이 보도되어야 하는 것이 원칙이다. 그러나 지면과 시간상의 제약 때문에, 그리고 이런 기본사항들의 보도가 대중적 흥미를 감축시킬 수 있으므로 많은 언론들이 보도원칙을 잘 지키지 않는다 [특히 TV가 그러하다]. 따라서 통계학을 공부하는 여러분들만이라도 언론매체의 조사결과 보도를 매우 선별적·비판적으로 수용해야 할 것이다.

1.6 표본추출설계에 덧붙임

단순임의표본추출(SRS, simple random sampling)이 기본적인 통계적 도구일 뿐이므로 규모가 큰 모집단에 대하여는 부적절하다. 예컨대 서울특별시 시민들이 모집단이고 1,000개 가구를 방문 조사하는 경우를 생각하여 보자. SRS를 하기 위해서는 표본추출 틀을 준비해야 하는 데 그것은 거의 불가능하다. 어떻게 300만 가구의 리스트를 준비할 수 있겠는가? [한 쪽에 100가구를 넣더라도 총 리스트는 3만 쪽에 달한다.] 또한 표본추출이 된다고 하더라도 표본에 들어온 1,000명을 면접하기 위해서는 노원구 상계동에서부터 강서구 화곡동에 이르기까지 1,000 군데를 다 다녀야 할 것이다. 보다 효율적인 방법이 없을까?

다단계 표본추출

상당히 큰 모집단을 대상으로 면대면 조사를 하기 위해서는 흔히 다음과 같이 다단계에 걸친 표본추출을 한다.

- 단계 1 : 모집단을 구성하는 하위 구성단위를 일정 수 임의추출한다. 서울특별시의 경우 522개 동(洞)으로 되어 있다 [www.nso.go.kr 참조, 2005/12/31 현재]. 이 중 몇 개 동을 추출한다.
- 단계 2 : 단계 1에서 추출된 단위의 하위 구성단위를 일정 수 임의추출한다. 서울시의 각 동은 다수의 통(統)으로 구성되어 있다. 추출된 동별로 통을 몇 개씩 추출한다.
- 단계 3 : 단계 2에서 추출된 단위에서 최종 추출단위를 일정 수 임의추출한다. 즉, 통(統)에서 몇 개의 가구를 추출한다.

앞의 표본추출은 3개의 단계로 구성되어 있어 3단계 표본추출(three stage sampling)이다. 만약 단계 2가 분화되면 4단계, 5단계 표본추출이 된다.

이와 같은 다단표본추출의 이점은 표본추출 틀이 처음부터 완벽하게 있어야 하는 것은 아니라는 것이다. 각 단계에서는 그 단계에 필요한 리스트만 있으면 되기 때문이다. 다시 말하여 단계 1에서는 동(洞)의 리스트만 있으면 되고, 단계 2에서는 추출된 동(洞)내 통(統)의 리스트만 필요하고, 단계 3에서는 추출된 통(統)내 가구 리스트를 준비하면 된다.

그러나 각 단계에서 하위단위들의 크기가 대략 비슷하지 않으면 문제가 발생할 소지가 있으므로 약간의 주의가 필요하다. 동의 크기가 비슷하고 동(洞)내 통(統)의 수도 대략 비슷하고 통(統)내 가구 수가 대략 같다면, 복잡한 보정 과정 없이 단순하게 다단표본추출을 적용할 수 있으므로 편리하다.

최종 단계에서는 단순임의추출대신 **계통추출**(系統抽出, systematic sampling)이 사용되기도 하는데 이것은 리스트에서 일정간격으로 건너뛰며 개체를 추출하는 방식이다. N개 중 n개를 계통추출하는 방법은 다음과 같다.

계통추출의 방법

1) 추출률 $r\,(=n/N)$을 계산한다. 예컨대 $N=200$이고 $n=10$이면 추출률은
$$r=n/N=10/200=1/20.$$
2) 추출간격 K를 계산한다. 추출간격은 추출률 r의 역수이다. 즉
$$K=1/r=20.$$
3) 1부터 K까지의 수 중 1개를 임의추출한다. 그 수를 m이라고 하자.
4) 최종 표본에 뽑힌 번호는 다음과 같다.
$$m,\ m+K,\ m+2K,\ \cdots,\ m+(n-1)K.$$
예를 들어, $m=12$이었으면 계통추출된 번호는

12, 32, 52, 72, 92, 112, 132, 152, 172, 192 [모두 10개]

층화 표본추출

큰 규모의 모집단에서는 소속 개체들이 모두 균일하기를 기대하기 어렵다. 이들이 미리 알려진 어떤 특성에 따라 구분이 가능하고 그런 구분 내에서 개체들이 상대적으로 동질적이라면 단순한 표본추출방법보다 좀 더 좋은 표본추출방법이 있다.

층화 표본추출(層化 標本抽出, stratified random sampling)

1) 모집단을 일정 수의 그룹으로 나눈다. 이 때, 그룹내(內) 개체들은 상대적으로 동질적이도록 그룹간(間) 개체들은 상대적으로 이질적이 되도록, 모집단을 분할하여야 한다. 그런 그룹들 각각을 층(層, stratum)이라고 한다.
2) 각 층에서 독립적인 표본추출을 한다.

서울특별시에서 주민여론조사를 위해 표본 가구를 추출하는 경우엔 서울시의 25개 구(區)가 편리한 층 구분이 될 수 있다. 왜냐하면 서울특별시는 구 별로 주민들이 사회경제적 수준이 차이가 있다는 것은 잘 알려진 사실이기 때문이다 [평균적으로는 강남구의 수준이 가장 높다].

층화 표본추출은 2가지 이점이 있다. 첫째, 층화 표본추출의 결과로 층에 대한 정보가 만들어진다. 서울시의 522개 동(洞) 중에서 50개 동을 추출하는 경우 서울시에 25개 구(區)가 있기 때문에 구별로 평균 2개 동을 뽑는 셈이 되지만 결과적으로는 어떤 구에서는 많은 수의 동이 뽑히고 어떤 구에서는 1개 동도 뽑히지 않을 수 있다. 그러나 구를 층으로 층별로 2개 동씩 표본추출하는 경우 그런 문제는 없어진다. 그리고 구에 대한 정보가 추출된 동으로부터 산출된다. 둘째, 층화가 제대로 된 경우엔 단순임의표본추출에 비하여 층화 표본추출의 정밀도(精密度, precision)가 높다는 이점이 있다. 이것은 층간 균형이 잡힌 표본이 만들어지기 때문인데, 특수하게도 층내 모든 개체들이 완전히 균일한 경우 층화 표본추출로 확정적인 정보를 얻게 되지만 단순임의추출로는 그러하지 못하다.

실제로 많은 통계조사에서는 모집단을 층화한 뒤 각 층내에서 다단추출을 한다. 서울특별시를 25개 구로 층화하고 각 층내에서 1단계로 동을 추출하고 2단계로 통을 추출하며 3단계로 가구를 최종 추출하는 것이 그런 예이다. 이런 표본추출방법을 **층화 다단계 표본추출**(層化 多段階 標本抽出, stratified multi-stage sampling)이라고 한다. 층화 다단계 표본추출은 층화 표본추출과 다단계 표본추출의 이점을 갖는다.

표본조사의 설계

여러분이 향후 마케팅, 광고, 정치 분야에서, 또는 정부나 사회과학 분야의 연구소에서 일하게 되는 경우에는 표본조사 설계에 직접 참여할 기회를 갖게 되거나 그렇지 않더라도 조사결과를 활용해야 할 일이 분명히 생길 것이다. 따라서 표본조사가 어떻게 설계되는지, 설계되어야 하는지를 제대로 이해해두기 바란다.

- 단계 1 : 모집단을 정한다. 모집단의 범위, 그리고 기본 개체를 명확히 한다. 예컨대 새 현대자동차에 대한 만족도를 조사하기 위하여 모집단을 최근 1년 이내에 새 현대자동차를 구입한 사람들로 정의할 수 있다.
- 단계 2 : 측정하고자 하는 변수들을 명확히 정한다. 그것들은 설문지 또는 조사지로 만들어진다. 예컨대 차의 외양에 대한 만족도, 연료효율에 대한 만족도, 승차감에 대한 만족도, 판매 서비스에 대한 만족도 등을 5점 척도로 측정할 수 있겠다 [1점 = 매우 불만족, 2점 = 약간 불만족, 3점 = 보통, 4점 = 약간 만족, 5점 = 만족]. 또한 조사방법을 정한다. 조사방법에는 면대면(face-to-face) 조사, 전화조사, 우편조사 등이 있다.
- 단계 3 : 표본추출 설계를 위해 표본추출 틀을 만든다. 전체 개체들을 리스트 할 수 있는가, 그렇지 않다면 하위단위들로 구성할 수 있는가에 따라 어떤 접근 방식을 활용할 수 있는지가 결정된다 [단순임의추출 대 다단계 추출]. 또한 층화가 가능한가, 가능하다면 어떻게 층화하는 것이 좋은가를 결정한다. 현대자동차 구입자 목록을 회사 컴퓨터 데이터베이스로부터 생성시켜 구입자의 주거지역에 따라 16개 광역시도로 분류한다면 이것은 층화 추출을 하는 것이다.

  마지막으로, 그러나 꽤 중요한 것은, 표본의 크기를 결정하는 일이다. 표본의 크기는 요구되는 통계적 정밀도에 의하여, 그리고 조사 프로젝트에 투입가능한 물적·인적 자원 [돈과 사람], 시간적 제약 등에 따라 결정된다.
- 단계 4 : 세부 사항에 충분한 신경을 쓴다. 면접자 훈련이라든가, 응답자 보상, 조사자료의 관리, 프로젝트 시간관리 등에 대하여 섬세한 배려가 없으면 표본조사는 성공하지 못한다. 얼마만큼 정성을 들이느냐에 따라 조사의 질이 정해진다.

각 단계에 대한 논의를 자세히 하려면 끝이 없다. 여러분들 스스로가 이 분야의 전문가가 되길 원한다면 물론 환영한다. 그렇지 않다고 하더라도 좋다. 단, 어떤 조사가

질이 좋고 어떤 조사는 그렇지 못한가를 선별하는 눈을 기르기 바란다.

1.7 여론조사와 정치

'누구에게 투표할 생각이십니까?'를 묻는 선거예측조사는 가장 눈에 띄는 표본조사 중 하나이다. 그러나 일반인들은 선거예측을 호의적으로 생각하지는 않는다. 다음은 한국 갤럽이 조사한 「여론조사에 대한 여론조사」중 한 항목이다 [www.gallup.co.kr 참조].

Q. 일반사람들의 의견을 묻는 것은 유용한 일인가? (다음 각각에 대하여)

A.

	1988년	1993년	1997년
1. 상품	74.5%	82.2%	84.1%
2. 좋아하는 TV프로그램	56.1%	68.6%	70.6%
3. 정치적인 문제	59.5%	78.9%	76.3%
4. 실업문제, 공해문제	85.0%	89.2%	90.4%
5. 누구에게 투표할 것인가	25.0%	31.1%	28.5%

우리나라 사람들이 통계조사에 대하여 대체적으로 긍정적이고 특히 실업문제나 공해문제에 대한 조사에 대하여 매우 긍정적으로 생각하고 있음을 알 수 있다. 그러나 투표의향에 관한 조사에 대하여는 그렇지 않다. 왜 그럴까? 여론조사와 정치는 어떤 관계에 있을까?

공공 이슈에 대한 여론조사

주 5일 근무제에 대하여 사람들이 어떻게 생각할까? 금강산 관광사업에 대한 정부의 재정적 지원에 대하여는 어떻게 생각하나? 기여금에 의한 대학입학에 대하여는? 이런 공공 이슈에 대한 여론조사에 찬성하는 사람들은 여론조사가 일반인들의 의견이 정치인 및 정부관료들에게 전달되는 통로의 역할을 한다고 생각한다. 왜냐하면 그들은 다수의 이익집단, 후원자, 측근들에 둘러싸여 있기에 여론조사가 없이는 일반인들의 목소리를 들을 기회가 없기 때문이다. 사회 여론조사가 있기에 정치인 및 정부관

료들이 특수 집단이익으로부터 버틸 수 있는 균형감을 가질 수 있다는 것이다.

여론조사에 의한 정치를 비판하는 사람들은 이와 다르게 생각한다. 여론이란 일반인들의 머리에 잠시 스치는 생각일 뿐이기 때문에 이슈에 대하여 좀 더 생각해보면 다르게 응답할 것이고 설문지 어구를 조금만 달리해도 조사 결과가 상당히 달라진다는 점을 중시한다. 여론 정치는 무방향의 대중주의일 뿐이라는 것이다.

곤혹스럽게도, 2개의 여론조사가 상충되는 결과를 내는 것을 흔히 관측할 수 있다. 예컨대 원자력 발전에 대한 여론조사에서 사람들은 1) 원자력 발전이 미래의 에너지 문제 해결에 효과적인 수단이 된다고 생각하면서도 2) 우리나라에 원자력 발전소가 더 이상 건설되는 데 대하여 반대하는 것이다. 정치에서 여론조사의 역할이 무엇인지를 생각하게 하는 대목이다.

정치 후보자에 의한 여론조사

국회의원이나 대통령직에 출마하는 정치후보자들은 당선을 목표로 크고 작은 보좌진을 만든다. 후보의 보좌인들은 선거운동을 가장 효과적으로 하는 방법을 찾기 마련이며, 이를 위하여 여론조사를 한다. 무엇을 자기 측 후보의 장점으로 내세우는 것이 효과적인가? 무엇을 상대측 후보의 약점으로 거론해야 효과적인가? 잘 계획된 여론조사를 통하여 선거운동 팀은 과학적인 선거운동전략을 세울 수 있다.

어떤 사람들은 이러한 여론조사에 반대한다. 이런 식의 여론조사는 정치 마케팅에 지나지 않는다고 보는 것이다. 정치 마케팅에서 정치후보는 상업 마케팅의 상품에 해당하고 일반시민은 상업 마케팅의 소비자에 해당한다. 상업 마케팅 조사에서 상품의 어떤 점을 부각시켜야 잘 팔리게 되고 경쟁상품과 무엇을 대비시켜야 소비자들에게 강한 인상을 주는지를 알게 되는데, 정치 마케팅 반대론자들은 정치 선거를 상업 마케팅과 동일하게 보는 것을 끔찍하게 생각한다.

반면, 찬성론자들은 정치 선거를 마케팅과 동일하다는 시각이 하등 문제될 것이 없다고 주장한다. 자기측 후보의 장점을 발굴해내고 가장 효율적인 홍보전략을 세우는 것이 오히려 공정한 게임이라고 보는 것이다. 이들은 부정적 캠페인(negative campaign)은 여론조사와 무관한 별개의 윤리적 이슈로 보며 여론조사를 통해 긍정적 캠페인(positive campaign) 전략을 세우는 것까지 막는 것은 정치의 비과학화라고 주장한다.

후보자나 정당에 의한 여론조사는 엉터리도 많다. 특히, 이들이 선거를 상당히 앞둔 시점에서 조사하는 경우 여론조사 응답자들은 정치후보자들에 대하여 별로 아는 것이 없는데도 불구하고 생각을 말하도록 강요받기 일쑤이다. 즉 여론이 형성되기 전에 여론이 측정되는 것이다 [이런 조사에서는 지명도가 높은 후보자가 과다하게 평가되는 경향이 있다. 연예인, 언론인, 기존 정치인 등이 그런 예들이다. 이 때문에 연예인, 언론인들이 정당의 공천을 잘 받는데 유리하나 실제 선거에서는 낙선하는 경우가 많다. 정치 신인들이 선거 훨씬 전에서 일정 수준의 인지도를 확보하기 위해서는 많은 비용을 투입해야 한다. 정치시장에 벽이 높아 신규참여가 쉽지 않다.]

선거예측을 위한 여론조사

선거결과를 미리 알고 싶은 마음은 인간이면 누구에게나 있다. 그런 요구에 응하기 위해 선거예측을 위한 여론조사가 많은 나라에서 행하여지고 있지만, 드물지 않게 예측조사결과가 오류로 드러난다. 우리나라의 경우 특히 국회의원 선거예측이 매번 잘 되고 있지 않다 (1996년의 제 15대 총선거, 2000년의 제 16대 총선거, 2004년의 제 17대 총선거 등). 때문에, 선거예측조사는 통계조사에 대한 일반인의 인식을 오히려 후퇴시키고 있다. 왜 선거예측조사가 잘 맞지 않을까?

첫째, 예측조사결과는 선거결과와 대비되는데 선거결과는 투표한 사람들을 측정한 것이다. 따라서 정확한 예측을 위해서는 어느 응답자가 투표할 것인가를 분류해내야 하는데 그것은 쉽지 않다. 응답자들은 자신들이 투표할 것이라고 과다하게 응답하는 경향이 있다.

둘째, 많은 응답자들이 투표할 후보를 알려주지 않거나 그냥 지지하는 후보를 정하지 못하였다고 둘러댄다. 특히 우리나라에서는 지지 후보를 밝히는 것이 상당히 민감한 이슈이므로 사람들이 자신들의 의향이 노출되는 것을 꺼리는 사회심리가 있다. 때로는 막판에 마음을 바꾸기도 한다. 상당한 응답오류가 상존한다.

셋째, 국회의원 선거예측을 위해서는 선거구 별로 표본조사를 해야 하는데 243개 선거구(2004년 총선거 기준) 각각에서 일정 수준의 통계조사를 한다는 것은 쉽지 않다. 많은 비용과 조직이 필요하다는 이야기이다.

이밖에도 여러 원인들이 있어 정확한 선거예측을 어렵게 한다. 분명해 보이는 출구조사(出口調査, exit poll) 조차도 우리나라에서는 아직 잘 맞고 있지 않다. 투표소 추출 방식, 조사할 투표소의 수(數) 결정, 투표자 면접방식 등에 있어 개선할 점이 없지 않으나 현 선거법의 100미터 거리제한 등 통계 외적으로 선결해야 할 문제가 있기 때문에 출구조사도 쉬운 과제가 아니다 [홍내리·허명회 2001, 조사연구 2권, 조사연구학회].

1.8 자료 윤리

때론 판매원으로부터 여론조사를 가장하여 자사 제품을 선전·판매하고자 하는 전화가 오는 경우가 있다. 선거 때는 선거운영의 일환으로 여론조사를 가장하여 자기측 후보를 선전하거나 상대방 후보를 비방하는 경우도 있다. 이런 것은 명백히 비윤리적이기 때문에 여기서 더 이상 말할 나위가 없다.

통계조사와 관련하여 윤리적 이슈는 사생활(privacy) 및 비밀(confidentiality)의 보장에 관한 것이다. 통계조사에서 노출된 개인의 사생활 및 정보는 엄격히 보호되어야 한다. 우리나라에서는 다음과 같이 법률로써 이를 규정하고 있다.

통계법 제 13조 (비밀의 보호 등)

① 통계작성과정에서 알려진 사항으로서 개인 또는 법인이나 단체의 비밀에 속하는 사항은 보호되어야 한다.

② 통계작성을 위하여 수집된 개인 또는 법인이나 단체의 비밀에 속하는 기초자료는 통계작성의 목적 외에 사용하여서는 아니 된다. [www.nso.go.kr/law1.htm 참조]

통계법 제 13조는 수집된 응답자에 관한 개별 자료는 제 3자에 노출되지 않도록 엄격히 보호되어야 하고 통계적 목적 이외에는 활용할 수 없음을 말한다. 예컨대 통계조사의 과정에서 응답자가 스스로 범법행위를 한 사실이 있다고 응답하였더라도 조사자는 응답자를 관련기관에 신고하여서는 안된다. 그런 응답자를 조사자가 신고한다면 그것은 조사자가 개인정보를 보호해야 할 법적·윤리적 의무를 지키지 않은 일이 된다. 다른 예로서, 사업체에 관한 통계청의 조사자료를 국세청이 요구하더라도 조사자는 그런 요구에 응할 수 없게 되어 있다. 만약 조사 자료를 국세청에 넘긴다면 그것은 통계적 목적으로만 조사자료를 활용해야 한다는 법적 규정을 어기는 것이 된다.

이렇게 조사자료의 활용에 법적 제한을 두는 이유는 무엇일까? 조사자료의 노출이 우려되는 상황에서는 응답자가 솔직하게 자신의 의견을 피력하거나 개인 정보를 정확하게 주지 않을 것이고 이에 따라 조사자료가 왜곡되어 정확한 통계작성에 장애가 될 것이다. 정확한 통계는 사회에 관한 중요한 기본정보이므로 일종의 사회간접자본이다. 때문에, 응답자는 정확한 정보를 제공해야 할 도덕적 의무가 있고 조사자는 이를 보호해야 할 법적 의무를 지는 것이다 [통계법 제 12조에 의하면, 인구 및 주택 총조사 등 국가지정통계에 관한 조사에서 응답자는 조사에 응할 법적 의무가 있다].

한국조사연구학회의 조사윤리강령도 응답자의 익명성(anonymity)을 보장함으로써 사생활 및 개인정보가 보호될 수 있어야 한다는 조항을 두고 있다. 더불어 응답자의 인격과 자유의사가 존중되어야 한다고 명확히 기술하고 있다.

한국조사연구학회 조사윤리강령 제6조(응답자에 대한 책임)

① 조사자는 응답자에게 응답을 강요하지 않고, 그들을 기만하는 행위를 하지 않으며, 그들을 모욕하여 수치심을 유발하는 조사방법을 사용하지 않는다.

② 조사자는 응답자의 익명성을 보호한다. 단, 조사의 타당성을 검토하기 위한 목적이나 추가적인 분석을 위하여 꼭 필요한 경우는 예외로 한다.

③ 조사자는 응답자가 자유의사로 조사를 거절하거나 도중에 중단할 수 있는 권리를 존중한다.

[www.kasr.org 참조: 조사대상자를 응답자로 바꿔 옮겼음]

1.9 읽고 생각하기: 인터넷 조사

인터넷은 많은 사람들의 화두가 되어 있다. 무엇을 할 수 있을까? 혹시 돈을 왕창 벌 수 있지 않을까? 이런 것들을 생각한다.

인터넷으로 할 수 있는 한 가지는 인터넷 조사(internet survey)이다. 인터넷 조사의 한 전형은 이렇다 [www.eyeclick.co.kr 참조].

1) 조사업체 웹 사이트 방문자를 상대로 패널회원 가입 신청을 받는다 [인터넷 조사 업계에서 '패널회원'이란 표본추출 틀의 의미로 사용된다].
2) 상당한 크기의 패널이 모집되면 조사회사에서는 지역, 성, 나이, 교육수준(소득, 직업, 종교) 등 인구통계적·사회경제적 변인이 균형 잡힌 표본을 패널로부터 추출한다. 이것은 일종의 층화 추출로 생각될 수 있다.
3) 패널 중 표본에 선출된 회원에게 e-mail을 보내 조사참여를 요청한다. e-mail에서 참여를 클릭하면 조사회사의 웹(Web) 사이트로 직접 연결된다. 조사회사는 웹 설문지에 끝까지 참여한 응답자에게는 소정의 인센티브로 답례한다.
4) 별도의 자료입력이 필요 없기 때문에 짧은 시간내에 분석이 가능하다. 공공성을 띤 조사의 경우 조사결과를 조사회사 웹 사이트에 올릴 수 있다.

인터넷 조사가 새로운 시대의 새로운 조사 방법론이다. 인터넷 조사는 비교적 빠르게 진행할 수 있고 조사비용도 면접자를 필요로 하는 면대면 조사나 전화조사에 비하여 상대적으로 저렴할 수 있으며 조사자료도 깔끔하게 생성된다. 대개의 경우 표본크기도 상당하다. 때문에 다수의 사회여론조사가 인터넷에서 진행되고 있고 우리나라에만도 여러 인터넷 조사 전문회사가 있다 [아하넷 www.surveycenter.net 등]. 사회적 관심도 많다.

그러나 인터넷 조사에 몇 가지 비판이 따른다.

첫째, 아직은 인터넷 보급률이 아주 높지는 않기 때문에 인터넷 사용자 집단이 전국의 일반인들을 대표하지 않는다는 점이다. 통계청에 의하면 2002년 현재 인터넷 접속가구가 전국의 85.5%에 이르고 6세 이상 국민의 79.6%가 인터넷을 이용하고 있다고 한다. 그러므로 인터넷 조사 표본의 대표성은 곧 확보될 것으로 보인다. 다만 남자 81.7%, 여자 77.0%로 다소 차이가 있고 연령대별로는 20대가 86.7%인 반면 60대 이상은 46.5%로 상당한 차이가 있다.

둘째, 같은 인터넷 사용자 중에서도 활발한 사용자들의 패널 가입 가능성이 상대적으로 크고, 표본으로 선택된 조사대상자가 실제 조사에 응할 가능성이 조사 주제 및 인센티브에 대한 관심도 등에 의하여 영향 받는다는 점이다. 따라서 응답자의 자기선택편향(self-selection bias)이 개입할 가능성이 높다.

셋째, 인터넷 조사의 상대적 강점으로 생각되는 조사의 신속성과 저렴한 조사비용도 실상 그다지 효과가 크지 않다는 점이다. 인터넷 사용자들의 행태는 1주일·1일을 주기로 변동하기 때문에 조사의뢰 즉시 조사대상자들이 응답하기를 기대하기는 어렵다. 따라서 일주일 정도 시간을 갖고 수차례 조사의뢰 e-mail을 보내야 하기 때문이다. 또한 대표성이 있는 패널을 갖추기 위해서는 단순히 조사회사 웹 사이트 방문자를 대상으로 모집하는 것보다는 보다 보편적인 표본추출 틀을 통해 모집하는 편이 나을 것인데 이에 따른 비용 지출이 예상된다. 예컨대 전화번호부를 틀로 하여 전화면접으로 패널 회원을 모집하는 방법이 있을 터인데 이것을 충실히 하려면 상당한 간접비용이 들 것이다. 또한 조사의뢰를 받고도 응답하지 않은 조사대상자들에게 3·4 차례 협조의뢰하기 위한 과정에서 단순히 e-mail 발송만 반복하는 외에 전화로 접촉하는 것이 효과적일 텐데 이와 같이 하려면 직접비용의 추가 지출이 필요하다.

이와 같은 비판에도 불구하고 인터넷 조사가 전화 조사를 대체할 시기가 조만간 올 것으로 전망하는 사람들도 많다. 현재 인터넷은 여성보다는 남성이, 40·50·60+대 보다는 10·20·30대가 활발히 사용하고 있지만 십수년 내로 완전히 보편적인 커뮤니케이션 수단이 될 것으로 보기 때문이다. 또한 개인의 사생활에 갑작스레 개입하는 전화와는 달리 인터넷은 그런 문제를 일으키지 않기 때문에 오히려 조사대상자들이 선호할 요소가 된다고 본다. 그리고 무엇보다도 인터넷 조사에서는 다양한 멀티미디어 및 동영상이 가능하기 때문에 현실적인 조사환경이 제공된다는 점을 강조한다. 예컨대 아파트에 대한 소비자 기호를 조사하는 경우 아파트 디자인을 컴퓨터 화면에서 실감나게 보여줄 수 있다.

그러나 아직은 앞에게 열거한 이러저러한 문제들이 있기 때문에, 인터넷 조사는 인터넷 사용자를 대상으로 한 조사로서만 의미가 있을 뿐 일반적인 사회여론조사의 한 가지로 간주하기는 어렵다고 본다[다음과 같은 것들이 인터넷 사용자를 대상으로 하기에 적당한 조사이다. 네티즌의 결혼관, 네티즌이 뽑은 베스트 정치인, 네티즌이 선호하는 패션 브랜드 등].

연습문제

1.1 인터넷 동아일보의 온라인 조사인 "네티즌 생각"에서 "인터넷 음란 사이트를 상습적으로 봤다는 이유로 직장에서 해고당한 것에 대해 어떻게 생각하십니까"에 대한 결과가 당연 48%, 부당 49%로 나왔다(총 17,890명 조사). 그런데 어떤 조사기관에서 800명의 응답자를 임의로 추출하여 면접조사한 결과로는 당연하다가 24%, 부당하다가 76%로 나왔다고 하자. 어느 조사 결과가 더 믿을 만한가? [1.1절]

1.2 인터넷 사용자 중심 측정을 하는 회사에 인터넷 메트릭스라는 회사가 있다. 이 회사의 웹사이트 www.metrixcorp.com에 들어가, 그 회사가 어떤 방식으로 인터넷 사용자들을 추출하는가 또 인터넷 사용자들의 행태를 어떻게 측정하는가를 알아보라. [1.1절]

1.3 우리나라의 '대학교' 리스트를 인터넷 검색으로 찾아보고 그 중에서 20개 대학을 임의 추출하여 제시하라. [1.2절]

1.4 이 책을 펼쳐보면 양 페이지에 쪽 번호가 있다 (각 장의 첫 페이지와 마지막 페이지에는 그렇지 않은 수가 있지만 쪽 번호를 쉽게 추정할 수 있을 것이다). 그 중 왼쪽 페이지와 오른쪽 페이지 중 하나를 마음 내키는 대로 선택하여 쪽 번호의 마지막 자리를 적어 보라. 예컨대 123쪽이 선택되었다면 그 숫자는 '3'이다. 그리고 이 작업을 100번 반복해서 100개의 0-9 숫자를 만들어 보라. [1.2절]

1.5 앞 연습문제에서 얻은 숫자들을 임의숫자로 볼 수 있을까? 이것을 살펴보기 위하여 다음과 같이 이 과목을 수강하는 모든 학생들이 공동작업을 해보라. [1.3절]

(1) 각 자가 얻은 짝수의 비율을 산출하라. (만약 수강생이 30명 이하이면 각자 2명의 몫을 하라.)

(2) 수강생 모두가 얻은 비율을 모아 <그림 1.3>과 같은 히스토그램을 작성하

라. 이 때 분류구간을 … (0.25, 0.30), (0.30, 0.35), (0.35, 0.40), (0.40, 0.45), (0.45, 0.50), (0.50, 0.55), (0.55, 0.60), (0.60, 0.65), (0.65, 0.70), (0.70, 0.75) … 등으로 하라. [히스토그램에 대하여는 이미 중고등학교에서 배웠을 것이다. 이 책의 4장에 히스토그램을 다시 다루고 있으니 필요하다면 잠깐 읽어보기 바란다.]

1.6 1,000명을 임의 표집하여 여론조사를 한 결과 56.0%가 찬성하는 것으로 나타났다고 하자. 그러면 "신뢰도 95%에서 모집단에서 찬성자 비율이 56.0± 3.1%인 것으로 추정된다"고 기술할 수 있다. 모비율에 관한 신뢰문을 신뢰도 (95%가 아닌) 100%나 50%에서 기술하지 않는 이유는 무엇인가? [1.4절]

1.7 선거일 투표소의 출구조사에서 어떤 비표본 추출 오류가 있었던 것 같은가? 2000년 4월의 제16대 국회의원 선거에 관한 다음 신문기사를 참고하라. [1.5절]

> **[방송사 출구조사 문제점] 직접조사 '겉핥기' 돈낭비**
>
> 평균 31.4%의 높은 시청률을 기록한 KBS MBC SBS 등 TV3사의 총선보도에서 투표자 출구조사를 통한 당선자예측이 실제와 엄청난 차이가 난 것은 여론조사의 기본원칙이 무시됐기 때문으로 지적되고 있다.
>
> 투표자 출구조사는 투표한 유권자를 대상으로 투표소 근처에서 '누구를 찍었느냐'를 물어 보는 방식이기 때문에 적중률이 높아야 한다. 그러나 오차의 한계를 감안한다 하더라도 어처구니없는 결과를 빚었다.
>
> 방송사 및 이들과 계약한 여론조사기관들은 조사 과정에서 대상을 '체계적으로 배제하는' 우를 범했다. 80여 경합지역구에서 실시된 투표자조사의 조사대상은 7명 당 1명이었다. 이는 정확하게 7번째 투표자마다 조사해야 한다는 의미다. 그럼에도 이 기본전제가 무시됐다는 것이다. 조사에 참여했던 한 관계자는 "투표를 마치고 나온 50대 여성의 경우 대부분 투표자조사를 기피해 성별 연령별 표본을 고르게 뽑아내는데 어려움을 겪었다"면서 "이 때문에 젊은 유권자들에게 물어본 결과가 많이 반영될 수밖에 없었다"고 털어놓았다.
>
> 방송사와 여론조사기관 측은 이에 대해 "40여개 지역구에서 1,2위가 표본오차(KBS ±4%, MBC ± 4.4%) 내의 승부를 벌였기 때문에 정확한 예측이 어려웠다"면서 "자신의 출신지역과 다른 후보를 지지한다고 말하는 등 성실치 못한 응답에서 비롯된 '비표본오차'도 큰 변수로 작용했다"고 설명했다.
>
> <동아일보 donga.com 2000-4-14>

1.8 다음 기사를 읽고 조사결과를 수용하기에 앞서 어떤 사항들을 확인해보고 싶은가? [1.5절]

> [여론조사] 테러공포 / "북의 반테러 안믿어" 62%
>
> 우리 국민 10명중 6명 이상은 북한이 '테러를 반대한다'고 발표했음에도 불구하고 북한의 반테러 의지를 믿지 않고 있으며, 우리나라에서도 9·11 미국테러 대참사나 탄저균 테러와 같은 사건이 발생할 가능성이 있다는 우려가 매우 높은 것으로 나타났다.
>
> 같은 사실은 조선일보가 모바일리서치 전문기관인 엠비존(Mbizon)에 의뢰, 지난 달 29일 전국의 20세 이상 500명을 대상으로 실시한 여론조사 결과에서 밝혀졌다. 이 조사에서 지난 9월 미국테러 사건 이후 북한이 모든 형태의 테러와 테러 지원도 반대한다고 밝힌 것에 대해 '신뢰하지 않는다'는 반응이 62%에 달했다. 이에 비해 북한의 반테러 의지를 신뢰하는 응답자는 38%에 머물렀다.
>
> 이 조사의 최대허용 표본오차는 95% 신뢰수준에서 ±4%포인트다.
>
> < 조선일보 chosun.com 2001/12/2 >

1.9 대학 동아리 회원을 대상으로 의견조사를 하고자 한다. 이를 위하여 표본추출을 두 단계로 나누어, 1단계에서는 동아리를 임의추출하고 2단계에서는 추출된 동아리 내에서 소속회원을 추출하는 계획을 세웠다. 1단계 추출작업을 해 보라. 2단계 작업은 어떻게 진행할 수 있겠는가? [1.6절]

1.10 앞의 문제에서 유사한 동아리에 치우쳐 표본추출이 되는 것을 막기 위하여 4개 층으로 나누어 하는 것이 좋겠다는 판단이 섰다고 하자. 어떻게 대학 동아리를 4개 층으로 나누는 것이 바람직한가? 층화 작업을 해 보라. [1.6절]

2장. 실험

암전문의는 암환자에게 약물만을 투여하는 치료방법이 효과적인지 아니면 방사선 치료를 병행하는 것이 효과적인지에 관심이 있다. 그러나 단순한 관찰로는 그릇된 결론에 도달할 수 있다. 그렇다면 어떠한 치료가 환자의 질병치료에 가장 좋은가를 알아내고자 할 때 무엇을 해야 할 것인가?

2.1 왜 실험을 해야 하는가?

의사는 어떤 치료가 더 좋은지 알기 위해서 약물만을 투여 받은 환자와 방사선치료를 병행한 환자들의 이전의 기록들을 살펴볼 수 있다. 그러나 새로운 약이 개발되어 그 효과를 알고 싶다면 위와 같은 방법은 불가능할 것이고, 당연히 신약을 환자들에게 투여해서 그 반응을 살펴봐야 하는데 이것이 바로 실험이다. 실험은 우리가 관심을 갖고 있는 특정한 처리의 효과를 파악하고 해결방안을 제시해 줄 수 있는 논리적인 방법이다.

연구자는 어떤 사실을 알고 싶을 때 그 내용과 상황에 알맞게 연구를 진행시킬 것이다. 연구는 **관측연구**(觀測硏究, observational study)와 **실험연구**(實驗硏究, experimental study)로 분류할 수 있다. 관측연구란 대상집단의 상태와 특성을 단순히 관측(관찰)하여 분석하는 것이고, 실험연구는 연구자가 특정한 처리(treatment)를 임의로 연구대상에게 실시한 후에 그 결과를 측정함으로써 주어진 처리와 그에 따른 반응간의 관계를 규명한다. 한 변수가 다른 변수의 변화에 영향을 주는가를 알고자 할 때는 관측연구보다는 실험이 일반적으로 더 좋은 방법이다.

예 2.1 관측연구

중학교를 다니는 어떤 학생이 학교에서 탐구 활동부에 들어 처음으로 관찰하게 된 것이 목련꽃이었다. 관찰을 시작한 지 3일째 되던 날, 목련이 꽃봉오리가 한결같이 북쪽을 향해 굽어 자라고 있는 것을 발견했다. 보통의 식물은 해를 향해 굽어 자라는데 어째서 목련의 꽃봉오리는 해의 반대쪽을 향해 굽어 자랄까라는 의문을 갖고 연구를 하게 되었다. 목련꽃의 개화 과정 및 특징을 알기 위해 이틀마다 관찰하고 중요한 장면은 사진 촬영을 해서 자세히 살펴보았다. 그 결과 다음을 관찰할 수 있었다.

1) 겉껍질의 작은 털은 남쪽을 향한 쪽의 것이 더 충실하다.
2) 꽃잎은 햇빛을 많이 받는 쪽이 잘 자란다.
3) 꽃잎은 겉껍질이 터지면서 나오는데 북쪽을 향한 쪽이 먼저 터진다.
4) 목련꽃의 꽃봉오리는 북쪽으로 굽어 자란다.
5) 북쪽은 엷은 초록색을 띠고 있으며 그 성장 속도도 느리고 남쪽은 백옥같이 흰색을 띠며 충실하게 자란다.

이로부터 남쪽을 향한 꽃잎은 햇볕을 많이 받아 겉껍질이 튼튼하고 질기게 자라고 있으나 북쪽을 향한 꽃잎은 햇볕을 받지 못하여 튼튼하게 자라지 못한다는 것을 알 수 있었다. 그러므로 남쪽의 꽃잎이 먼저 자라면서 북쪽의 겉껍질을 끌어당기는 힘이 작용하여 북쪽이 터지게 되는 것이다. 또한 꽃봉오리는 남쪽을 향한 쪽이 북쪽을 향한 쪽보다 그 성장 속도가 빠르기 때문에 남쪽 부분이 볼록하게 튀어나오면서 꽃봉오리의 윗부분은 자동적으로 북쪽으로 굽게 된다. 다시 말해서 햇볕은 목련꽃이 피어오르는데 큰 영향을 미치고 있음을 알 수 있었다. [출처: www.bioedu.snu.ac.kr]

예 2.2 관측연구의 한계

소량의 음주가 몸에 좋다는 것은 널리 알려진 상식이다. 알콜의 소량 섭취가 심장병이나 뇌졸중 발생률을 낮춘다. 그런데 미국 당뇨병학회지는 최근 소량의 알콜이 당뇨병 발생도 줄인다는 미국 하버드대학의 연구 결과를 발표했다. 4만5천여명의 남자를 12년 동안 관찰한 결과다. 알콜 섭취 그룹에서 비섭취 그룹에 비해 당뇨병 발생률이 36%나 적었다는 것이다. 그러나 주당들이 이 연구 결과를 마냥 좋게만 해석해서는 곤란하다. 알콜 섭취군과 비섭취군의 조건이 다르기 때문이다. 아무래도 당뇨 등으로 몸이 약한 사람들은 건강한 사람보다 술을 덜 마실 가능성이 크다. 건강한 사람일수록 술을 더 잘 마시는 경향이 있으므로 마치 술을 많이 마시는 사람일수록 당뇨가 적은 것처럼 보일 수 있다.

위의 두 예는 관측연구를 보여주고 있다. 첫 번째 예는 우리가 알고자 하는 것을 관측함으로써 정보를 얻을 수 있지만 두 번째 예를 보면 관측연구만으로는 부족한 경우가 있다는 것도 알 수 있다. 어떤 제약회사에서 신약이 개발되었다고 하자. 그렇다면 관측연구를 할 수 있을 것인가? 기존의 약이라면 그 약을 지금 복용하는 사람들을 대상으로 관측을 할 수 있겠으나 신약의 효과를 알기 위해서는 새로운 약을 투여하여 결과를 봐야 할 것이다. 이러한 관측연구의 한계를 실험으로써 해결할 수가 있다. 실험은 어떠한 원인에 대하여 그 결과에 대한 증거를 제시해줄 수 있는 좋은 도구이다.

예 2.3 토마토 실험

식물의 잎을 매일 잠깐씩 건드리는 것과 같은 신체적 접촉은 식물의 성장을 저해하며 식물에게 부드럽게 이야기하는 것은 성장을 촉진시킨다고 주장되어 왔다. 신체적 접촉과 부드러운 대화가 각각 식물의 성장에 미치는 효과를 비교하기 위한 실험을 하고자 한다. 실험 단위는 같은 종이고 비슷한 시기에 싹이 난 어린 토마토 6그루를 택하여 3그루씩 두 그룹으로 나누어 실험을 했다. 수분과 양분의 정도, 빛의 세기 등을 동일하게 한 상태에서 첫 번째 그룹의 토마토들에게 매일 약한 접촉을 주었고 두 번째 그룹의 토마토들에게는 매일 부드럽게 이야기를 해주었다. 매일 성장 과정을 기록하고 한 달 후에 비교해 보았다. 그 결과 매일 부드럽게 이야기를 해준 그룹의 토마토들이 매일 접촉을 받은 것들보다 더 성장률이 높다는 결과가 나왔다.

위의 예에서 볼 수 있듯이 실험은 우리가 관심 있는 처리에 대하여 반응과 효과를 알아낼 수 있다. 이제 우리는 단순한 관찰에 그치지 않고 좀 더 유효한 결과를 얻기 위하여 실험에 대해서 생각해 보겠다. 먼저 실험에 사용되는 용어를 알아보자.

실험에 사용되는 용어

실험단위(實驗單位, unit) : 실험이 수행되는 개체로써 실험단위가 사람일 경우는 실험대상자 또는 피험자(subject)라고 한다.

변수(變數, variable) : 실험단위에서 측정되는 특성을 말한다.

반응변수(反應變數, response variable) : 처리에 의해 변화하는 우리가 연구하고자하는 변수로 종속변수(從屬變數)라고도 한다.

설명변수(說明變數, explanatory variable) : 반응변수에 영향을 주는 변수로 독립변수(獨立變數, independent variable)라고도 한다.

처리(處理, treatment) : 실험단위에 적용되는 특정한 실험조건을 말한다. 독립변수가 2개 이상인 실험에서는 변수값들의 특정한 조합을 처리로 정의한다.

예 2.3에서 실험단위에 해당하는 것은 어린 토마토 모종이고 반응변수에 해당하는 것은 식물 성장의 정도이다. 처리에 해당되는 것은 식물에 물리적 접촉을 주거나 부드럽게 이야기를 해주는 것이다.

어떤 변수의 영향을 연구하는 경우 관측연구보다는 실험을 통해 자료를 수집하는 것이 좋다. 실험자는 실험을 통해 유익한 정보를 얻을 수 있고 실제에 적용할 수 있을 것이다. 그렇다고 실험을 무작정 하면 되겠는가? 잘못 계획된 실험은 단순한 관측에 비해 조금도 나을 것이 없다. 한 가지 예를 들어보자.

예 2.4 잘못 계획된 실험

서로 다른 두 가지 강의 방법의 학습효과를 분석하고자 한다. 선발된 중학교에서 우·열반제도를 시행하고 있는데 강의방법 A에 배정된 반은 우수반이고 강의방법 B에 배정된 반은 열등반일 경우에 시험결과를 생각해보자. A반의 성적이 B반의 성적보다 높은 경우 이것이 강의방법의 효과 때문인지 또는 우열반에 의한 기본적인 학생들의 능력의 차이 때문인지를 구분할 수 없게 된다. 그렇다면 실험을 어떻게 해야 구분해낼 수 있을 것인가? 당연히 각 실험집단에 할당된 실험단위들이 모든 조건에서 고르게 분포되어야만 실험에서 주어진 처리 효과를 정확하게 파악할 수 있다. [박성현(1995) 현대실험계획법, 민영사]

반응인 시험성적에 영향을 미치는 요인들 중에서 실험으로 가해지는 처리(두 가지 학습방법) 이외의 요인들을 외적변수(外的變數, extraneous variable)라고 하는데 여기서는 학생들의 기본능력(우열반)이나 I.Q.를 생각할 수 있다. 실험의 구조를 <그림 2.1>과 같이 도표로 나타낼 수 있다.

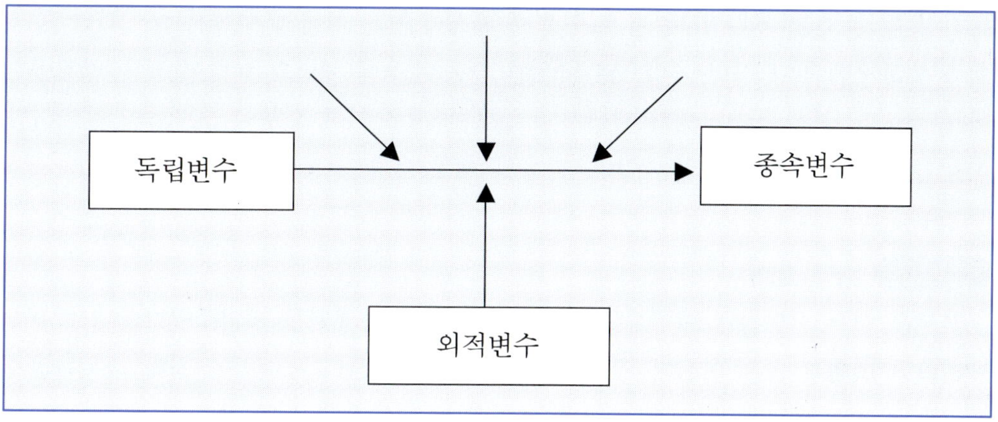

그림 2.1 ▸ 변수의 종류

예 2.2와 예 2.4에서는 설명변수의 효과가 다른 외생변수의 효과와 섞여서 설명변수가 반응변수에 얼마나 영향을 미치는가를 정확히 파악하기가 어렵다. 이를 교락되었다고 하는데 정리하면 다음과 같다.

잠재변수(潛在變數, latent variable) : 연구의 대상이 되는 변수에는 포함되어있지 않지만 변수들 간의 중요한 관계에 중요한 역할을 하는 변수.

교락(交絡, confounding) : 종속변수에 미치는 두 변수의 효과가 구별될 수 없을 때, 두 변수는 교락되었다고 한다. 교락된 변수들은 독립변수일 수도 있고 잠재변수일 수도 있다.

과학실험실에서의 실험은 주로 아주 단순한 계획 하에서 수행되는데 처리를 한 뒤 반응을 관찰한다. 한 예를 보자.

예 2.5 단순한 실험 계획의 예

'흡연 예방 교육은 반드시 어릴 적부터 해야 합니다'라는 슬로건을 내걸고, 서울 개웅초등학교는 24일 서울시교육청 지정 흡연예방 시범학교 운영 중간보고회를 개최했다. 이날 보고회에서는 33개 전 학급의 흡연예방 관련 수업이 공개되었는데 과학실에서 진행된 연구 수업에서 어린이들은 담배 가루를 탄 물에 금붕어를 넣어 두고 자연 상태에서의 금붕어와 비교해봄으로써 흡연의 피해를 알아보는 실험을 했다. 이로써 담배의 폐해를 눈으로 확인해 볼 수 있었다. [news.naver.com 참조]

실험에서는 처리 외 외부환경 요인을 통제해야한다. 실험실 안에서는 이러한 통제가 가능하지만 일단 실험실 밖으로 나오면 많은 경우에 처리와 교락이 되는 잠재변수가 존재한다. 특히 실험단위가 사람이나 동물인 경우 다른 외부적 요인들이 통제되었어도 교락이 발생하는 경우가 있다. 다음의 예를 보자.

예 2.6 위약 효과

복통을 앓는 사람한테 밀가루를 먹이거나 배에 옥도정기를 발라주었더니 감쪽같이 낫더라는 믿기지 않는 이야기를 가끔 들을 수 있다. 그러나 이것이 전혀 터무니없지는 않아서 가짜 약을 사용하여 효과를 보는 위약효과(僞藥效果, placebo effect)가 세계 각 곳에서 확인되고 있다.

플라시보(placebo)는 '내가 만족시켜 주겠다'는 라틴어에서 유래된 단어로 위약효과는 약물 활성이 없는 가짜 약을 이용해 낫는 것을 말한다. 과거 수세기 동안 원시적이고 비의학적인 신념치료, 정신치료 등이 그런대로 효과를 거두었으며, 이를 규명하기 위한 여러 가지 실험이 있었다. 캘리포니아대의 존 레빈은 병으로 통증을 느끼는 사람들을 두 그룹으로 나누어 한 그룹은 의사와 간호사가 없이 컴퓨터를 통해 주사를 맞게 했고 나머지는 가운을 입은 의사가 정식으로 주사를 놓았다. 두 그룹에서 모두 통증을 줄이는 주사약이라고 했지만 실제는 식염수에 불과했다. 그 결과 컴퓨터쪽 그룹은 통증이 거의 줄지 않았고 의사쪽 그룹은 통증이 많이 줄었다. 말기 종양환자가 항암효과가 있다는 혈청치료를 받고 3일 뒤 매우 호전되어 의사도 놀랐는데 두 달 뒤 그것이 가짜였다는 사실이 알려지자 실망한 환자가 곧 사망한 사례가 미국에서 있었다. 이것은 개인적인 관심의 정도와 의사의 권위에 대한 반응으로 볼 수 있다. 이는 신뢰하고 있는 어떠한 치료에 대한 환자들의 반응으로 볼 수 있는데, 위약을 투여했을 때 환자의 30~40%가 통증을 잊으며 심지어 외과수술 후에 회복하기도 한다고 보고되어 있다. 환자들은 진짜 약에 뿐만 아니라 위약에도 반응을 나타낼 수 있다.
[출처: aids.hallym.ac.kr]

관측연구나 단순한 실험으로는 교락으로 인하여 어떤 요인이 얼마나 영향을 미치고 어떠한 관계가 있는가를 명백히 알아내기 힘든 경우가 많다. 그러므로 실험에 대한 좀 더 구체적이고 자세한 계획을 세워서 신뢰할만한 결과를 얻어내야 할 것이다. 그렇다면 실험을 어떻게 계획하고, 자료를 어떻게 수집하고, 어떤 통계적 방법으로 자료를 분석할 것인지 생각해보도록 하자.

2.2 임의화 비교실험

무슨 일이든 시작하기 이전에 계획을 세워야 효율적으로 일을 처리할 수 있다. 마찬가지로 실험자는 어떻게 실험을 하고, 자료를 얻고, 이 얻어진 자료를 어떤 통계적 방법으로 분석하는지에 관한 충분한 계획을 세워야 효율적인 실험이 될 수 있을 것이다. 충분한 대책 없이 바로 실험에 들어가면 좋지 않은 결과가 나온다는 것을 앞에서의 많은 예에서 알 수 있었다. 이런 비효율적인 결과를 피하기 위해 통계적인 실험설계 방법을 사용하는 것이 매우 중요하다. 제대로 계획된 실험의 예를 들어보자.

예 2.7 임의화 비교실험

어떤 피부과 교수가 최근 탈모 치료제에 대한 필요성을 가지고 동의보감 및 본초강목 등 고문헌에 근거하여 검정쌀 등에서 추출한 자연추출물을 성분으로 하는 물질을 실제 탈모환자를 대상으로 하여 복용하게 하였다. 그 효능을 검증하기 위해 같은 조건의 실험 대상자를 뽑아 A조(34명)와 B조(17명)로 임의로 나누어 집단 A에는 발모촉진제를 12주 동안 복용시켰고 집단 B에는 위약을 복용시켰다. 실험 계획의 과정을 살펴보면 <그림 2.2>와 같다.

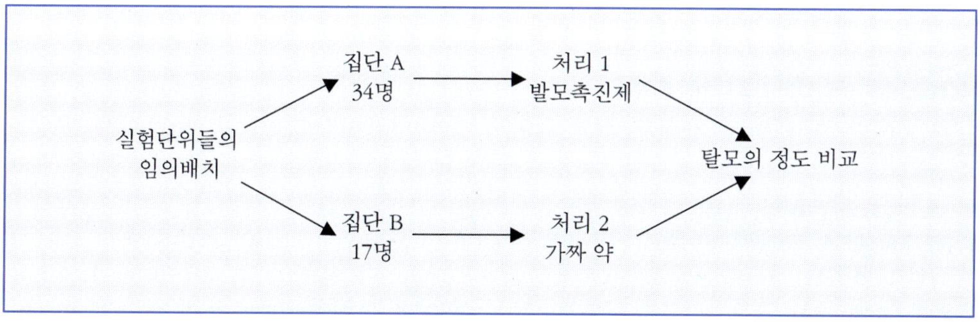

그림 2.2 ▸ 탈모 치료 실험 설계

실험 결과 실제 치료제를 적용한 집단 A에서는 전체적으로 탈락 모발의 감소가 68%정도 발견되었으며, 위약을 쓴 집단 B에서는 42%로 관찰되었다. 위약에 비해 새로운 탈모제가 좋은 효과를 보이고 있다는 결과가 나왔으므로 이는 탈모가 심한 사람에게는 매우 좋은 소식일 것이다. [출처:www.lifehair.co.kr]

위의 예에서는 교락으로 인한 문제를 해결하기 위해서 비교실험(比較實驗, comparative experiment)을 하고 있다. 비교실험은 처리를 비교하기 위한 실험으로 실험집단(實驗集團, experiment group) 또는 처리집단(處理集團, treatment group)에 처리를 하고 통제집단(統制集團, control group)에는 처리를 하지 않는다. 굳이 통제집단을 만들어 실험집단과 비교하는 이유는 실험 후 두 집단 간의 차이가 처리 효과가 될 수 있도록 다른 요인들을 통제하기 위함이다 (이를 실험설계의 **비교의 원리**라고 한다). 예 2.7은 집단 A가 실험집단이 되고 집단 B가 통제집단이 되는데 처리를 하기 전 상태의 실험단위들이 유사하게 되도록 한다. 여기에 처리는 실험집단에만 적용해서 두 집단을 비교하여 처리의 효과를 찾아낼 수 있다.

두 집단 간의 차이가 처리에 의한 효과가 될 수 있도록 처리 이외의 조건을 같게 해야 한다. 그렇다면 각 집단의 기본적인 상태가 유사하도록 하기 위해서는 어떻게 해야 할 것인가? 바로 실험대상을 '임의로' 재편성 한 후 그룹을 나눠서 각각의 처리를 실시해야 하는데 이처럼 실험단위들을 각 처리집단에 임의 할당하는 방법을 **임의화 설계**(randomized design)라고 한다. 이 방법은 1920년대 영국의 농업실험연구소에서 근무하고 있던 통계학자 피셔(R. A. Fisher)[1]에 의해서 고안되었다. 이는 실험단위를 임의로 각 집단에 할당함으로써 처리의 공정한 비교를 위해 필요한 동질적이고 균일한 집단을 얻을 수 있다는 것이다. 이를 실험설계의 **임의화 원리**라고 한다.

예 2.8 세 처리집단의 비교

한 연구자가 맹인의 장애물 회피능력은 안면 피부의 민감한 촉각에 의한 것인가

---

1) Sir Ronald A. Fisher(1890-1962)는 영국 런던에서 8남매 중 살아남은 쌍둥이 중의 하나로 태어나 캠브리지 대학에서 수학과 물리학을 전공하고 최우수생으로 졸업하였다. 그는 1919년부터 15여년 간 Rothamsted 농업실험연구소에서 자료분석업무를 수행하면서 'Statistical method for research workers' 등을 출간(1925년), 농생물학 분야 발전에 큰 족적을 남겼고, 통계학에서 당대 가장 앞선 연구자이자 최고의 유전학자로 인정을 받았다. ANOVA, 유의성검증, 최대우도원리, 실험계획 등 현대 통계학의 전 분야에 걸쳐 그의 이론적, 방법론적인 공헌은 통계학을 오늘의 수준에 이르게 한 학자로 평가된다. 그는 1952년 기사 작위를 받았다.

(facial visit 이론), 아니면 청각적인 단서를 이용한 것인가에 대한 연구를 하였다. 맹인 30명을 대상으로 임의과정을 거쳐 10명씩 3개의 그룹으로 나누고 실험을 했다. 이 실험은 <그림 2.3>과 같은 구조로 계획되었다.

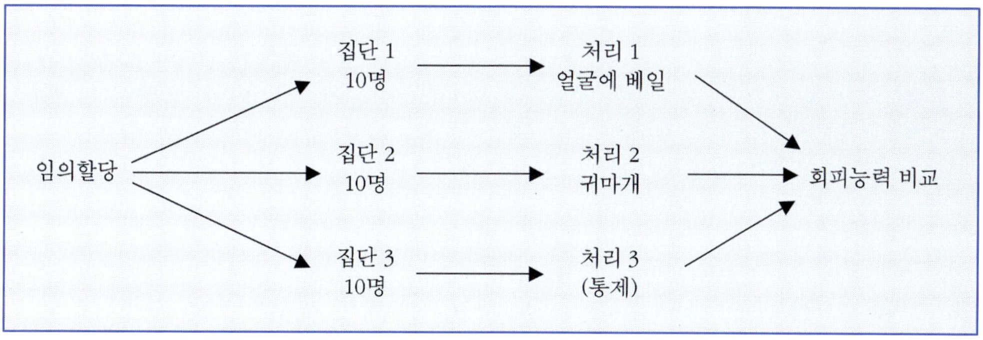

그림 2.3 ▸ 세 처리집단 실험설계

집단 1에는 얼굴에 베일을 씌우고 즉 촉각적인 단서를 제거하고, 집단 2에는 귀마개를 하여 청각단서를 제거하였다. 통제 집단에는 아무런 처리도 안한 정상적인 상태로 두었다. 이들에게 장애물을 어느 정도 피해갈 수 있는지 연구한 결과 베일 집단과 통제 집단은 장애물을 매번 회피하고 귀마개 집단은 실패했다. 따라서 맹인의 회피능력은 청각과 많은 관련이 있다는 것을 알 수 있다.

실험에서 임의화를 하는 것은 표본조사에서 표본을 임의로 추출하는 것과 같은 이치이다. 즉 특정한 성향을 지닌 실험단위들이 어느 한 집단에 치우치지 않게 할당하는데 그 목적이 있다. 그러나 임의표본추출을 하더라도 그 표본들이 서로 다르고 모집단을 잘 대표하지 못하는 표본이 뽑힐 수 있듯이 집단도 임의할당을 하더라도 서로 균일한 집단을 얻지 못하는 경우도 있다. 이런 경우에는 실험단위의 수를 크게 하여 할당된 실험단위들을 평균적으로 비슷하게 한다면 실험 결과의 변동을 줄일 수 있을 것이다 (이를 실험설계의 **반복의 원리**라고 한다).

통계적인 유의성

비타민 C가 감기 예방에 효과적인지 실험하였을 때 비타민 C의 처리집단에서 위약을 사용한 처리집단에서보다 감기에 걸린 사람이 적었다고 해서 우리는 비타민 C가 감기 예방에 효과가 있다고 말할 수 없다. 왜냐하면 두 집단 모두 비타민 C를 복용하게 하더라도 개개인들의 우연한 차이 때문에 감기 발생 빈도가 다르게 나올 수 있기 때문이다. 그렇다면 우리는 얼마만큼의 차이를 관찰해야 그것이 우연히 발생한 것이 아니라 정말로 처리자체의 효과 때문에 생긴 차이라고 말할 수 있겠는가?

통계적 유의성(統計的 有意性, statistical significance): 관찰된 효과가 우연히 발생하였다고 말할 수 없을 정도로 충분히 클 때 그 효과는 통계적으로 유의하다고 말한다.

통계적 유의성 검정은 처리 효과가 우연하게 생긴 것인지 아니면 통계적으로 유의한지를 결정하는 것이다. 예를 들어 당뇨병을 치료하는 새로운 약이 개발되었을 때 기존의 약과 비교 실험을 했더니 신약에서 더 좋은 반응이 나타났다. 이 자료에 통계적 유의성 검정을 해서 신약효과가 통계적으로 유의하다는 결과가 나왔다면, 새로운 약이 기존의 약보다 효과가 더 탁월하다고 말할 수 있는 강한 증거가 있다는 것이다. 여러분들은 앞으로 많은 연구 분야의 보고서에서 통계적으로 유의하다는 표현을 읽게 될 것이다. 그것은 연구자가 밝히고자 하는 효과에 대한 충분한 증거가 있음을 말하는 것이다. 이 부분은 제3부에서 좀더 자세히 다루게 될 것이다.

2.3 실험설계의 방법들

실험설계란 실험에 대한 계획을 의미하는 것으로, 해결하고자 하는 문제에 대해 실험을 어떻게 시행하고, 데이터를 어떻게 취하며, 어떠한 통계적 방법으로 데이터를 분석하면 최소의 실험횟수에서 최대의 정보를 얻을 수 있는가를 계획하는 것이라고 정의할 수 있다. 따라서 하나의 실험설계를 하였다고 하는 것은 해결하고자 하는 문제에 대하여 인자(因子, factor, 요인)를 선정하고, 실험방법을 택하고, 실험순서를 정하고, 실험 후 얻어지는 데이터에 대한 분석방법을 선택하였다는 의미이다.

실험설계에 있어서 실험단위들을 각 처리집단에 배치하는 방법에는 완전임의화 설계, 임의화 블록 설계, 짝짓기 설계 등이 있다.

완전임의화 설계(完全任意化設計, completely randomized design): 완전임의화 설계는 실험단위들을 각 처리집단에 임의로 배치하는 방법으로 실험단위들이 각 처리집단에 배치될 가능성이 동일한 실험설계법이다.

임의화 블록 설계(randomized block design): 임의화 블록 설계는 실험단위들이 이질적인 경우 실험단위들을 유사한 것끼리 묶어서 몇 개의 블록으로 만든 후에 각 블록 내에서 실험단위들을 각각의 처리수준에 임의로 배치하는 방법이다.

짝짓기 설계(matched pair design): 실험집단의 한 실험단위와 가장 유사한 실험단위를 대조집단에 넣어 서로 짝짓는 방법이다.

완전임의화 설계

이 방법은 가장 기본적인 임의설계로서 단순히 연구에 참여한 대상을 각각의 처리에 임의화과정을 거쳐 배치한다. 앞 절의 예 2.7과 예 2.8에서 이 방법이 사용되었으며, 여기에서는 어떻게 임의화를 할 수 있는지에 관해서 알아보도록 하겠다. 예를 들어, 기존의 치료제 A와 새 치료제 B가 있다고 하고 어느 환자가 두 치료법 중 어떤 처리를 받게 될 것인지를 결정하는 문제를 생각해 보자. 기본적인 아이디어는 예컨대 각 환자에 대해 동전을 던져서 앞면이 나오면 A를 받고 뒷면이 나오면 B를 받도록 배치하는 것이다. 그러나 많은 환자에 대해 일일이 동전을 던지는 것보다는 보다 체계적인 임의화가 필요하게 된다. 한 가지 방법은 앞의 1장에서 언급한 임의 숫자표(난수표)를 이용하는 것으로, 예를 들어 우리가 난수표의 3번째 줄의 여섯 번째 칸부터 선택하여

1 9 0 6 3 9 4 5 8 3 ……

의 난수를 얻었다고 하자. 0부터 4까지의 수에 치료제 A, 5부터 9까지는 치료제 B로 하면 다음과 같은 결과를 얻을 수 있다.

A B A B A B A B B A

이제 이 표를 이용하여 첫 번째 환자에게는 치료제 A, 두 번째 환자에게는 치료제 B... 하는 식으로 각 집단에 배정하면 된다. 만약 처리가 A, B, C 세 가지인 경우에는 1, 2, 3을 치료제 A에 4, 5, 6을 치료제 B에 7, 8, 9를 치료제 C로 하고 0은 건너

뛰는 방식으로

A C B A C B B C A……

를 구하여 환자를 할당하면 된다. 난수표를 이용할 때 어느 줄, 어느 칸에서 시작할 것인지는 임의로 정하면 된다.

예 2.9 요인이 두 개 이상인 경우의 임의배치

새로운 제빵용 밀가루를 판매하고자 하는 한 식품 회사는 빵을 굽는 시간과 온도가 조금 변하더라도 맛은 거의 영향을 받지 않게 하는 것이 중요하기 때문에 이에 관한 실험을 하고자 한다. 밀가루 반죽덩어리를 준비한 다음 빵을 굽는 온도와 시간을 150℃, 160℃, 170℃와 1시간, 1시간 15분으로 하여 실험을 실시키로 했다. 이때 모든 가능한 6개의 조합을 정리하면 다음과 같다.

요인 A(온도) / 요인 B(시간)	150℃	160℃	170℃
1시간	처리 1	처리 2	처리 3
1시간 15분	처리 4	처리 5	처리 6

한 처리에 10개씩 총 60개의 반죽덩어리를 만들고, 이 60개의 반죽덩어리를 6개의 처리에 배당하는데, 60개의 반죽덩어리에서 크기가 10인 단순임의표본을 뽑아서 처리 1에 배치하고 나머지 50개로부터 크기가 10인 단순임의표본을 뽑아 처리 2에 배치하는 식으로 임의화한다. 만약 여기서 처음 만든 10개의 반죽덩어리를 처리 2에 배치하는 식으로 실험단위를 배치하면 임의화의 원칙에 어긋난다고 할 수 있다. 왜냐하면 실내의 습도처럼 시간이 흐름에 따라 변하는 어떤 변수의 효과와 처리의 효과가 교락될지도 모르기 때문이다. 이 실험은 두 개의 요인을 가지기 때문에 각 처리는 두 요인의 특정한 수준을 조합한 것으로 요인이 하나인 실험보다 다소 복잡하지만 60개의 반죽덩어리를 6개의 처리에 완전히 임의과정을 거쳐 배치하였기 때문에 완전임의화 설계에 해당된다.

임의화 블록 설계

완전 임의화 설계에서는 각 실험대상(또는 실험환경)이 동질적(同質的, homogeneous)이라고 가정하고 임의 배치한다. 그런데 경우에 따라서는 이러한 가정이 타당하지 않을 수도 있다. 만약 실험대상자들이 모두 동질적이지는 않지만 처리의 수만큼 (또는 그 배수만큼) 균일한 실험단위를 모을 수 있을 때 사용할 수 있는 방법이 임의화 블록 설계이다.

만약 실험단위들이 상당히 이질적일 때 완전 임의화 설계를 사용하여 배치하면 우연히 실험단위들이 한 쪽으로 치우칠 수 있다. 이러한 가능성을 줄이기 위해 실험단위들을 유사한 것끼리 묶어서 블록으로 만든 다음 블록 내에서 실험단위들을 각각의 처리수준에 임의로 배치하는 방법이 보다 합리적이다. 예를 들어, 한 간호사가 10명씩 환자의 간호를 맡고 있는 경우에 솜씨 좋은 간호사의 환자에게 주로 처리 A가 배치되고 신참 간호사의 환자들에게는 주로 처리 B가 배치된다면 공정하지 않다. 이때 한 간호사의 환자 중 5명은 처리 A에, 나머지 5명은 처리 B에 할당되도록 하면 간호사에 따른 효과를 통제할 수 있게 된다.

이와 같이 동질적인 실험환경(블록)안에서 모든 처리가 골고루 배치되도록 하여 불필요한 요소의 효과를 제어할 수 있도록 하는 방법이 임의화 블록설계이다. 임의화 블록설계에서 블록은 외생변수의 조건이 비슷한 실험단위로 구성되며, 임의화는 이 블록 내에서 실시한다.

짝짓기 설계

처리집단과 대조집단을 구성하는 단계에서부터 교락효과를 통제하는 수단으로 사용되는 것이 짝짓기방법이다. 예를 들어, 흡연여부가 혈압에 미치는 영향을 보고자 하는 연구를 생각해보자. 만일 흡연자 50명을 처리집단에 배치하고 비흡연자 50명을 대조집단에 배치하여 그들로부터 혈압만을 측정하여 비교한다면 과연 타당한 실험이라고 할 수 있을까? 혹시라도 나이가 많거나 고혈압 병력이 있는 사람들이 한쪽 집단에 더 많이 배치된다면, 흡연효과가 나이효과나 고혈압 병력효과와 교락되어 실제로 흡연여부가 혈압에 어느 정도 영향을 미치는가를 알아내기 힘들 수도 있다. 이런 경우에 처리집단의 한 실험대상자와 나이나 고혈압 병력에서 비슷한 조건을 가진 대상자를 선정하여 대조집단에 배치하고 서로 짝짓기를 하여 두 집단을 구성할 수 있다. 이와 같이 외생변수들을 통제하면서 집단을 구성함으로써 교락문제를 사전에 해결할 수 있다는 장점이 있다.

2.4 실험에서의 현실적인 문제점

2.2절에서 언급하였듯이 임의화비교실험이 비교, 임의화 및 반복의 세 가지 실험설계원칙을 모두 고려하는 좋은 방법이지만, 그 실험이 우리가 정말 원하는 결과나 정보를 줄 지에 관해서 검토할 필요가 있다. 올바른 실험을 통해 얻은 결과자체는 이상이 없어 보이더라도 그것을 현실에 적용했을 때 과연 얼마나 정확하고 타당한지를 살펴보는 것이 매우 중요하다. 실험실 안에서의 실험이 아니라 현실로 옮겨왔을 때 특히 실험대상이 사람인 경우에 어떤 문제들이 발생할 수 있을지를 생각해보자.

겉으로 보여지지 않는 편향

2.1절의 예 2.6에서는 위약효과에 관하여 논의하였다. 환자가 자기가 복용하고 있는 약이 진짜 약인지 가짜 약인지를 몰라야 한다는 것은 당연하다. 만일 이 경우에 의사가 자기가 처방한 약이 가짜인지 진짜인지를 안다고 가정해보자. 새로운 약의 결과에 대해 호기심이 많은 의사는 당연히 진짜 약을 먹는 환자에게 더 많은 질문을 하고 보다 신중하게 주의사항을 전달할 것이다. 이와 같이 실험자가 관측을 하기 전부터 기대하는 바가 있다면, 그러한 태도가 당연히 실험결과에 영향을 미칠 것이며 따라서 눈에 보이지 않는 또 다른 형태의 편향이 생길 것이다. 이러한 이유 때문에 특히 임상실험에서는 임의화 실험의 질을 높이기 위해서 눈가림 실험(blind experiment)을 실시할 필요가 있다. 눈가림 실험이란 실험후 처리효과를 평가하는데 있어서 환자나 실험자의 편견이나 심리적 영향이 발생할 소지를 막기 위하여 어느 종류의 치료법이 누구에게 적용되는가를 모르게 하는 방법이다. 환자측만 모르게 시행하는가 아니면 환자와 실험자 모두가 모르게 시행하는가에 따라 일방눈가림(one-blind) 또는 이중눈가림(double-blind)으로 불리워진다. 경우에 따라서는 환자와 실험자 외에 분석자에 대해서도 눈가림을 실시하기도 한다.

임상실험에서 환자의 중도탈퇴

여론조사에서 표본으로 선택된 사람들이 어떤 이유로 해서 조사를 거부한다면 여론조사결과에 많은 오차가 생길 수 있다. 임상실험에서도 마찬가지로 환자가 치료를 거부하거나 다른 사유로 치료를 중단(drop out)해야 하는 경우가 있다. 암이나 에이즈 같은 심각한 질병을 다루는 임상실험에서 참여자의 치료거부는 편향을 발생시킬 수 있기 때문에 매우 중요한 문제이다. 환자들은 임상실험에서 직접적인 혜택을 받을 수 있음에도 불구하고 임상실험에 참여하기를 꺼려한다. 왜냐하면 환자를 임의로 배치하는데 있어서 자신들이 위약이나 열등한 치료법에 할당되어 불이익을 당할지도 모른다는 사실 때문이다. 또한 효과나 부작용이 확인되지 않은 새로운 약을 받게 될지 모른다는 불안감과 의사에 대한 불신 등으로 임상실험에 참여하기를 거부하는 경우도 있다. 또한 주로 에이즈 환자나 말기 암 환자는 의사가 처방한 약만을 복용하는 것이 아니고 의사 모르게 때때로 민간요법 등의 다른 치료를 병용하는 경우가 있다. 이것은 처방한 약의 효과를 아는 데 있어 간섭요인이 되므로 이런 환자는 실험에서 제외되어야 한다. 다른 예로, 말기 암환자가 새로 개발되었지만 부작용이 많을 수 있는 약을 투여 받았다가 심한 구토증세와 같은 부작용으로 인해 실험 도중 치료를 거부하는 경우가 있다. 또한 환자가 개인적인 사정으로 먼 곳으로 이사를 가게 될 경우 임상실험에 참여하기 어렵게 된다.

행동과학연구의 비현실성

의학실험에서는 연구하고자 하는 치료법을 환자들에게 실제로 투여하지만, 인간의 행동이나 심리상태를 연구하기 위한 실험에서는 연구하고자 하는 상황을 일부러 만들어서 하는 수밖에 없는 경우가 많다. 예를 들어, 어느 심리학자가 욕구불만에 대한 반응을 연구하기 위하여 실험대상자들에게 여러 가지 자극을 주고 반응을 관찰하는 실험을 실시하는 경우를 생각해보자. 실험대상자는 이것이 인위적인 상황이며 단지 실험에 지나지 않는다는 것을 인식하고 있다. 이런 경우에 과연 실험에 대한 반응이 진짜 욕구불만에 대한 반응으로 해석될 수 있을지 의문시된다. 이와 같이 인간의 행동과학 연구분야에서는 현실성 있는 실험을 하기 어렵기 때문에 실험의 결과도 현실과 거리가 있다는 것을 고려해야 한다.

실험결과를 얼마나 일반화할 수 있는가?

실험연구자는 한 집단을 대상으로 얻은 실험의 결과를 그보다 더 큰 집단이나 다른 집단으로 확대 해석하려는 경향이 있다. 몇 가지 임상실험의 예를 들어보자.

예 2.10 특수한 실험대상 집단

어떤 새로운 소화제가 개발되었다. 연구자들은 이 소화제가 기존의 약보다 큰 효과가 있을 것으로 기대하고 실험한 결과 효과에 있어 유의한 차이가 없는 것으로 나타났다. 그런데 실험 대상이 만약 심한 위염이나 위궤양 환자였다면 우리가 알고자 하는 일반적인(위장병을 앓고 있지 않는) 사람들에 대해서는 아무런 결론도 내릴 수 없다. 왜냐하면 새로운 소화제가 위장병을 앓고 있는 사람에게는 별 효과가 없을지 모르지만 일반사람들에게는 그 전의 약보다 훨씬 효과가 좋을 수도 있기 때문이다. 단지 그 실험 결과만을 보고 이 약은 별로 기존의 약보다 특별한 효과가 없다 라고 판단하기는 어렵다. 위장병 환자가 일반인 전체를 대표하지는 않는다.

예 2.11 **실험대상 선택에서의 윤리적 문제**

담배 연기에 대한 사람들의 반응을 알아보려고 한다. 여기서 실험 대상이 임의로 뽑힌 사람들과 실험에 참여할 의사가 있는 사람들의 반응에는 큰 차이가 있을 수 있다. 이 경우에 연구자가 임의로 뽑힌 사람들에게 담배 연기를 마시게 하는 것은 윤리적으로 문제가 있다. 만약 지원자를 대상으로 실험을 할 경우 그들은 흡연을 하는 사람일 가능성이 높고 또한 흡연자들은 분명 비흡연자들에 비해 거부 반응이 덜할 것이기 때문에 실험에 대한 결과를 함부로 일반화해서는 안 된다.

예 2.12 **실험 결과의 성급한 일반화**

1999년 5월 미국 국립암연구소에서 마침내 암을 완치할 수 있는 꿈의 치료제를 개발해냈다는 소식이 보도되었고 전 세계의 의학계와 암환자들은 흥분의 도가니 속에 싸였었다. 그러나 쥐에서처럼 과연 인체에서도 같은 효과를 낼 수 있는지는 알 수 없는 일이라는 것이 전문가들의 지적이었다. 그런데 그로부터 며칠 뒤 국내에서 미국의 치료제를 능가할 수 있는 항암제가 개발되었다는 내용이 발표되었다. 전 세계를 떠들썩하게 만들었던 앤지오스태틴(Angiostatin)과 엔도스태틴(Endostatin)이라는 약물들이 임상시험을 거쳐 실제로 환자들에게 적용되기까지는 많은 시간이 필요하고 그 결과가 전문가들의 공인을 받기란 쉽지 않은 일이다. 그 후 실제로 그 다음해 5월에 7개월간의 엔도스태틴 제1상 실험의 중간 연구결과가 발표되었으나 기대에 못 미쳤다.

그렇다면 실험의 결과를 어느 정도 일반화시킬 수 있을 것인가? 실험이 유용한 정보를 충분히 제공하였는가 하는 것에 관한 결정은 단순히 통계적인 문제만은 아니다. 만약 실험연구자가 더 큰 집단에 실험결과를 확대 적용하고자 한다면, 현재의 실험대상이 더 큰 집단을 대표할 수 있다는 점을 명확히 밝혀야 하며 이는 진행되는 실험에 대한 연구자의 이해에 바탕을 두어야 한다. 또한 다양한 상황에서 여러 차례의 비슷한 실험을 거쳐서 새로운 실험결과를 다시 확인할 필요가 있다. 제한된 집단에 적용할 수 있는 결론을 일반화시키는 데는 매우 신중해야하며, 통계뿐만이 아니라 해당분야에 대한 충분한 지식이 요구된다.

2.5 실험에서의 윤리

임상실험에서의 윤리적 문제

식품의약품안전청이 의약분업 시행을 앞두고 발표한 자료에 따르면 1차 약효시험 440 품목 가운데 약 33%가 불합격 또는 판정유보를 받았다. 약에 대한 의존도가 다른 나라에 비해 유달리 높은 한국인들이 그만큼 함량미달 또는 가짜 약을 많이 사용한 셈이다. 무늬만 약인 물질들을 남용하였으니 나라 전체가 거대한 위약효과 실험실 역할을 한 꼴이다. 그 결과 의학연구에 밑거름이나 됐으면 다행이었겠으나 많은 사람들의 건강만 해치게 되었다. [출처 : www.kfda.go.kr]

실험단위가 사람인 임상실험의 경우는 심각한 윤리적 문제가 일어날 수 있다. 특히 의학실험에서는 치료를 하느냐 하지 않느냐가 환자에게는 직접적인 위험을 초래하기 때문에 임상실험은 특히 논쟁의 대상이 된다. 그럼에도 인명을 구하는데 필요한 의학적 지식을 얻기 위해서는 비교실험을 해야 할 때가 많다. 의학은 점진적으로 발전하므로 계속 실험이 필요하다. 그런데 의학실험의 난점은 그 실험대상인 사람에게 해를 끼칠 가능성이 있다는 것인데, 이때는 얻을 수 있는 이득과 부담해야 할 손실을 비교해서 실험여부를 결정해야 한다. 임상실험은 '무엇보다도 해를 끼쳐서는 안 된다'는 원칙을 지켜야 하며, 해롭다는 사실을 알면서도 환자에게 실험을 하는 것은 명백한 비윤리적 행위이다. 또한 끊임없이 쏟아져 나오는 각종 치료법들을 객관적이고 과학적으로 검증해보지도 않고 성급하게 보도하는 것은 오히려 환자들에게 불신감만을 심어줄 뿐이다. 의료보도는 국민들의 생명을 담보로 하고 있기 때문에 무엇보다 신중하고 정확해야 하며 전문성을 갖춰야 한다. 다음의 두 가지 예를 살펴보자.

예 2.13 **공인되지 않은 임상실험결과**

1998년 9월 어느 한방병원에서 기적의 한방항암제가 개발되었다는 소식이 보도되었다. 암세포를 깨끗이 치료하고 전이를 막을 수 있다는 항암제 개발 뉴스를 듣고 전국 각지에서 수십명의 암환자들이 병원으로 몰려들었다. 백운초라는 이 약은 암세포에만 작용하여 암세포의 세포자살을 유도하기에 정상세포에는 아무런 영향을 주지 않는다고 설명하였다. 병원측은 이 한방치료제를 2백여명의 환자들에게 시험한 결과 암치료에 탁월한 효과를 얻었다고 주장하고 있으나 임상결과가 공인된 것은 아니었다. [출처 : dnai.co.kr/news]

예 2.14 **치료의 안정성 문제**

1996년 발표된 P53 유전자치료법은 당시 큰 관심을 불러 일으켰다. 간암으로 투병하던 한국 최초의 프로복싱 세계챔피언이었던 김기수씨도 P53 유전자치료를 받아서 상당히 호전된 것으로 보도되었지만 김기수씨는 그 이듬해에 간경화로 사망하였다. P53 유전자치료법은 암환자 뿐 아니라 학계에도 엄청난 파문을 몰고 왔으며, 학회에서는 이 치료법을 인정할 수 없다는 입장이었다. 시료의 안전성이 검증이 안된 채 환자들한테 사용했다는 것이 윤리적으로 문제가 되었다. [출처: dnai.co.kr/news]

또 다른 문제를 살펴보자. 암과 같은 심각한 질병에 대한 연구에서는 환자들이 임상실험에 적극적으로 참여하지 않는다. 임상실험을 할 때 환자들로부터 동의를 얻어내는 것은 결코 쉬운 일이 아니다. 최근 우리나라에서 영아원 임상실험이 사회문제가 된 적이 있었는데, 영아원이나 고아원에서는 본인의 의사가 아닌 원장의 의사로 임상실험에 참여하게 되는 것이다. 선진국에서처럼 임상실험에 관한 홍보를 적극적으로 하여 자원자로 하여금 마치 동물실험대상과 같은 느낌이 들지 않도록 해야 할 것이다. 결론적으로, 임상실험에서 지켜져야 할 윤리적인 원칙을 정리해보면 다음과 같다.

안전성: 인체 안전성이야말로 가장 중요시 고려되어야 할 요소이다. 헬싱키 선언을 비롯한 국제윤리규정에서는 어떤 물질이 사람에게 위해한가를 알아보기 전에 반드시 동물실험을 먼저 수행하도록 정하고 있다. 즉, 쥐와 같은 실험동물을 대상으로 하는 전(前)임상실험 결과가 있어야 실험하고자하는 물질이 인체에 안전한가를 미리 유추할 수 있으므로, 실험동물을 통한 안전성검사를 해야 한다. 인체에

서의 안전성에 대하여 일치된 의견이 나온 뒤에 임상실험을 시작할 수 있는 것이다. 실제로 임상실험의 첫 단계인 제1상 임상실험은 실험하고자 하는 물질의 안전성을 검사하는 것이다. 그 다음에 다음 단계인 제2상 임상실험에 와서 물질의 유효성을 측정하게 되는 것이다.

- **실험설계** : 안전성이 입증되고 유효성이 있다하더라도 임상실험은 필요성이 있는 결과를 도출하는 방향으로 설계되어야 한다. 잘못 설계된 임상실험을 수행하는 것은 윤리적으로 바람직하지 못하다. 임상실험결과가 과학적인 해답을 줄 수 있도록 설계되어야지 그렇지 않으면 불필요하게 인체를 연구위험에 노출시키게 되는 것이다. 예를 들어, 어떠한 상태에 있는 환자를 임상실험에 참여시킬 것인가, 선택된 환자들을 어떠한 순서와 방법으로 치료할 것인가 등은 매우 중요한 실험설계의 요소이다.
- **환자의 동의** : 환자의 동의를 받아서 임상실험을 하는 것이 반드시 필요하다. 환자가 임상실험에 동의하기 전에 환자 자신이 임상실험에 참여하는 것이 어떠한 결과를 초래하고, 새로운 치료법이 기존의 다른 치료법과 어떻게 다른가 또는 얼마나 위험할 수 있나 등을 사전에 충분히 이해해야 한다.

임상실험이 끝난 후에 어느 환자집단이 다른 환자집단보다 열등한 치료를 받은 것으로 판명이 났을 때 과연 연구자는 그 임상실험에 대하여 윤리적인 책임을 느껴야만 하는가? 그렇지 않다고 분명히 말할 수 있는 이유를 정리해 보자. 첫째, 어떤 치료가 시술되어야 하는데, 임상실험을 해보지 않으면 어느 치료법이 더 좋은지 모르므로 환자들을 열등한 치료에 일부러 배정했다고 말할 수 없다. 실험에서 어떤 치료법이 더 좋은지 알기 위해서는 반드시 임의화를 해야 한다. 둘째, 임상실험을 하지 않는 것이 반드시 이런 윤리적 비판에 대한 대안이 될 수 없다. 즉, 인간을 실험대상으로 하지 않는 것이 정당화될 수 없는 것이다. 왜냐하면 만일 새로운 치료법이 정말로 더 좋을지도 모르는데 임상실험을 하지 않고 기존의 치료법만을 사용한다면, 결국 모든 환자들이 계속 열등한 치료를 받는 꼴이 되기 때문이다.

사회과학에서의 윤리적 문제

우리의 논점을 의학에서 행동과학(行動科學, behavioral science)으로 옮겨 보면, 인간에 미치는 직접적인 위험은 더욱 애매해진다. 뿐만 아니라 실험에서 얻어지는 지식의 가치 또한 그렇다. 한 심리학자가 실시한 인간행동에 관한 실험을 생각해 보자.

예 2.15 범죄심리 실험

한 심리학자가 인간의 범죄심리를 알아보기 위해 다음과 같은 실험을 하였다. 먼저 명품을 주로 파는 A, B 백화점 두 곳을 정한 뒤 유사한 상품이 진열되어 있는 층을 각각 선택하였다. A 백화점에는 손님으로 하여금 훔치고 싶다는 충동을 유발할 만한 환경으로 상품들을 다시 진열하고 직원들의 수도 줄여 평소와 다르게 배치시켰다. B 백화점은 평소와 비슷한 상황으로 구성을 하였다. 그런 후에 각 코너마다 설치된 카메라로 일주일동안 상황을 지켜 본 결과 A 백화점의 범죄 건수가 훨씬 더 많았다. 상품을 훔치려고 시도한 사람들은 그 후에 짜여진 상황이라는 것을 알고 너무 당황해 하였다. 이 사람들은 실험 대상자라는 것을 전혀 모른 채 실험에 참여하게 된 것이다. 비단 훔치려고 시도한 사람들뿐 아니라 그 층을 지나간 사람들이 모두 자기 의사와는 상관없이 실험에 참여한 것이다.

이 예제는 인간행동을 연구할 때 일어날 수 있는 한 문제를 보여 주는데, 그것은 임상실험과는 달리 실험대상자의 동의를 얻는 것이 불가능하다는 것이다. 만약 실험대상자가 실험의 실제 목적을 안다면, 그 실험은 유효할 수 없을 것이다. 따라서 실험대상자는 실험자체에 관한 세부적인 것은 모르는 채 단지 실험에 참여할 것인가 만을 결정하게 된다. 이때 들어내고 싶지 않은 행동의 일면을 들어내게 함으로써 실험대상자를 부당하게 취급하는 것은 아닌지 생각해 볼 일이다.

다음의 예는 국제 사회의 윤리적인 이슈로 대두되어온 핵실험에 관한 것이다.

예 2.16 핵실험 영향 조사에 영아 사체 사용

영국의 과학자들은 지난 1950년대와 1970년대 사이 실시한 핵실험에 의한 인체영향 여부를 확인하기 위해 홍콩으로부터 영아 사체를 들여와 방사선 피폭 실험을 했으며 이 과정에서 어느 부위가 필요한지 목록을 작성한 사실이 있다고 사우스챠이나 모닝 포스트가 폭로했다. 공식 영국 정부문서를 인용하면서, 신문은 홍콩 의료당국이 부모의 동의도 없이 실험에 사용할 홍콩 영아 사체를 영국으로 전달하는 것을 승인했다고 보도했다.

과거 15년간 호주, 영국, 캐나다, 홍콩, 미국, 남미 등의 6,000구의 사산아와 영아 사체가 핵실험 영향을 관찰하는데 사용되었다는 최근 영국 신문의 폭로 때문에 홍콩 정부는 심각한 압력을 받고 있다. 사체는 핵폭발에서 발생하는 낙진과 방사선에 의해 신체가 어떤 영향을 받는지 관찰하는 미국 에너지부(DOE)가 행한 실험에 사용됐다.

홍콩 영아 사체 일부는 또한 영국 과학자들이 행한 유사한 실험에 사용됐으며 지난 1970년대가 되어서야 종료된 것으로 밝혀졌다. 모닝 포스트지에 따르면 홍콩 의료 당국은 영국 과학자들의 구체적 지시에 따라 사체를 준비했다. 모닝 포스트지는 영국의 국립 문서 저장소에서 입수한 문서의 문구를 다음과 같이 인용하고 있다. '현재 가장 필요한 부위는 피부조직이 제거된 0~5세 어린이의 완벽한 대퇴골이다. 각 샘플은 출생일, 사망일, 모유로 키웠는지 우유로 키웠는지 여부, 어린이가 성장한 장소, 기타 관련된 모든 정보를 갖춰야 한다.' 지난 1961년 한 과학자는 홍콩 어린이 사체 31구를 분석해 스트론튬-90의 수치에 이상이 없음을 확인한 결과를 발표하기도 했다. 호주 정부는 지난 주 화장하고 남은 호주 어린이의 유골과 39세 이하의 성인 유골 일부가 핵실험에 따른 방사성 낙진의 영향 여부에 대한 실험을 위해 미국과 영국으로 보내진 사실을 인정하였다. [출처 : http://dailynews.yahoo.com]

이 예제는 핵실험에서 단적인 윤리적인 문제점을 보여 준다. 영아사체를 실험 대상으로 결정하기 전에 부모에게 동의를 얻었어야 했는데 실제 목적을 안다면 동의를 얻기 어려웠을 것이다. 그렇다고 죽은 사람을 대상으로 실험한다고 해서 동의도 얻지 않고 실험하는 것이 과연 윤리적으로 옳은 일일까? 결국 사람의 행동연구나 핵실험결과 얻어지는 지식의 가치가 있더라도, 실험대상자가 참여에 동의했거나 대상자에게 아무런 피해가 없다는 것으로 이런 실험이 정당화될 수 있는지에 대해서는 우리가 심각하게 생각해볼 문제이다.

실험은 지식을 얻기 위해서 반드시 필요한 것이다. 그리고 대부분의 사람들은 이렇게 얻어진 지식으로 말미암아 자신들에게 혜택이 올 것이라는 것을 부인하지 않는다. 그러나 연구하는 사람들은 그들의 연구를 실험대상자의 권익보다 앞세우는 경향이 있으나, 그나마 최근 실험대상자의 권익에 대한 관심이 높아지고 있음은 다행한 일이라 할 수 있다.

연습문제

2.1 A 음료회사의 쌀음료가 B 회사 쌀음료보다 더 맛이 좋다는 것을 보이기 위해 시음회를 열었다. B를 선호하는 사람들 눈을 가린 후 먼저 B의 쌀음료를 마시게 한 후 A의 쌀음료를 마시게 하였더니 반 이상이 A회사 음료가 더 맛있다고 하였다. 이 실험은 유효한 실험이 아니다. 어떤 점에서 그런지 생각해 보아라. [2.1절]

2.2 어떤 고무를 이용해 물품을 생산하는 공장에서 더 많은 생산량을 위해 현재의 공정과정을 개선시키기로 하였다. 고무는 온도와 압력에 영향을 받으므로 4가지 온도와 3가지 압력의 조합으로 공정을 구성한 후에 생산량이 가장 많은 것을 택하기로 하였다. 고무를 한 드럼씩 각각의 온도와 압력의 조합에서 5번씩 생산하여 그 생산량을 측정 비교하였다. [2.1절]

(1) 이 실험에서 실험단위와 반응변수는 무엇인가?

(2) 이 실험을 하는데 필요한 실험단위는 수는 몇 개인가?

(3) 이 실험에서 요인과 처리는 각각 몇 개인가?

2.3 한 심리학교수가 심리학과 신입생들을 실험단위로 하여 두 가지 처리를 비교하고자 한다. 신입생들을 두 집단으로 임의배치를 하고 한 집단에는 A 처리를 하고 나머지 한 집단에는 B 처리를 하여 실험하였다. 실험 결과 두 집단 간의 차가 실험단위의 임의배치에 의하여 우연히 발생했다고 하기에는 너무 크게 나타나서, 이 심리학자는 두 처리의 효과에 차이가 있다고 결론지었다. 과연 이러한 결론이 유효한지 생각해 보아라. [2.2절]

2.4 관측연구와 실험연구의 차이점을 설명하여라. 그리고 단순한 실험에서 발생되는 문제점은 무엇이며 이를 개선하기 위해서는 어떤 실험을 해야 하는지 설명하라. [2.1, 2.2절]

2.5 실험설계의 종류와 각각이 어떤 경우에 사용되는지 설명하여라. [2.3절]

2.6 한 농경학자가 5가지 쌀의 수확량의 비교하고자 한다. 그런데 실험에 사용될 땅은 서쪽에서 동쪽으로 갈수록 비옥하다고 한다. 그래서 이 농토를 아래 그림과 같이 25개의 같은 크기의 구역으로 분할하여 임의화 블록 설계로 실험하고자 한다. 이 실험에서 실험단위, 처리, 블록이 무엇인지 설명하여라. [2.3절]

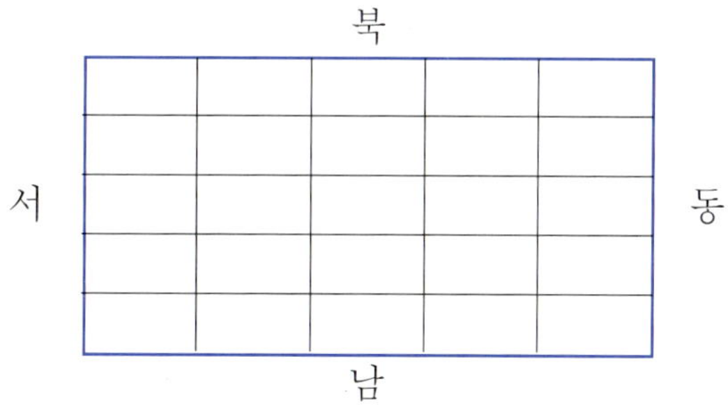

2.7 현실에서 발생할 수 있는 실험의 문제점을 생각해보고 구체적인 예를 하나 들어보아라. [2.4절]

※ 다음의 문제들은 정답이 없다. 주로 윤리적인 관점으로 문제들을 생각해보자.

2.8 실험은 새로운 지식을 위해서 꼭 필요한 것이다. 앞의 예 2.15, 2.16을 보면 실험대상의 동의도 없이 실험을 하였다. 연구하는 사람들은 그들의 도덕성을 표명하면서도 연구를 실험대상의 권익보다 앞세우는 경향이 있다. 이러한 문제에 대하여 자신의 생각을 말하여라. [2.5절]

2.9 실험대상자들이 임상실험에 참여할 것인지를 결정하기 전에 실험에 관한 어떤 정보를 줘야 한다고 생각하는가? 윤리적인 관점에서 생각해 보아라. [2.5절]

2.10 많은 실험실에서 살아있는 동물들을 실험 대상으로 삼고 있다. 어떤 사람들은 이러한 점을 윤리적 문제로 지적하고 있다. 그러나 어떤 사람들은 인간에 돌아오는 혜택과 이로움을 위해서는 동물실험은 반드시 꼭 필요하므로 윤리적으로 문제가 없다고 주장한다. 여러분의 입장은 어떠한가? [2.5절]

3장. 측정

주위에 있는 사물들은 각기 다른 고유의 특성을 가지고 있다. 그러한 고유특성을 구체화하기 위하여 우리는 숫자를 부여한다. 이렇게 숫자를 부여함으로써 측정 개념의 막연함을 넘을 수 있다. 만약 중요한 연구결과를 숫자가 아닌 서술적 표현으로 제시하였다면 어떠하겠는가? 당연히 우리는 구체적이고 자세한 자료가 제시되기를 바랄 것이다. 또한 표본조사나 실험을 계획하는 것 자체로는 숫자를 얻을 수가 없으며, 표본응답자나 실험단위로부터 그것들의 성질을 측정할 필요가 있다.

측정(測定, measurement)이란 어떤 사람이나 사물의 성질을 숫자로 표현하는 것이라고 정의할 수 있으며, 보통은 측정을 하기 위해 도구를 이용한다. 사과의 속성을 표현하는 다음의 예를 보자.

예 3.1 측정

'사과'의 속성 (양적 속성, 질적 속성)

개수, 무게, 크기

맛, 색, 경도, 가격 　　　　　측정

좋아하는 정도, 예쁜 정도 ———————→ 수치화, 수량화

허리둘레를 재고 싶을 때 우리는 줄자라는 도구를 사용한다. 길이의 측정단위는 인치나 센티미터 등이 있다. 또 학생들이 평소에 얼마나 학교 공부를 충실히 했는가를 측정하기 위해서는 시험을 보게 한다. 시험 점수는 학습성취도라는 개념을 수치로 나타낸 것이다.

이제 길이와 무게와 같이 단순한 물리적인 성질을 측정하는 것과 고용이나 학습성취도와 같은 복잡한 성질을 측정하는 것에 대해서 살펴보겠다.

3.1 측정의 타당성

1장과 2장에서 변수는 개체로부터 측정되는 특성으로 정의하였다. 이렇게 얻어진 변수는 명확하게 정의되어야 하며, 데이터를 현명하게 사용하기 위해서는 변수에 대한 정의를 정확히 알아야 한다. 다음의 예를 살펴보자.

예 3.2 광고효과의 측정

광고효과 측정이 가능한가 또는 광고효과를 어떻게 측정할 것인가 하는 문제는 광고계에 종사하고 있는 모든 사람들의 큰 관심사의 하나이다. 지난 수십 년 동안 광고효과 측정의 가능성과 이에 관련한 문제점은 광고학계와 광고업계에서 가장 활발하게 논의되어왔던 주제이다. 많은 학자와 실무자들이 광고효과 측정에 관하여 연구해왔음에도 불구하고, 광고효과가 발생하는 과정의 복잡함과 광고효과에 미치는 다양한 변인들을 설명하는데 따른 한계성 때문에 아직도 뚜렷한 결론에 이르지 못한 채 논쟁이 계속되고 있다. 이러한 광고효과 측정에 대한 하나의 흐름은 매출액대비 광고비에 대한 광고효과를 측정하는 방법이다. 그러나 무엇보다도 많은 논란의 대상이 되어온 것은 과연 광고의 효과를 무엇으로 측정하느냐 하는 보다 본질적인 문제이다. 즉, 광고의 효과를 매출이나 시장점유율과 같은 시장자료에 근거해야 한다는 주장과 DAGMAR(Defining Advertising Goals for Measured Advertising Results)로 대표되는 커뮤니케이션 지표(index)를 지지하는 주장으로 나누어진다. 만일 광고의 궁극적인 목적이 소비자들로 하여금 자사의 제품이나 서비스를 구매하도록 유도하는 것이라는 점에서 본다면 광고의 효과는 시장자료로 측정되어야 할 것이다. 반면에 광고의 효과를 구매행위(physical activity)보다는 구매로 유도해 가는 심리적 현상(psychological phenomena)이라고 본다면 광고의 효과는 커뮤니케이션 지표로 측정되어야 할 것이다. 특히, 특정 제품이나 서비스의 매출에 영향을 미치는 변수는 광고 이외에도 많이 있다는 점을 고려한다면 더욱 그렇다고 하겠다. [자료출처: 1999년 연차학술세미나, www.adic.co.kr]

결국 복잡한 성질의 측정에 있어서, 다른 방법으로 측정한 결과가 서로 다르다고 할지라도 모두 타당한 측정 방법이 될 수 있다. 다음의 예를 보면서 이 측정이 과연 타당한지 생각해보자.

예 3.3 영어능력평가

외국대학에서 유학생을 선발하기 위해 지원하는 학생들의 영어 숙련도를 알고자 한다. 가장 이상적인 방법은 모든 학생들에게 미국에서 수학할 기회를 제공하고 관찰하는 것이지만 비용과 시간이 너무 부담스러울 것이다. 따라서 현실적인 것을 고려하여 어떤 사람의 언어능력을 TOEFL이라는 평가를 통해 측정한다. 그러나 그 결과가 얼마나 영어 숙련도를 잘 설명해 줄 수 있는가? 실제능력이란 수험자가 가진 능력으로서 평가에서 나타나는 능력이 아니라 실제 상황에서 나타날 수 있는 능력인데 이를 직접적으로 측정하기 어렵다. 일반적으로 수험자의 수행평가로부터 실제능력을 추론할 뿐이다.

우리들이 측정하는 것은 개체들의 성질이지 개체 그 자체는 아니다. 측정은 항상 숫자를 만들어 내는 과정임을 기억해두자. 이제 어떤 성질이나 특성을 숫자화 해서 사용하기 위해서는 어떤 조건이 필요한지 생각해보자.

타당도

타당도는 연구자가 관찰하려고 하는 것을 어느 정도 제대로 관찰하였는가를 나타내준다. 타당도에 문제가 제기되는 것은 주로 연구 설계와 측정의 단계에서이다. 여기에서는 특히 측정과 관련된 타당도의 의미를 살펴보기로 하겠다.

> **타당한 측정**(valid measurement) : 어떤 변수가 사람이나 사물의 성질을 적절하게 표현한다면 이 변수는 그 성질에 대한 타당한 측도가 된다.

측정에 대한 타당도는 측정도구가 우리가 측정하려고 하는 개념이나 속성을 어느 정도 잘 측정하고 있는가를 말한다. 구체적으로 말한다면, 측정도구가 실제로 측정하고자 하는 개념을 측정하고 있는가 그리고 그 개념이 정확히 측정되는가 하는 두 요소를 포함하고 있다. 예를 들어 초등학생의 수리적 능력을 알아보는 시험지를 만들었는데 그 시험지의 문항이 전부 한자로 구성되어 있다면 그 시험지는 초등학생의 수리 능력을 검증할 타당성이 없다고 말할 수 있다. 왜냐하면 실제 수리능력보다 한문 실력에 의해 성적이 좌우될 소지가 있기 때문이다. 다음 예제에서 타당한 측도에 대하여 더 생각해보자.

예 3.4 타당한 측도

에어컨의 소매업자들이 제품이 팔리지 않아 A 공장에 32대의 제품을 반품하였고 B 공장에는 단지 13대의 제품을 반품하였다고 하자. 그렇다면 A 공장의 제품이 B 공장의 제품보다 고객의 만족도가 떨어진다고 볼 수 있는가? 만약 같은 대수의 에어컨을 팔았다면 그렇다고 할 수 있지만 A 공장은 여름에 1200대의 에어컨을 출하한 반면 B 공장은 250대를 출하하였다고 하자.

$$\text{A 공장의 반품률은 } \frac{32}{1200} = 0.0266, \quad \text{즉} \quad 2.6\% \text{ 이다.}$$

$$\text{B 공장의 반품률은 } \frac{13}{250} = 0.052, \quad \text{즉} \quad 5.2\% \text{ 이다.}$$

반품수로만 생각했을 때와 반대의 결과를 가진다. 그러나 우리는 반품된 에어컨의 백분율이 단순히 반품수에 비해 불만족에 대하여 더 의미 있고 타당한 측도라는 것을 알 수 있다.

비율(比率, rate) : 비율은 어떤 수량(비교하는 양)의 다른 수량(기준량)에 대한 비의 값을 소수로 나타낸 것이다. 어떤 특성을 숫자 자체로 측정하는 것보다는 비율로써 측정을 하는 것이 더 타당할 때가 있다.

앞에서 데이터를 현명하게 사용하기 위해서는 변수에 대한 정의를 반드시 알아야 한다고 언급하였다. 만약 통계청 사회통계국이 지난달의 실업률이 4.0%였다고 발표했다면 이는 무엇을 뜻하는가? <그림 3.1>을 보라.

통계청 사회통계국이 매달 15,500가구를 표본으로 뽑아 실업률을 계산하고 있으므로 이 값은 상당히 정확하리라고 여겨진다. 그러나 우리는 실업에 대한 정의를 확실히 알기 전에 월별 실업률을 완전히 이해할 수 없다. 취업하지 않고 전적으로 학업에만 전념하는 학생은 실업자인가? 그리고 실업률이 4.0%라면 어떤 사람들의 4.0%인가? 여기서 우리가 알아야 할 것은 실업에 대한 정의에 따라 실업률이 바뀐다는 것이다. 통계청 사회통계국이 경제활동인구조사에서 채택하고 있는 경제활동인구, 취업자, 실업자와 비경제 활동인구의 정의는 다음과 같다.

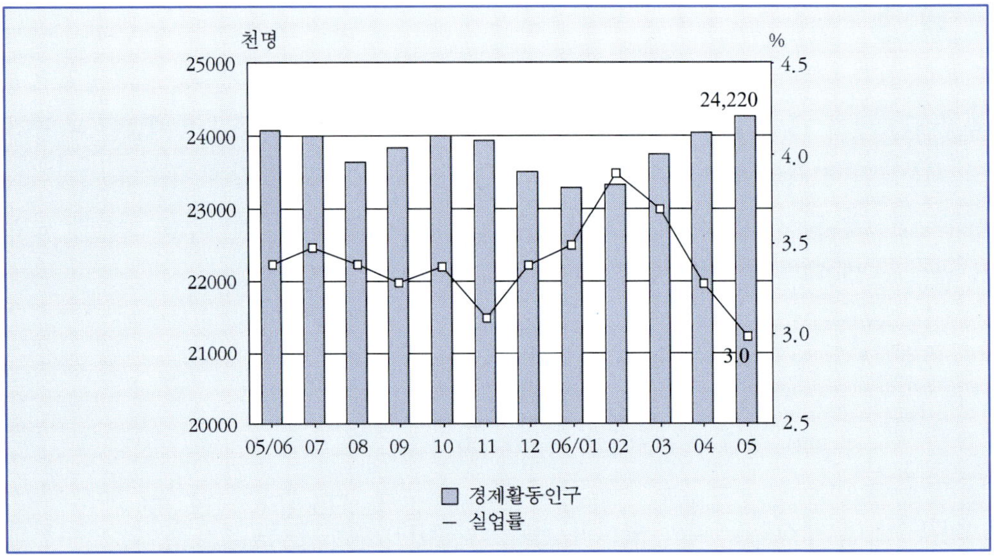

그림 3.1 ▸ 경제활동인구와 실업률 [자료출처: 통계청 www.nso.go.kr]

- 경제활동인구(economically active population) : 만15세 이상 인구 중 조사대상주간 동안 상품이나 서비스를 생산하기 위하여 실제로 수입이 있는 일을 한 취업자와 일을 하지 않았으나 구직활동을 한 실업자를 말한다.

- 취업자(employed person) : 조사대상 주간에 소득, 이익, 봉급, 임금 등의 수입을 목적으로 1시간 이상 일 한 자, 자기에게 직접적으로는 이득이나 수입이 오지 않더라도 가구단위에서 경영하는 농장이나 사업체의 수입을 높이는데 도와준 가족종사자로써 주당 18시간 이상 일한 자, 직업 또는 사업체를 가지고 있으나 조사대상 주간에 일시적인 병, 일기불순, 휴가 또는 연가, 노동쟁의 등의 이유로 일하지 못한 일시휴직자를 말한다.

- 실업자(unemployed person) : 15세 이상 인구 중 조사대상기간에 일할 의사와 능력을 가지고 있으면서도 전혀 일을 하지 못하였으며 일자리를 찾아 적극적으로 구직활동을 하였던 사람으로서 즉시 취업이 가능한 사람을 말한다.

- 비경제활동인구(not-economically active population) : 만 15세 이상 인구 중 조사대상 주간에 취업도 실업도 아닌 상태에 있는 사람을 말하는데, 이들은 주된 활동 상태에 따라 가사, 통학, 연로, 심신장애, 기타로 구분된다.

여기서 조사기간은 15일이 포함된 매월 1주간이며, 실제조사는 그 다음 주에 실시된다. 위의 정의에 의하면 만약 조사주간 동안 일자리가 없었으나 일을 할 능력이 있고 구직활동을 한 사람은 실업자로 간주된다. 만약 일을 할 수 없었고 구직활동도 하지 않은 사람은 경제활동인구에 포함되지 않는다. 그리고 조사주간에 현역군인 및 방위병, 형이 확정된 수감자, 전투경찰과 외국인은 조사대상에서 제외한다. [자료출처: 통계청, www.nso.go.kr]

실업률은 만 15세 이상의 경제활동인구 중에서 실업자의 수를 백분율로 나타낸 것이다. 이런 실업률이 실업의 심각함을 너무 작게 측정한다는 노동운동가들의 주장을 이해할 수 있다. 시간제로 일하는 직종에 종사하고 있으면서 전시간 일하는 직업을 구하고자 하나 찾지 못하고 있는 사람은 취업자로 분류된다. 만약 실망하고 일자리를 찾는 것을 중지한 사람은 경제활동인구에 포함되지 않는다. 따라서 더 이상 실업자가 아닌 것이다. 이처럼 정의에 따라 같은 사람일지라도 다르게 분류될 수 있음에 주목하자.

무엇에 대한 타당성인가?

앞에서 살펴본 취업상태나 고객의 만족도의 예에서는 우리가 무엇을 측정하고 싶은가에 대해 올바른 개념을 갖고 있는 편이다. 그러나 종종 측정되어야 할 성질이 불분명해서 변수에 대한 타당성에 대해 동의하지 않을 수도 있다. 앞에서 광고효과를 측정하는데 있어 타당성에 대해 논란이 될 수 있다는 것을 보았다. 이러한 것은 사회과학이나 행동과학에서는 흔히 있는 일이다.

예 3.5 'IQ 검사'의 타당성

인간의 지능은 언어력, 논리력, 수리능력, 공간지각능력, 기억력, 창의력, 문제해결능력 등이 있다. 이중에서 창의력과 문제해결능력은 인간지능의 중요한 부분이다. 하지만, IQ 검사는 창의력과 문제해결능력은 측정하지 못하고 있다. 따라서 IQ 검사는 타당도 특히 **내용타당도**(內容妥當度, content validity)가 낮다고 할 수 있다. 내용타당도란 측정도구가 측정하려는 것의 속성을 얼마나 많이, 얼마나 대표성 있게 포함하고 있는지 따져보는 것이다. 다시 말해 측정도구가 측정대상의 속성을 대표성 있게 포함하고 있으면 그 측정도구는 내용타당도가 높다고 볼 수 있다. 검사내용 전문가는 검사가 측정하고자 하는 속성을 제대로 측정하였는지를 주관적으로 판단하다. 따라서 통계적 자료 없이도 타당성 평가가 가능하지만 조사자의 개인적 해석과 판단에 의존하므로 판단에 오차나 착오가 발생할 수 있다.

예 3.6 **구인타당도**

사회계층적 지위는 직업, 소득, 교육수준으로 측정될 수 있다. 그런데 사회계층적 지위가 높을수록 점차 보수적이 된다는 이론이 있다고 하자. 이러한 사회계층적 지위를 측정하는 지표 중 직업과 보수성과의 관계(상관관계)를 계산한 결과 타당성이 검증되었다. 또한 직업 대신에 교육수준과 보수성, 소득과 보수성과의 관계를 계산했더니 마찬가지 결과가 나왔다. 이와 같이 직업, 교육수준과 소득과 보수성 성향의 연관성이 높게 나온다면 직업, 교육수준과 소득은 사회계층적 지위를 재는 측도로서 **구인 혹은 구성타당도**(構因·構成妥當度, construct validity)가 명확하다고 판단한다.

예측타당도(豫測妥當度, predictive validity) : 현재의 측정값이 미래의 상태를 예측해내면 예측타당도가 있다고 한다.

예측타당도는 "무엇에 대한 타당성인가"에 대한 가장 쓸모 있는 대답이다. 예를 들어, 대학수학능력시험에서 높은 점수를 획득한 학생이 대학에서 성공적으로 학업을 수행할 때 [즉, 학점이 높을 때], 대학수학능력시험의 예측타당도는 높다고 할 수 있다. 즉 대입수학능력시험 성적이 대학에서 학문적 성공을 예측하기에 타당하다는 것이다. 대학에서의 학업 수행이 수학능력 성적과 연관이 있듯이 측정하고자 하는 성질과 관련 있는 일이 성공할 것인가를 예측하는데 그 성질의 측도가 사용될 수 있다면 예측적 타당도를 가지고 있다고 한다. [성태제(1995), 타당도와 신뢰도, 良書院 참조]

3.2 측정의 정확성

우리가 아무리 심혈을 기울여 측정을 한다고 하더라도 완벽한 측정은 거의 불가능하다. 예를 들어 여러분들이 갖고 있는 자를 생각해보자. 아무리 엄격한 공정에 의해서 나온 자일지라도 자의 눈금이 약간씩의 차이가 있다는 것을 확인할 수 있다. 또 측정 도구를 잘못 적용시킨다면 그 측정방법이 아무리 정확하더라도 타당하지가 않기 때문에 제대로 된 측정이라 볼 수 없다. 오차의 범위가 극히 작은 전자저울을 준비했다면 이것은 학생들의 체중을 측정하는데 있어서 타당하고 신뢰도가 높다고 말할 수 있다.

비편향성과 신뢰도

타당하고 정확한 측정은 길이나 무게 같은 물리적인 성질을 명확하게 설명해 준다. 그러나 줄자로 허리둘레를 잰다고 할 때 나온 측정치가 타당하기는 하나 정확하게 둘레를 재는 것은 어렵다. 아무리 정밀한 기계를 만들어 측정한다고 해도 실제값과 완전히 같기는 어려울 것이다. 우리는 측정값이 실제값과 같을 때를 정확하다고 말하는데, 측정의 정확성은 편향이 없고 여러 번 측정했을 때 같은 결과가 나오는 두 가지 측면으로 생각할 수가 있다.

> **편향이 없고 믿을만한 측정** : 측정과정에서 변수의 참값을 과장하거나 과소하게 기술하지 않을 때 측정의 **비편향성**(非偏向性, unbiasedness)이 있다고 한다. 또한 측정과정에서 같은 단위를 반복측정하였을 때 동일하거나 거의 같은 결과가 나올 때 측정의 **신뢰도**(信賴度, reliability)가 있다고 한다.

먼저 측정결과는 편향(偏向, bias)이 없어야 한다. 편향이란 측정결과가 한쪽으로 일관되게 치우쳐져 나타나는 현상을 말한다. 예를 들어 한 저울이 항상 기준 무게보다 5%정도 적게 측정된다면 그 저울은 편향이 있다고 한다. 실제 무게는 10kg, 20kg, 30kg 인데 측정된 값은 9.5kg, 19.0kg, 28.5kg으로 측정된 경우를 말한다.

또한 측정결과는 신뢰도가 있어야 한다. 신뢰도란 동일한 대상을 반복해서 측정할 때 측정결과들이 동일하거나 거의 같은 것을 말한다. 예를 들어 한 IQ 검사에서 같은 사람을 반복하여 검사했을 때 측정된 IQ가 다르게 나타난다면 그 IQ 검사는 신뢰성이 없다고 할 수 있다. 또한 한 저울로 같은 물건의 무게를 반복 측정했더니 13.2kg, 12.3kg, 14.8kg으로 잴 때마다 무게가 다르게 측정되었다면 그 저울은 신뢰도가 없다고 할 수 있다. 다시 말해 신뢰도란 검사 도구가 측정하고자 하는 내용을 얼마나 오차 없이 정확하게 측정하고 있는가를 검증하는 지수로서 도구의 일관성(一貫性, consistency)으로도 볼 수 있다.

신뢰도의 개선

측정을 여러 번 하는 것은 우리가 표본을 반복 추출하는 것과 유사하며, 반복측정해서 얻은 결과는 반복하여 추출한 표본에서 얻은 결과처럼 임의화가 된다. 다시 말해서 개개의 결과는 변하나 여러 번 시행하여 얻어진 결과는 일정한 분포를 가진다. 여러 번 측정한 것의 산술평균은 한 번 측정한 것보다 더 신뢰성이 있다. 이는 대표본에서 얻은 표본통계량의 정확도가 더 높다는 것과 같다. 다음의 예제를 보자.

예 3.7 반복측정

<표 3.1>은 1798년 카벤디시(Cavendish)가 평균지구밀도를 측정한 자료이다. 정해진 부피에 들어 있는 질량의 크기를 밀도(density)라고 하는데, 지구의 평균밀도는 지구의 질량을 지구의 부피로 나눈 값이다. 현재 지구밀도의 참값은 5.517로 여기고 있다. 카벤디시는 일단 지구의 질량을 계산해 낸 후, 질량을 부피로 나눠서 그 밀도를 여러 번 측정했다. 반복측정의 결과는 임의적이라는 사실을 알고 있기 때문에, 지구밀도 측정과정에서 신뢰성을 결정하기 위하여 반복 측정을 하였다. 아래 표를 보면 29개 측정값이 모두 다르다는 것을 알 수 있을 것이다. 우리가 아는 것처럼 절대적으로 정확한 측정은 거의 불가능하다. 이 측정값들의 산술평균은 5.448g/㎤인데 이는 한번 측정한 것보다는 훨씬 더 신뢰할 수 있는 추정치이다.

신뢰도를 높이기 위한 방법 : 산술평균
완벽하게 믿을 수 있는 측정과정은 없다. 동일 개체에서 반복 측정된 값들의 산술평균이 단일 측정치보다는 더 믿을 만하다.

표 3.1 ▸ 카벤디시가 평균지구밀도를 측정한 자료

카벤디시의 자료					
5.50	5.55	5.57	5.34	5.42	5.30
5.61	5.36	5.53	5.79	5.47	5.75
4.88*	5.29	5.62	5.10	5.63	5.68
5.07	5.58	5.29	5.27	5.34	5.85
5.26	5.65	5.44	5.39	5.46	

* 표시의 측정치는 이상치로 간주되고 있음

편향의 처리

여러분이 갖고 있는 자로 같은 물건의 길이를 잰다고 할 때 그 자의 눈금이 편향되어 있다면 측정값 자체도 편향이 있을 것이다. 편향은 측정도구가 얼마나 좋은가에 따라 좌우된다고 볼 수 있으며, 결국 편향을 줄이는 방법은 좀 더 좋은 측정도구를 사용하는 것이다.

3.3 측정의 척도

우리는 관찰된 현상을 수치로 변환하여 데이터로 만든다. 이러한 데이터로부터 산술평균을 구한다든지 하는 여러 방법으로 데이터를 요약한다. 그러나 데이터를 요약하기 이전에 우리가 얻은 수치데이터가 얼마나 많은 정보를 지니고 있는가를 생각해보아야 한다. 척도(尺度, scale)는 조사 대상을 측정하기 위해 임의로 부여한 숫자간의 관계를 말하는데, 객관적 사실을 수치로 만들 때 어떠한 척도를 기준으로 수치화했는가에 따라 명목, 순서, 구간, 비(ratio)의 네 종류로 구분한다. 명목척도와 순서척도를 범주형 척도(範疇形 尺度, categorical scale)라고 하고, 구간척도와 비척도를 연속형 척도(連續形 尺度, continuous scale)라고 한다.

예를 들어, 취업상태에 대해서 생각해보자. 취업상태를 표시하기 위해 대상자가 노동인력에 포함되어 있지 않으면 변수값이 "0", 실업자이면 "1" 그리고 고용이 되어 있으면 "2"로 표시하기로 하자. 2는 1의 두 배이고 2인치는 1인치의 두 배이지만, 취업상태에서의 사용된 숫자들은 단지 숫자로 위장된 범주부호일 따름이다. 측정의 일부분으로서 분류를 포함하기 위해 숫자를 고집했던 것만 제외하면 우리들은 부호로써 A, B, C를 사용했을 수도 있었다. 그래서 측정의 결과로써 얻어진 숫자는, 우리가 자연스럽게 숫자들과 연상시키는 '2배만큼' 같은 종류의 정보를 지니고 있지 않을 수도 있다. 데이터를 가지고 무엇을 할 수 있나 하는 것은 숫자들이 얼마나 많은 정보를 가지고 있는가에 달려있다. 이제 척도의 종류의 살펴보기로 한다.

척도의 종류

명목척도(名目尺度, nominal scale) : 한 단위가 특성에 대해 단지 어떤 계층에 속하는

가를 나타낼 때 이러한 특성의 측정은 명목척도를 가진다.

순서척도(序列尺度, ordinal scale) : 한 단위가 다른 것보다 더 큰 특성을 가진다는 것을 나타낼 때 이러한 특성의 측정은 순서척도를 가진다.

구간척도(區間尺度, interval scale) : 한 단위가 다른 단위보다 어떤 양만큼 차이가 난다는 것을 나타낼 때 이러한 특성의 측정은 구간척도를 가진다.

비척도(比尺度, ratio scale) : 한 단위가 다른 단위에 비해 몇 배 더 성질을 가진다는 것을 나타낼 때 이러한 특성의 측정은 비척도를 가진다.

명목척도

명목척도는 네 가지 유형 중 가장 기본적인 것으로서 둘 이상의 범주로 구분되는 변수를 측정할 때 사용하는 척도이다. 이는 단지 분류적인 의미만을 가진 것으로서 성, 지역, 직업, 종교 등과 같이 분리적이고 비수치적인 범주를 갖는 변수를 나타낼 때 사용된다. 이때 각 범주가 포함하는 내용 간에 중복이 없어야 하고 범주들이 변수의 모든 내용을 포함해야 한다. 보통은 각 범주에 숫자나 기호를 붙여 사용한다. 명목척도의 각 범주는 양적으로 많다든가 적다든가 하는 정도를 구별해 주지 못하고 같은 성격의 것인지 아닌지를 단지 숫자나 기호로 대신 지칭해 주는 것에 불과하다.

예 3.8 **명목척도의 예**

성(남, 여) 구분

출생지(서울시, 경기도, 강원도, 충청도, 전라도, 경상도, 제주도, 기타) 구분

직업(사무직, 농업, 공업, …) 구분

순서척도

순서척도는 측정대상을 어떤 특정한 속성의 정도에 따라 범주화하여 그 정도의 순서대로 배열한 것이다. 이때 순서는 범주들 간의 상대적 서열을 표시한 것일 뿐 차이를 나타내는 것은 아니다. 순서척도는 서로 비교할 수 있고 순위를 매길 수 있는 변수를 측정할 때 사용된다. 이는 명목척도가 갖는 속성 이외에 서열성을 갖고 있어서 측정대상을 특정속성을 갖고 있는 정도에 따라서, 크고 작은 순서나 많고 적은 순서에 따라서 여러 개의 범주로 나누어 이들을 서열화 할 수 있다. 서열척도에 수치를 부여할 때는 수치 자체는 어떤 절대적인 수나 양을 나타내는 것이 아니라 단지 순서

를 나타내기 때문에 큰 쪽에 큰 숫자를 부여할 수도 있고 정반대로 부여할 수도 있다. 계층을 상층, 중층, 하층으로 나누는 경우 상층은 중층보다 높고 중층은 하층보다 높다는 것을 나타내지만 층간의 거리가 같다는 것은 아니다.

예 3.9 순서척도의 예

학력(초등, 중등, 고등, 대학이상)

연령대(20대, 30대, 40대, 50대, 60대 이상)

상품에 대한 호감:

1) 아주 좋다. 2) 좋다. 3) 그저 그렇다. 4) 싫다. 5) 매우 싫다.

구간척도

구간척도는 서열적 성격에다 구분된 급간의 차이가 같다는 성격이 추가된 척도이다. 즉, 이는 등급 간에 서열이 존재한다는 것뿐 아니라 이들 간의 간격이 일정함을 포함한다. 예를 들어 1, 2, 3, 4, 5로 표시된 척도가 있을 때 1과 2, 2와 3, 3과 4, 4와 5의 간격이 같다고 보는 것이다. 따라서 구간척도는 더하기와 빼기로 표시할 수 있으며 정의상 이산적(離散的, discrete)이라기보다는 연속적인(continuous) 것이다. 사회과학적 연구에서는 종종 순서척도인 것을 구간척도처럼 취급하여 분석하는 경우가 있다. 예 3.9의 상품에 대한 호감을 나타내는 5점 척도가 그런 예인데 이것이 정말로 구간척도인가에 대하여는 논란의 여지가 충분히 있다.

구간척도의 예로는 섭씨나 화씨온도, 달력의 시간 등을 들 수 있다. 섭씨 20도가 10도보다 두 배 더 더운 것은 아니고 단지 수은주의 눈금을 일정간격으로 나누어 구분한 것에 의한 차이이며 각 눈금간의 간격은 1도로 동일하므로 구간척도이다.

비척도

비척도는 구간척도 중에서 절대 0값을 갖는 것이다. 즉, 절대 0값을 가짐으로써 비의 성격을 갖는 척도이다. 이는 진정한 의미에서의 0의 존재를 설정하고 있는 것이므로 더하기, 빼기 뿐 아니라 곱하기, 나누기로 표시될 수 있다. 따라서 비척도에서는 하나의 값이 다른 값보다 몇 배 더 큰가를 표시할 수 있다. 비척도의 예로는 길이, 중량, 시간, 밀도, 각도, 거리등을 들 수 있다.

섭씨나 화씨 온도가 비척도가 아닌 이유는 섭씨 0도라 할 때 이는 온도가 없다는 뜻은 아니며 이때의 0은 섭씨온도계라는 척도상의 어느 한 지점을 나타내는 것일 뿐이다. 반면 실업률에서의 0이나 거리 측정에 있어서 0은 다르다. 거리가 0이라는 것은 거리가 없는 것을 말하고 100은 50의 두 배에 해당된다. 비척도 중에는 사람이나 행위를 세어서 얻어지는 것이 많다.

이상 척도의 네 가지 종류를 살펴보았다. 측정의 척도는 측정방법에 의존하는 것이지 측정대상에 따르는 것은 아니다. 그램으로 측정되어진 한 꾸러미의 계란은 구간 내지는 비척도를 갖는다. 그러나 만약 한 꾸러미를 소형, 중형, 대형, 초대형으로 구분했다면 무게를 순서척도로 측정한 것이다. 만약 권위적 개성에 대한 표준시험이 순서척도를 갖는다면 구간 내지는 비척도로써 권위적 개성을 측정하는 것이 불가능하다는 것을 뜻하는 것이 아니고, 단지 이 시험으로써는 그렇게 할 수 없다는 것이다.

척도는 앞에서 살펴본 신뢰도와 타당성을 필요로 한다. 측정의 척도가 중요한 이유는 측정의 척도가 데이터의 성질을 규정할 뿐 아니라 어떠한 자료분석방법을 선택할 것인지를 결정하기 때문이다. 그러므로 연구자가 자신의 연구에 적절한 문항을 구성하기 위해서는 척도의 성격을 잘 알아야만 하고 이를 바탕으로 분석방법도 결정해야 할 것이다.

3.4 어떤 식으로 숫자들이 잘못 사용될 수 있는가?

광고, 정치적인 미사여구나 공공문제에 대한 논쟁에서 자신의 주장을 증명하거나 뒷받침하기 위하여 숫자를 제시하는 것을 볼 수 있다. 그렇다면 그들이 말하는 데이터가 어떻게 생성되었는지, 측정된 자료는 얼마나 정확한지 등 몇 가지 기본적인 의문점을 제기함으로써 우리는 이치에 맞는 것과 이치에 맞지 않는 것을 구별할 수 있어야 하겠다.

사실이지만 완전한 사실은 아닌 경우

자료를 잘못 받아들이는 가장 일반적인 경우는 숫자 그 자체는 옳지만 자료가 의미하고자 하는 것과는 동떨어진 숫자들을 언급하는 것이다. 이렇게 숫자들이 가공된 것은 아니라 할지라도, 불완전한 정보를 담은 숫자들은 진실을 왜곡할 수 있다. 다음 예를 보고 자료들이 얼마나 타당하고 신뢰할만한 정보인가를 생각해보자.

예 3.10 **약품광고의 경우**

진통해열제인 아나신(Anasin)은 '의사들이 가장 많이 추천하는 성분의 양보다 더 많이 그 성분을 포함한다'는 식으로 오랫동안 선전되었다. 하지만 광고에서는 그 성분이 아스피린임을 언급하지 않았다. 가게에서 살 수 있는 또 다른 진통제인 버파린(Bufferin)은 '의사들이 어떤 다른 손꼽히는 상표에 비해서도 버파린을 많이 추천했다'고 주장했다. 버파린 또한 주로 아스피린으로 만들어지고 있고 의사들이 순수 아스피린에 대해서는 특별한 상표를 추천하지 않는다. 두 광고 모두 문자 상으로는 사실이지만 정직하지는 않다. 따라서 미국연방거래위원회는 두 광고가 모두 사람들에 참 사실을 전달하는데 방해가 되는 것으로 규정했다.

예 3.11 **소비자평가의 경우**

휴대폰 회사인 H회사는 자사광고에서 '휴대폰 고객인지 가치평가 1위 - 한국생산성본부와 미국 미시간대학, 조선일보가 함께 조사한 1998 국가 고객만족지수(NCSI, National Customer Satisfaction Index)에서 고객인지 가치평가 1위, 고객 불평률 최저로 1위를 차지'한 것으로 선전하였으나, 이는 자사에게 유리한 비교항목을 선별적으로 선택, 마치 자사제품이 소비자평가 등에서 타제품보다 전체적으로 우월한 것처럼 표현하였다. 부분적으로 인정된 사실을 전체처럼 보이게 해서 소비자가 잘못 추론할 수 있는 경우에 해당한다.

위의 예제들은 완전한 진실을 말하기보다는 자신들의 전체적인 인상을 위해 오해의 소지가 있는 자료들을 그냥 사용하였다. 인용된 자료 자체는 옳으나 그 자료들이 정확히 보여지는 것을 의미하지는 않으므로 오해하게 되는 것이다. 따라서 정확한 자료라도 우리가 자료를 현명하게 해석하고 판단해야 할 필요가 있다.

믿기 어려운 숫자들

자료의 출처가 믿을만한 곳이더라도 신뢰성이 없는 자료를 종종 발견할 수 있다. 다음 예를 보면서 제공된 숫자가 옳지 않음을 확인해보자.

예 3.12 믿기 어려운 숫자

유기농재배(Organic Gardening)라는 잡지 1983년 7월호에는 '미국의 고속도로는 전체 길이 390만 마일이며, 보수속도보다 50% 정도 빨리 노후화 되고 있다. 연속적인 도로사정의 악화는 자동차운전자에게 연간 7억 달러의 연료비를 추가로 부담시키고 있다.'라는 내용이 실려 있다. 그런데 미국의 동쪽에서 서쪽까지의 거리는 3,000마일이다. 그렇다면 고속도로 전체 길이인 390만 마일은 1,300개의 고속도로에 해당된다. 우리는 고속도로의 전체길이인 390만 마일에 대해서 의문을 가질 수 있다. 아무리 미국이 넓다고 하더라도 1,300개의 고속도로가 있을 수 있겠는가? 이 잡지는 아마 390만마일이 아니라 39,000마일을 뜻했을 것이다. 이처럼 그냥 지나칠 수 있는 수치를 조금만 더 관심을 기울인다면 이상한 점을 발견할 수 있었을 것이다.

숫자들이 서로 일치하지 않는 경우

만약 표현된 숫자가 다른 것과 일치하지 않는다면 무엇인가 잘못된 것이다. 이것이 바로 내적 일치성(內的 一致性, internal consistency)에 대한 문제이다. 내적 일치성은 검사도구가 측정하고자 하는 속성을 얼마나 오차 없이 정확하게 측정하였느냐에 관한 문제이다.

예 3.13 내적 일치성

한 암전문가가 쥐를 이용한 실험을 했다. 그 결과를 통계표로 정리하였는데 이 표에는 아주 기초적인 오류를 발견할 수 있다. 20마리씩의 쥐로 구성된 6개 집단에서 백분율을 구하였더니 그 백분율이 51, 49, 58, 63, 48, 61이었다. 여기서 20에 대한 비율에 대해 생각해보면 쉽게 5의 배수여야 한다는 것을 알 수 있다. 이와 같이 일치성에 대한 약간의 관심으로도 많은 점을 발견할 수 있다.

사실이기에는 너무 좋은 숫자들

너무나 일정하고 규칙적인 자료를 보면 마치 학생의 실험결과가 이론과 정확히 들어맞는 경우에서와 마찬가지로 많은 의심을 불러일으킨다. 실험조교는 기구의 정밀도와 학생들의 실험기술로는 그토록 완벽한 결과를 얻을 수 없다는 것을 알기 때문에 데이터가 조작되었을 것이라고 의심하게 된다.

예 3.14 너무 정확한 숫자

영국의 심리학자 버트(Burt)는 떨어져서 키워진 일란성 쌍둥이의 IQ 점수에 관한 연구로 유명하다. 그는 따로 떨어져 자란 쌍둥이의 IQ 사이에 높은 상관관계가 있음을 발견하였고, 이것이 IQ에 유전적 요인이 있음을 보여준다고 주장했다 ('상관'이란 두 변수사이의 관계 또는 연관성의 측도로서 5장에서 자세히 다뤄진다). 버트가 발표한 여러 편의 연구보고서에 보고된 상관계수는 아래와 같다.

출판날짜	따로 성장한 쌍둥이	같이 성장한 쌍둥이
1955	0.771(21쌍)	0.944(83쌍)
1958	0.771(30쌍 이상)	0.944(세지 않음)
1966	0.771(53쌍)	0.944(95쌍)

여기서 알 수 있는 것은 같이 성장한 쌍둥이의 IQ가 서로 비슷한 경향이 높다는 것이다. 그러나 우리는 의심스러운 점을 발견할 수 있다. 자료를 자세히 살펴보면 데이터가 조작되었음을 확신할 수 있다. 위의 숫자들이 너무나 정확히 반복된다고 생각하지 않는가? 실제로 상관관계가 매년 똑같이 관찰되기란 거의 불가능하다.

계산은 옳은가?

틀리거나 이해할 수 없는 결론들은 간혹 평범한 실수에 기인하는 경우가 많다. 특히 계산이 잘못된 경우가 많은데 이러한 실수는 비(ratio)와 백분율을 계산할 때 자주 발생한다. 또한 잘못 인용된 숫자들은 종종 너무 크거나 작은 값을 가질 때가 있다. 이러한 문제는 수리적 작업으로 고쳐질 수 있다.

예 3.15 틀린 계산

다음 표는 1971년 영국왕립대학 의사들의 보고서인 흡연과 건강(Smoking and Health now)으로부터 발췌한 것이다. 이 표에는 35세 이상의 남성중에서 흡연과 관련된 주요 질병으로 사망한 사람의 수와 그 백분율이 나타나 있다. 이 표 중에서 한 개의 수치가 잘못 계산되어 있다는 것을 알 수 있다. 어떤 수치가 틀렸는가?

	폐암	만성기관지염	관상심장염	모든질병(흡연관련)
사망자수	26,973	24,976	85,892	312,537
백분율	8.6%	8.0%	2.75%	100%

위에서

$$\text{관상심장염의 백분율} = \frac{\text{관상심장염 사망자수}}{\text{흡연으로 인한 전체 사망자수}}$$

$$= \frac{85,892}{312,537} = 27.5\%$$

여야 한다. 이처럼 우리가 얻은 자료에 분명한 오류가 있음에도 그냥 지나치는 우를 범해서는 안될 것이며, 항상 자료를 자세히 검토하는 습관을 길러야 할 것이다.

연습문제

3.1 오토바이 사고로 사망한 사람의 수는 1973년 800명에서, 1980년 1300명 이상으로 증가하였다. 이것은 오토바이를 타는 것이 더 위험해지고 있음을 뜻하는 것인가? 이 문제를 자세히 살펴보고 분명히 해보자. [3.1절]

(1) 연간 총사망수가 오토바이 탈 때의 위험에 대한 타당한 측도인가? 타당하거나 혹은 타당하지 않는 이유는 무엇인가?

(2) 위험에 대한 측도로써 총사망자수의 타당성에 문제가 있다면, 좀 더 타당한 측도가 되는 변수를 말하고 그 이유를 설명하여라.

3.2 시민단체에서 의료기관들이 암의 퇴치에 진전이 있다는 어떤 증거를 제시하라고 촉구했다. 이때 의료기관들은 다음과 같은 변수를 고려할 수 있을 것이다. [3.1절]

(1) 사망률 : 전체 한국인 중에서 암으로 사망하는 사람의 백분율.(이 사망률이 꾸준히 증가하고 있다.)

(2) 암환자의 생존율 : 암에 걸렸다는 진단을 받은 환자 중에서 진단 후 5년간 생존한 사람의 비율.(생존율은 몇 종류의 암에 대해서는 크게 향상되었지만, 전체적으로는 서서히 증가하고 있다.) 암치료의 효과에 대한 측도로써 이들 변수에 대한 타당성을 논하여라.

3.3 요즘 TV에 방영되는 폭력물이 아동의 반사회적 행동에 미치는 영향을 알아보고자 한다. [3.1절]

(1) 독립변수와 종속변수를 정의하라. 그리고 이 변수를 어떻게 측정할 수 있는지에 대해서 설명하여라. 선택된 변수는 타당해야 하고 명확하게 정의되어야 한다.

(2) 실험을 통해서 그 영향을 알아보고자 한다. 현실적으로나 윤리적으로 가능하다고 생각하는가? 만약 가능하다면 이 연구를 위한 실험을 계획해 보아라.

(3) 만약 실험이 불가능하거나 하기가 싫다면, 관찰연구를 위하여 표본조사를 계획해 보라. 다른 변수들과 폭력물의 영향이 교락되어 조사결과 얻게 될 결론의 타당성을 깨트릴 가능성이 있다고 생각하는가?

3.4 두꺼운 종이에 1㎝간격으로 눈금을 그어서 (㎝ 단위만 표시하고 ㎜ 단위는 표시하지 않는다.) 자를 사용하여, 다음 선의 길이를 측정하되 10분의 1㎝까지(예를 들어 2.2 혹은 2.3㎝) 기록하여라. [3.2절]

이. 측정을 하기 위해서는 6㎝와 7㎝표시 사이에 선이 어느 정도 뻗어 있는지 추정해야 한다. 아무리 섬세하게 측정하여도 그와 같은 불확실성은 존재한다.

(1) 첫 번째 측정결과는 무엇인가?

(2) 길이를 5번 반복해서 측정하고 그 결과를 기록하여라. 오차한계가 얼마쯤 되리라 생각하는가? 측정의 신뢰성에 대해 기술하여라.

(주) : (2)에서의 작업은 측정의 변동(측정의 신뢰성)에 대한 좋은 예가 아닐 수 있다. 왜냐하면 각 측정이 서로 독립이 아니기 때문이다. 같은 사람이 반복해서 측정하기 때문에 앞에 측정한 결과를 기억하고 있고 이에 영향을 받을 수밖에 없다. 더 좋은 방법은 여러 명으로부터 (1)의 결과를 모아서 산술평균을 내는 것이다.

3.5 타당성은 결여되어 있지만 신뢰성이 높은 측정과정의 예를 들어라. [3.1절, 3.2절]

3.6 다음의 각 변수들이 명목척도, 순서척도 혹은 구간 또는 비척도인지를 규명하여라. [3.3절]

(1) 표본으로 채취된 우유에 들어 있는 살충제의 함유량 (단위 : mg/liter)

(2) 표본으로 뽑힌 지역에 서식하는 곤충의 종류

(3) 어떤 자극에 대한 실험쥐의 반응시간 (단위 : 100분의 1초)

(4) 다음 설문 문항에 대한 사람의 대답

질문 : 현재의 경제 정책에 대한 만족도는?

대답 : ① 매우 불만족 ② 불만족 ③보통 ④ 만족 ⑤ 매우 만족

(5) 전화 조사 대상자의 전화번호

(6) 통계학 수강학생들의 1학기 성적 평점

(7) 표본으로 뽑힌 사람들의 거주지

(8) 다음 단어 중 알고 있는 단어 수

triangle; wheel; analytic

link; presentation; broadcasting

clockwise; procrastination

3.7 통계학에 있어 척도는 통계기법의 선택에 중요한 영향을 미친다. 다음의 자료들의 척도는 명목, 순위, 구간, 비척도 중 어느 것에 해당하는가? [3.3절]

(1) 어떤 회사 사원들의 취미 (예: 바둑, 당구, 골프)

(2) 어떤 회사 사원들의 하루 근무 중 인터넷 사용 시간 (예: 8시간, 2.5시간)

(3) 어떤 회사 영업사원들의 개인별 영업실적 순위 (예: 1위, 2위, 3위)

3.8 어떤 시의 시장이 "우리 시의 공무원의 90%가 결코 뇌물로 인한 비리가 없다. 일부의 몇몇의 잘못으로 전체의 공무원들의 청렴함을 더럽혀질 수 없어야 한다."라고 말했다. 이 인용문에 나타난 숫자는 어떤 의미가 있는가? [3.4절]

3.9 K 제약회사는 광고에서 새로 개발된 감기약의 임상실험결과 이 약을 복용한 사람의 60%가 일주일 이내에 감기가 치유됐다고 주장하였다. 이 임상실험의 문제점을 제시하여라. [3.4절]

제 2 부

자료의 탐구

요 약

앞의 1부에서는 표본조사, 실험, 관찰 등을 통한 통계자료의 생산에 대해 다루었다. 생산된 자료는 체계적이고 과학적인 방법으로 탐구를 통하여 그 가치가 부가된다.

통계자료를 요약 정리하는 방법으로는 대표적인 몇 개의 수치를 이용하여 자료의 특성을 파악하거나 그래프로써 전체 자료를 시각적으로 표현하는 방법을 고려할 수 있다. 자료를 몇 개의 수치를 통해 파악하고자 하는 경우에는 이 수치들의 정의와 성질을 정확히 이해하여 사용하는 것이 중요하다. 또한, 그래프를 사용하여 자료의 특성을 시각화하고자 하는 경우에는 자료 전체의 대략적 경향 뿐 아니라 부분적인 특수성에 유의할 필요가 있다. 4장에서는 자료를 요약 정리하여 표현하는 방법에 대해 다루고자 한다.

우리가 만나는 통계자료 중에는 여러 변수들에 관한 것이 많으며 대부분의 경우 이들 변수들은 서로 연관되어 있다고 생각하는 것이 현실적일 것이다. 따라서 자료의 탐구 과정에서 변수들 사이의 통계적 관계를 파악하는 것은 매우 중요한 과제이다. 5장에서는 이러한 연관성을 탐구하는 방법들에 대해 논의할 것이다.

나아가, 통계자료가 시간의 변화에서 오는 수량이나 가격의 변화를 측정한 산출물인 경우가 있다. 그것을 체계화한 지수(index numbers)에 대하여 6장에서 다룰 것이다.

4장. 자료의 기술과 분포

이 장에서는 조사나 실험 또는 관측에 의하여 수집된 자료를 기술(記述, description)하는 방법과 자료의 분포를 다룰 것이다. 1절에서는 우리가 주변에서 접하게 되는 수치적 자료를 계량적 그래프로 표현하는 방법을 설명한다. 구체적으로 파이 그림, 막대그래프, 꺾은 선 그래프, 별 그림 등을 다룬다. 2절에서는 수집된 자료를 정리하고 수치적으로 요약하여 효과적으로 표현하는 방법을 설명한다. 구체적으로는 줄기그림, 다섯수치요약, 상자그림, 평균과 표준편차, 히스토그램 등을 다룬다. 마지막으로 3절에서는 통계학의 수많은 경우에서 준거가 되는 정규분포를 소개할 것이다.

4.1 수치적 자료의 그래프적 표현

우리는 매일 같이 주변에서 수치적 자료를 접한다. 대표적인 것이 수치 정보가 구조화된 형태로 제시된 자료 표인데 수치를 하나씩 직접 이해하려 하면 전체적인 경향을 파악하기 어렵다. 자료 표를 그래프로 시각화함으로써 계량적 정보를 쉽게 소화할 수 있는데 그런 그래프로 파이 그림, 막대그래프, 꺾은 선 그래프, 별 그림 등을 소개한다.

자료 표(data table)

자료 표는 수치 자료가 구조화된 형태로 제시된 표이다. 예로서, <표 4.1>의 왼쪽 표는 우리나라의 2000년 연령대별 인구이다. 2000년의 총 인구는 45,983,000명인데 이 중에서 10세 미만 인구는 6,574,000명이고 30대 인구는 8,280,000명이다. 그러므로 10세 미만에서는 같은 만 나이를 갖는 인구는 657,400명 정도이고 30-39세에서는 같은 만 나이를 갖는 인구가 828,000명 정도이다. 출산력 저하 경향이 있음을 알 수 있다.

<표 4.1>의 오른쪽 표는 왼쪽 표와 같은 형태의 자료 표로서 1975년 시점에서 구한 것이다. 총 인구가 35,281,000명으로 2000년에 비해 1,000만 명 정도 작지만 10세 미만에서는 같은 만 나이를 갖는 인구는 901,900명 정도로 2000년 보다 244,500명 (=901,900-657,400)이 많고 10-19세 인구도 매해 217,300명 많다는 것을 알 수 있다.

그러나 면밀하게 보지 않으면 주된 경향을 알기 어렵다. 어떻게 하면 자료 표의 특성을 쉽게 알 수 있을까?

표 4.1 ▸ 우리나라의 연령대별 인구 (http://www.nso.go.kr)

2000년

연령대	인구(천명)	구성비(%)
0- 9세	6,574	14.3
10-19세	6,756	14.7
20-29세	7,945	17.3
30-39세	8,280	18.0
40-49세	6,948	15.1
50-59세	4,319	9.4
60-69세	3,165	6.9
70-79세	1,519	3.3
80세+	477	1.1
합계	45,983	100.0

1975년

연령대	인구(천명)	구성비(%)
0- 9세	9,019	25.6
10-19세	8,929	25.3
20-29세	5,610	15.9
30-39세	4,455	12.6
40-49세	3,219	9.1
50-59세	2,122	6.0
60-69세	1,248	3.5
70-79세	540	1.5
80세+	139	0.4
합계	35,281	100.0

파이 그림(pie chart)

파이 그림은 자료 표를 시각적 형태로 만든 계량적 그래프이다. <그림 4.1>이 파이 그림(pie chart)인데 <표 4.1>의 왼쪽 자료 표 중 각 연령대가 차지하는 비율을 파이 조각의 중심각에 비례하게 표현한 것이다. 각 연령대 구성비의 총합은 100%이고 파이조각의 중심각 총합은 360°가 된다.[2)]

2) 각 연령대 구성비의 총합은 논리적으로 100.0이 되어야 하지만 간혹 99.9나 100.1과 같이 나올 수도 있는데 그 이유는 <표 4.1>과 같이 소수점 아래 한 자리 숫자를 쓰는 경우 올림된 경우(예: 17.23 → 17.3)의 수와 내림된 경우(예: 15.11 → 15.1)의 수가 일치하지 않을 수 있기 때문이다.

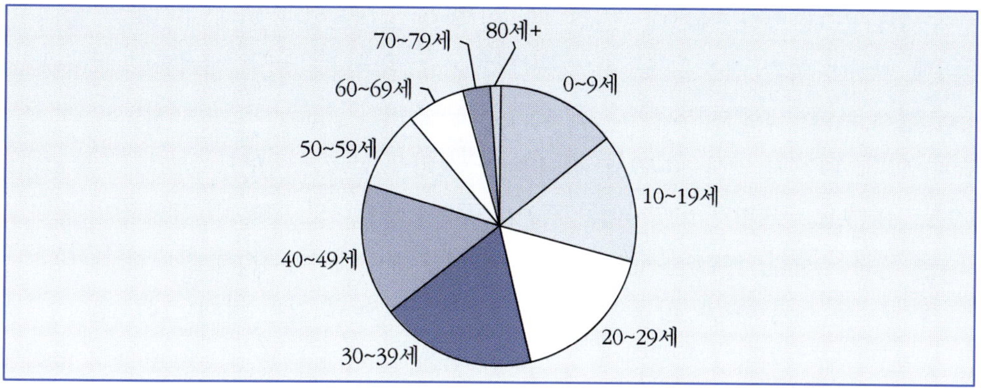

그림 4.1 ▸ 우리나라의 연령대별 2000년 인구 구성비: 파이 그림

<그림 4.2>는 1975년 연령대별 구성비를 나타낸 파이 그림이다. <그림 4.1>과 비교하여 0-9세, 10-19세 구성비가 큰 것을 알 수 있다. 이와 같이 파이 그림을 통하여 <표 4.1>의 주요 경향을 볼 수 있다.

파이 그림에서는 각 연령대의 상대적 크기를 대략적으로 볼 수 있지만 정확한 비교가 쉽지 않다. 예컨대 <그림 4.1>의 파이 그림에서 20대와 30대 중 어느 쪽이 더 큰가를 판단하기 어렵다. 이런 목적으로는 다음에서 설명할 막대 그래프가 더 낫다.

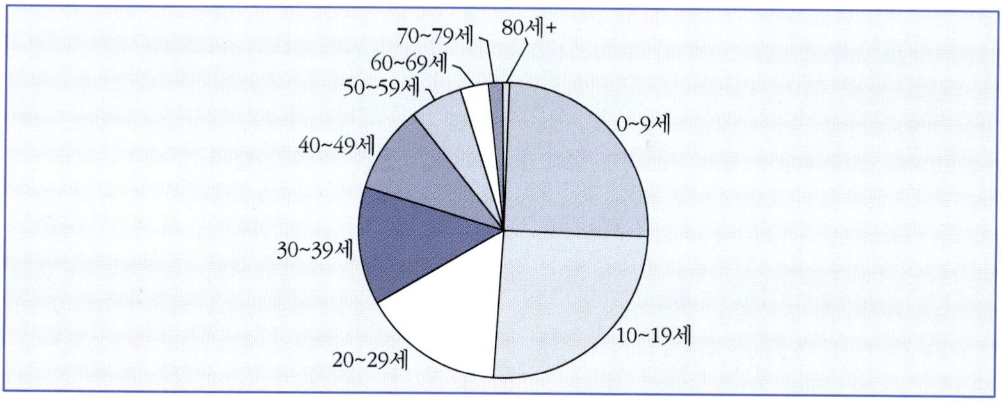

그림 4.2 ▸ 우리나라의 연령대별 1975년 인구 구성비: 파이 그림

막대 그래프(bar graph)

<그림 4.3>은 우리나라의 2000년 연령대 구성비를 크기에 비례하는 길이의 막대로 나타낸 막대 그래프이다. 이 그래프의 장점은 각 범주의 크기를 비교적 정확히 비교

할 수 있다는 데 있다. 예컨대 <그림 4.3>의 막대 그래프에서 20대 구성비는 30대 구성비에 비하여 약간 작음을 알 수 있는데 파이 그림에서는 알기 어려웠던 점이다.

<그림 4.4>에서 1975년에는 0-9세, 10-19세 구성비가 2000년에 비해 월등히 큰 것을 볼 수 있다. 1975년 당시 30-39세, 40-49세 구성비가 상당한 차이가 있음에도 불구하고 0-9세, 10-19세 구성비가 비슷하다는 점은 40-49세 연령대의 10년 전 출산력이 매우 높았음을 말하여 준다. 1975년 당시 10-19세인 연령대는 베이비 붐 세대에 해당한다.

2개 자료를 효과적으로 비교하기 위하여 <그림 4.5>와 같이 막대 그래프를 병렬하여 보여주기도 한다. 다시 말하여 <그림 4.5>는 <그림 4.3>과 <그림 4.4>를 동시에 그린 것인데 비교가 쉽다는 장점이 있다. <그림 4.6>은 2000년과 1975년의 연령대 인구를 비교한 것이다.

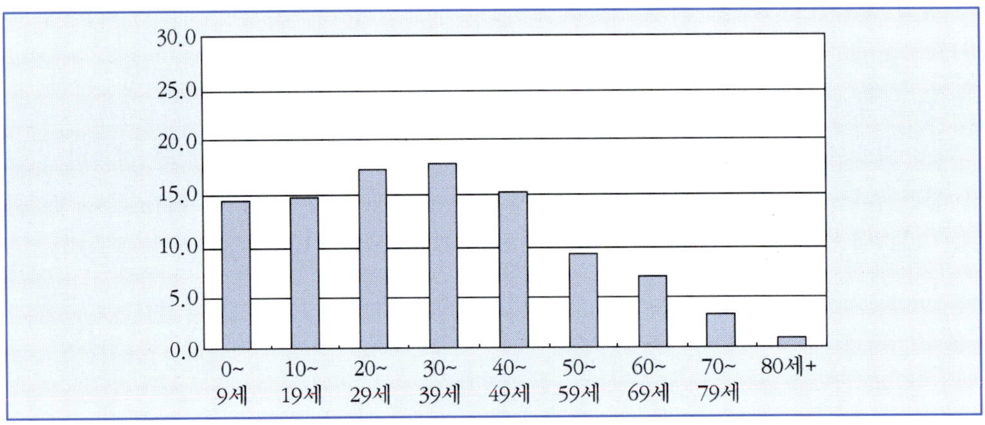

그림 4.3 ▸ 우리나라의 연령대별 2000년 인구 구성비: 막대 그래프

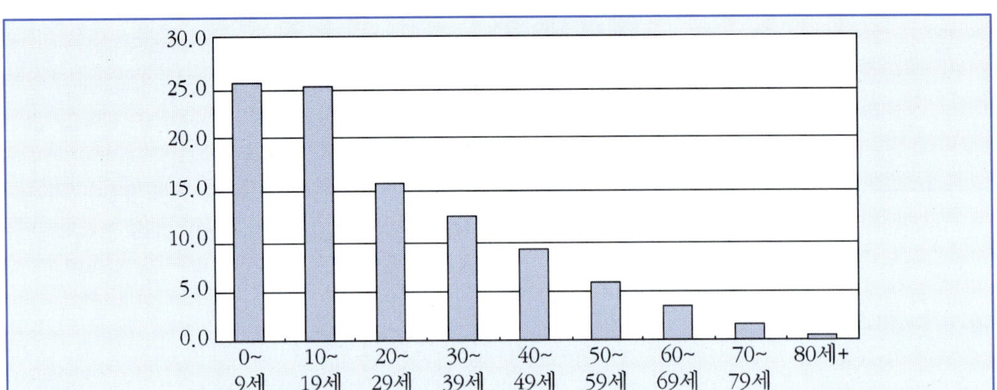

그림 4.4 ▸ 우리나라의 연령대별 1975년 인구 구성비: 막대 그래프

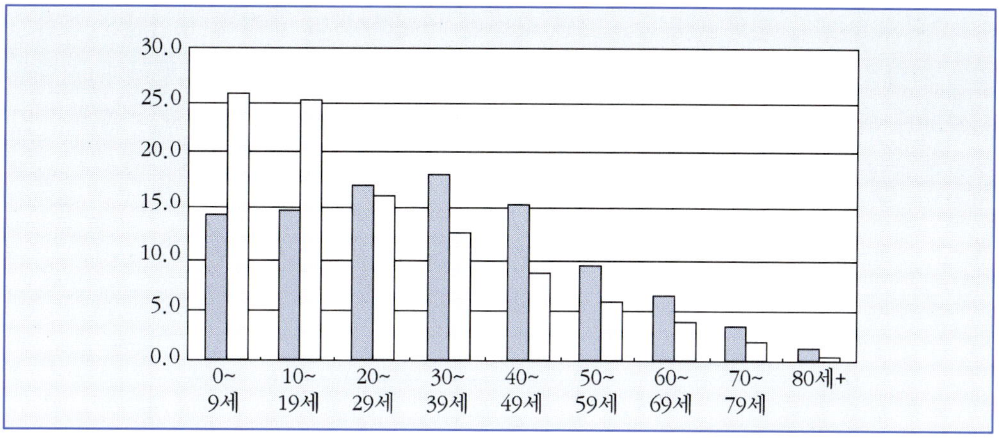

그림 4.5 ▸ 우리나라 연령대별 인구 구성비의 비교: 2000년(左)과 1975년(右)

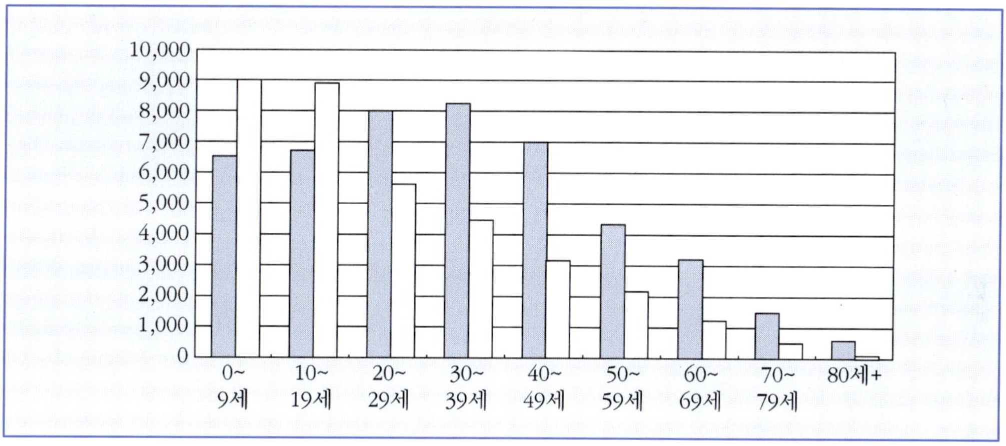

그림 4.6 ▸ 우리나라 연령대별 인구의 비교: 2000년(左)과 1975년(右) (단위 1,000명)

꺾은 선 그래프(line graph)

<그림 4.7>은 1970년에서 2004년까지 우리나라 농가 인구의 변화를 보여준다. 1970년대 초에는 14,000,000명이 넘었으나 2000년을 넘으면서 4,000,000명에 못 미치는 수준으로 급감한 것을 보여준다. 이와 같은 꺾은 선 그래프(line graph)는 주로 시간에 따른 자료값의 변화 패턴을 보여주기 위한 목적으로 활용된다.

<그림 4.8>에서 변화 패턴은 <그림 4.7>에 비교하여 더 급격해 보이지만 사실은 같은 자료를 표현한 것이다. 다만 y축 눈금의 최소값과 최대값이 다를 뿐이다. 경향을 과장하기 위하여 또는 축소하기 위하여 눈금의 범위를 의도적으로 정하는 경우가 있으므로 그런 꼼수에 대비하여 그래프를 항상 조심스럽게 살펴봐야 한다.

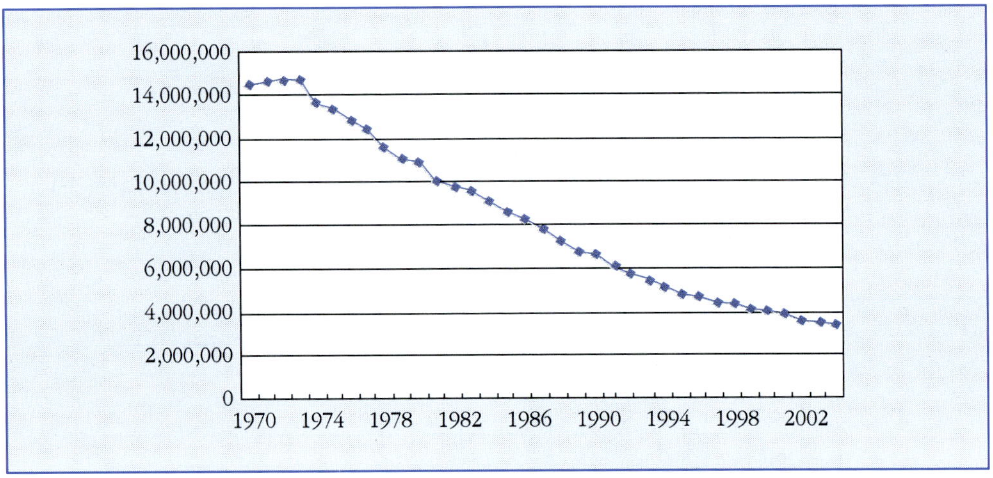

그림 4.7 ▸ 우리나라 농가 인구의 변화: 1970년–2004년

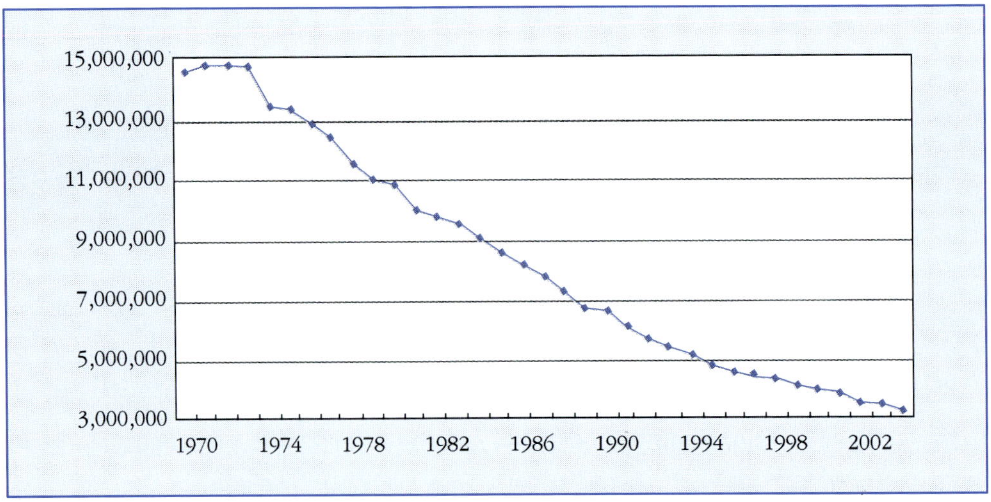

그림 4.8 ▸ 우리나라 농가 인구의 변화: 1970년–2004년

별 그림(star plot)

<표 4.2>는 우리나라 8개 프로야구 구단의 2006년 전력을 6월 2일 현재시점에서 살펴본 것인데 <그림 4.9>는 프로야구 팀의 실력이 타율, 방어율, 출루율 측면에서 잘 드러나도록 표현한 그래프이다. 이 때, 팀 타율과 출루율은 클수록 좋고 방어율은 작을수록 좋기 때문에 3개 변수가 의미 있는 공통 눈금으로 표시되도록

팀 타율 ← (팀 타율 − 최소값) / (최대값 − 최소값),
팀 방어율 ← (최대값 − 팀 방어율) / (최대값 − 최소값),
출루율 ← (출루율 − 최소값) / (최대값 − 최소값)

으로 변환하여 0과 1 사이 범위의 값을 취하도록 했다. 따라서 변수 변환 후 각 변수는 최대값 1, 최소값 0을 취하게 되고 팀 타율이 크고 방어율이 작고 출루율이 클수록 큰 삼각형을 형성한다. 2006년 성적이 6월 2일 현재 1위와 2위인 현대와 한화는 삼각형이 크고 아래서 1위인 롯데와 LG는 작은 삼각형을 형성한다. 삼성은 방어율은 좋지만 타율과 출루율에서 저조하고 SK는 반대로 방어율이 좋지 않지만 타율과 출루율이 좋음을 볼 수 있다. 이와 같은 그래프로써 다변수 특성을 갖는 개체들의 특성을 표현해낼 수 있다.

표 4.2 ▶ 우리나라 8개 프로야구 팀의 2006년 시즌 성적(6월 2일 현재)

구단	승	패	무	승률	팀타율	출루율	팀방어율
현대	27	16	0	0.628	0.264	0.347	3.26
한화	26	16	1	0.619	0.255	0.329	3.34
삼성	25	16	1	0.610	0.249	0.332	3.05
SK	22	21	0	0.512	0.265	0.343	3.63
KIA	20	20	1	0.500	0.253	0.323	3.29
두산	17	23	2	0.425	0.235	0.303	3.07
LG	16	26	1	0.381	0.254	0.317	4.47
롯데	13	28	0	0.317	0.218	0.293	3.63

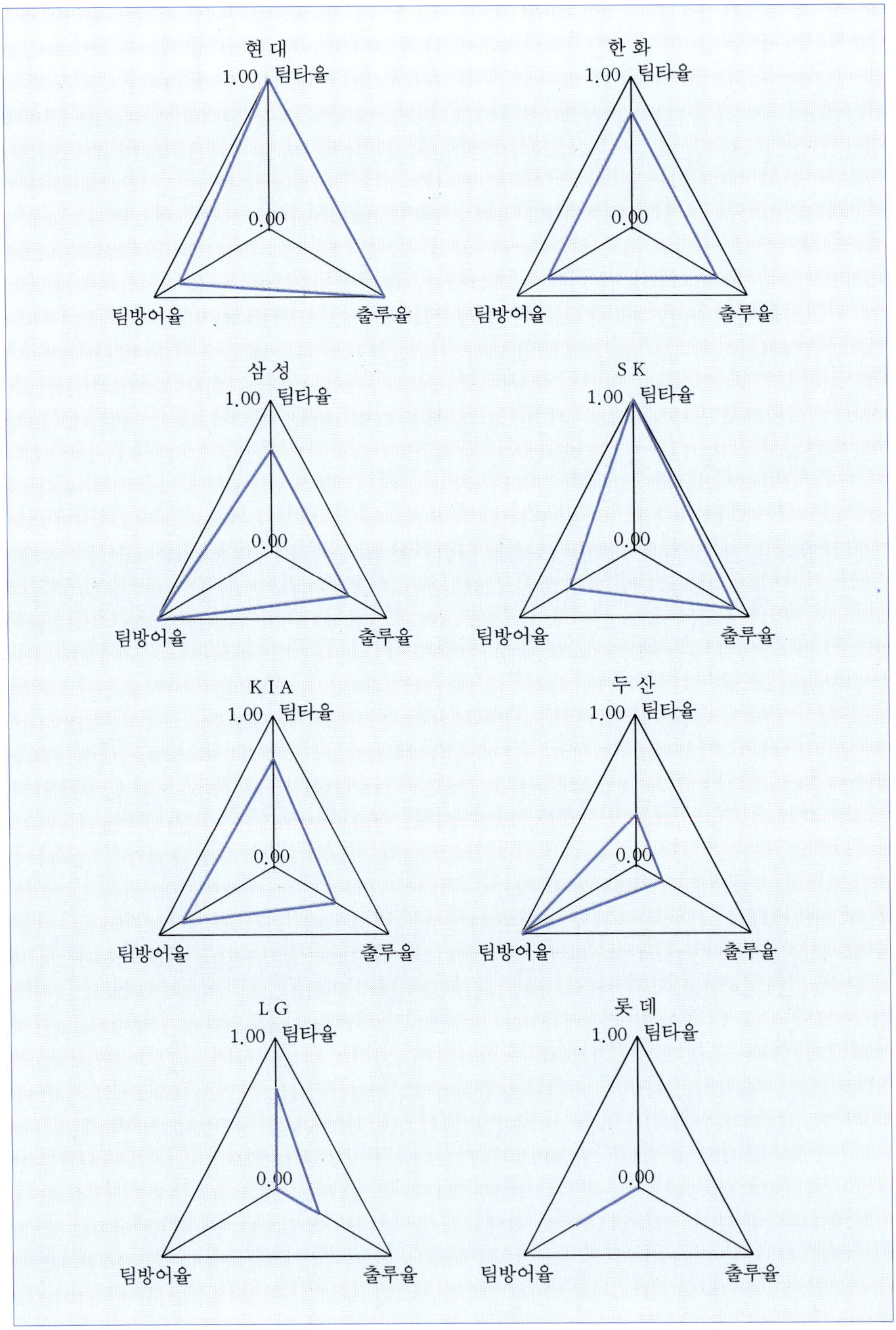

그림 4.9 ▶ 프로야구 8개 구단의 팀 타율, 팀 방어율, 출루율 비교(2006년 6월 2일 현재)

4.2 자료 요약

한 묶음의 자료를 간결한 그래프와 몇 개의 수치로 요약함으로써 자료의 주요특성을 파악할 수 있을까? 여기서 자료의 특성이라고 함은 자료의 분포, 대표적인 자료값, 퍼짐의 정도 등을 말한다.

줄기그림(stem plot)

<표 4.3>은 K 대학교 A 캠퍼스 94개 학부 · 학과의 2006년 1학기 재학생 수 자료이다. 여기서 우리는 각 학부 · 학과별 성비에 관심의 초점을 맞추기로 하자. 학부 · 학과 별로 여자 퍼센트는 법학과 34%, 경영학과 24%, 문과대학 0%, 국어국문학과 64% 등이다. 다음은 줄기그림(줄기-잎 그림, stem-and-leaf plot)을 만드는 방법이다.

1) 첫째 자료값은 34, 둘째 값 24와 셋째 값 0은 각각

$$
\begin{aligned}
34 &= 3 \times 10 \times 4, \\
24 &= 2 \times 10 \times 4, \\
0 &= 0 \times 10 \times 0
\end{aligned}
$$

인데, 이 중 첫째 자리 수를 줄기로 둘째 자리 수를 잎으로 간주함으로써 자료를 재구성한다. 즉, 첫 3개 자료값을

```
3 | 4
2 | 4
1 |
0 | 0
```

으로 나타낸다. 앞에서 첫 줄 "3 | 4"에서 "3"은 10 자리수를 말하고 "4"는 끝자리 수가 4인 것을 말한다. 이와 같은 식으로 첫 10개 자료값을

```
6 | 45
5 | 3
4 | 8
3 | 4184
2 | 4
1 |
0 | 0
```

으로 나타낼 수 있다. 차츰 자료 분포의 모습이 드러나고 있다.

2) 작업을 계속하여 94개 값을 모두 표현해내면 다음과 같이 된다. 별로 시간이 걸리지 않으니 각자 해보기 바란다.

```
9 | 16
8 | 0
7 | 2
6 | 453760761
5 | 35185005937
4 | 818325195079889
3 | 41849538645132942638 4
2 | 49907126
1 | 049549003316
0 | 00000025040809
```

<그림 4.10>은 <표 4.3>의 자료에 대하여 완성된 줄기그림이다. 각 줄기에 달린 잎의 수를 첫 열에 넣어 구간별 빈도를 볼 수 있게 되어 있다. 빈도의 총합이 n (=94개)임이 확인되어야 한다. 간혹 일부 자료점을 누락하거나 중복하여 넣는 경우가 있기 때문이다.

줄기그림은 자료 분포를 한 눈에 보기 위한 목적에 잘 맞는다. <그림 4.10>을 통하여 여학생 비율을 대략 파악할 수 있지 않은가?

표 4.3 ▸ K 대학교 2006년 1학기 재학생 수 자료

No	학과/학부 명	남	여	재학생수	남자 %	여자 %
1	법학과	1013	521	1534	66	34
2	경영학과	1422	453	1875	76	24
3	문과대학	4	0	4	100	0
4	국어국문학과	104	187	291	36	64
5	영어영문학과	198	365	563	35	65
6	철학과	92	41	133	69	31
7	한국사학과	73	45	118	62	38
8	사학과	33	37	70	47	53
9	동양사학과	41	21	62	66	34
10	서양사학과	27	25	52	52	48
11	심리학과	87	148	235	37	63
12	사회학과	190	130	320	59	41
13	독어독문학과	68	63	131	52	48

14	불어불문학과	47	95	142	33	67
15	중어중문학과	75	147	222	34	66
16	노어노문학과	77	49	126	61	39
17	일어일문학과	81	119	200	41	60
18	서어서문학과	70	87	157	45	55
19	한문학과	38	39	77	49	51
20	언어과학과	37	28	65	57	43
21	언어학과	15	21	36	42	58
22	인문학부	205	151	356	58	42
23	국제어문학부	196	238	434	45	55
24	생명환경과학계열	1	0	1	100	0
25	생명유전공학부	93	76	169	55	45
26	생명산업과학부	96	52	148	65	35
27	식량자원학과	2	0	2	100	0
28	산림자원환경학과	2	1	3	67	33
29	응용생명환경화학과	1	0	1	100	0
30	원예과학과	1	1	2	50	50
31	농생물학과	1	1	2	50	50
32	생명환경과학대학	9	1	10	90	10
33	생명과학부	324	201	525	62	38
34	생명공학부	147	103	250	59	41
35	식품과학부	92	88	180	51	49
36	환경생태공학부	191	107	298	64	36
37	식품자원경제학과	186	96	282	66	34
38	정경대학	239	130	369	65	35
39	정치외교학과	138	114	252	55	45
40	경제학과	407	179	586	69	31
41	행정학과	172	86	258	67	33
42	신문방송학과	36	6	42	86	14
43	정경학부	2	0	2	100	0
44	통계학과	146	69	215	68	32
45	이과대학	102	69	171	60	40
46	수학과	109	98	207	53	47
47	물리학과	111	26	137	81	19
48	화학과	78	94	172	45	55
49	지구환경과학과	71	46	117	61	39
50	공과대학	6	0	6	100	0
51	전기·전자·전파공학부	643	12	655	98	2
52	화공생명공학과	240	121	361	66	34
53	토목환경공학과	163	9	172	95	5
54	건축공학과	128	23	151	85	15
55	건축공학과 (1)	29	58	87	33	67
56	건축공학과 (2)	34	14	48	71	29
57	기계공학과	494	18	512	96	4

58	전기공학과	145	8	153	95	5
59	산업시스템정보공학과	244	40	284	86	14
60	전자공학과	231	54	285	81	19
61	사회환경시스템공학과	65	27	92	71	29
62	전파공학과	1	0	1	100	0
63	재료공학부	383	98	481	80	20
64	재료·화공생명공학부	9	1	10	90	10
65	기계·산업시스템정보공	198	18	216	92	8
66	전기·전자공학부	5	0	5	100	0
67	건축·사회환경시스템공	113	42	155	73	27
68	신소재.화공생명공학부	186	48	234	79	21
69	의예과	154	73	227	68	32
70	의학과	346	192	538	64	36
71	교육학과	80	157	237	34	66
72	체육교육과	347	39	386	90	10
73	가정교육과	17	162	179	9	91
74	수학교육과	95	91	186	51	49
75	국어교육과	93	132	225	41	59
76	영어교육과	88	221	309	28	72
77	지리교육과	96	108	204	47	53
78	역사교육과	72	66	138	52	48
79	미술교육과	2	1	3	67	33
80	컴퓨터교육과	76	70	146	52	48
81	간호학과	8	212	220	4	96
82	정보통신대학	7	1	8	88	13
83	컴퓨터학과	219	34	253	87	13
84	전파통신공학부	91	26	117	78	22
85	컴퓨터통신공학부	96	12	108	89	11
86	임상병리학과	26	25	51	51	49
87	방사선학과	42	8	50	84	16
88	물리치료학과	24	15	39	62	38
89	치기공학과	29	10	39	74	26
90	보건행정학과	48	5	53	91	9
91	보건과학부	56	29	85	66	34
92	미술학부	34	134	168	20	80
93	국제학부	47	62	109	43	57
94	언론학부	96	153	249	39	61
	전체	12556	7283	19839	63	37

count	stem | leaves
2	9 | 16
1	8 | 0
1	7 | 2
9	6 | 453760761
11	5 | 35185005937
15	4 | 818325195079889
21	3 | 418495386451329426384
8	2 | 49907126
12	1 | 049549003316
14	0 | 00000025450809
--	
94 (=n)	

그림 4.10 ▸ K 대학교 학과/학부의 여학생 퍼센트 줄기그림

중간값(median; 중위수 中位數)

<표 4.3>의 94개 자료값을 1개 값으로 대표할 필요가 있다면 그 값은 크기순으로 나열했을 때 중간에 오는 값으로 생각할 수 있다. 자료 크기를 n이라고 할 때 중간 위치는 (n+1)/2이므로 중간값을 다음과 같이 정의한다.

중간값 median = (n+1)/2 번째 값, n이 홀수일 때
= n/2 번째 값과 n/2+1 번째 값의 평균, n이 짝수일 때.

한마디로 중간값은 k = (n+1)/2 번째 값이라고 할 수 있다. k가 정수가 아니면 가장 가까운 값들로부터 구한다. <표 4.3> 자료의 경우 n = 94이므로 47번째와 48번째 값의 평균이 중간값이 될 것이다.

줄기그림은 자료 분포를 파악하는 목적 외에 해당 순위의 자료값을 찾는 데에도 유용하다. <그림 4.10>을 보면 10 미만의 자료 값이 14개, 20 미만이 26개(=14+12), 30 미만이 34개(=26+8)임을 알 수 있다. 40 미만이 55개(=34+21)이므로 여학생 비율의 중간값은 30-39에 있을 것이다. 줄기 3에 달린 잎을 순서로 정렬하면

112233344444556688899

이므로 47번째 값은 35, 48번째 값도 35임을 확인할 수 있다. 따라서 중간값은 35이다.

사분위수(quartile)

일반적으로 자료는 1개 값에 뭉쳐 있지 않다. 그러므로 1개 값으로 대표되는 것으로 자료 전체가 충분히 요약되지 않는다. 다시 말하여 자료는 어느 정도 퍼짐이 있기 마련이므로 이것을 표현하기 위하여 사용되는 유용한 요약 통계가 사분위수(四分位數, quartile)이다. 정의는 다음과 같다.

제1 사분위수 Q1 = 작은 순서로 (n+1)/4번째 있는 값,
제3 사분위수 Q3 = 큰 순서로 (n+1)/4번째 있는 값.

n=94인 경우 k = (94+1)/4 = $23\frac{3}{4}$번째 값이 사분위수이다. 그런데 $23\frac{3}{4}$번째에는 실제 자료값이 없으므로 23번째와 24번째에 가중치 $\frac{1}{4}$과 $\frac{3}{4}$을 부여하여 가중평균을 얻는다.

<표 4.3>의 자료에서 작은 순서로 23번째 값은 15, 24번째 값은 16이다. 따라서 제1 사분위수는 15.75이다. 반올림하여 16이라고 해도 되겠다. 이와 같은 식으로 제3 사분위수가 50임을 알 수 있다. 따라서 여학생 퍼센트가 16보다 작으면 여자 비율이 작은 25%, 여학생 퍼센트가 50보다 크면 여자 비율이 큰 25%에 속한다고 하겠다.

2개의 사분위수간 차이를 사분위수간 범위(四分位數間 範圍, interquartile range, IQR)라고 한다. 즉

$$IQR = Q3 - Q1.$$

퍼짐의 정도, 즉 산포(散布, spreadness)가 큰 자료는 큰 IQR을 갖고 산포가 작은 자료는 작은 IQR을 갖는다.

최소값과 최대값(minimum and maximum)

최소값과 최대값은 자료 값이 놓이는 범위를 보여준다. 최소값과 최대값은 줄기그림에서 쉽게 알 수 있다. <표 4.3>의 자료에 대한 최소값은 0, 최대값은 96이다 (여학생 비율이 가장 큰 학과는 간호학과이다).

다섯수치요약(five number summary)

최소값, 제 1 사분위수, 중간값, 제3 사분위수, 최대값을 다섯수치요약이라고 한다. 다섯수치요약은 한 묶음 자료에 대한 효과적인 수치요약이다. <표 4.3> 자료에 대한 다섯수치요약은 (0, 16, 35, 50, 96)이다.

상자그림(boxplot)

상자그림은 다섯수치요약을 표현한 그래프이다. <그림 4.11>에서 볼 수 있듯이 상자그림은 중간선이 표시된 상자와 양쪽으로 연결된 끈으로 구성되는데, 중간값은 상자의 중간선에, 사분위수는 상자의 양끝에, 최소값과 최대값은 연결 끈의 양 끝에 대응된다.

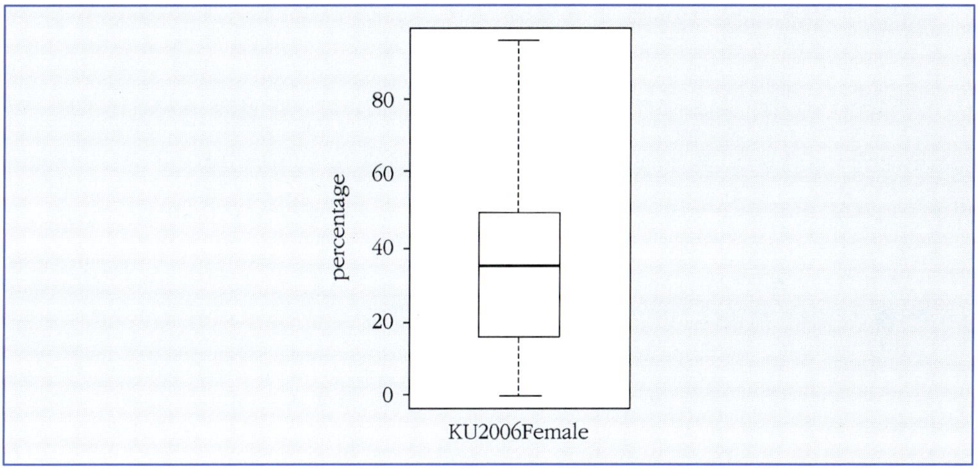

그림 4.11 ▸ K 대학교 학과/학부의 여학생 퍼센트 상자그림

평균(平均, mean)과 표준편차(標準偏差, standard deviation)

평균 $\bar{x}$은 대표값으로서, 표준편차 s는 퍼짐을 나타내는 전통적인 기술통계이다. 각각에 대한 정의는 다음과 같다. 자료값을 $x_1, x_2, \cdots, x_n$이라고 할 때

$$\bar{x} = \frac{1}{n}\sum_{i=1}^{n} x_i, \qquad s = \sqrt{\frac{1}{n-1}\sum_{i=1}^{n}\left(x_i - \bar{x}\right)^2}.$$

표준편차의 제곱 s^2을 분산(分散, variance)이라 부른다.

<표 4.3> 자료에 대하여 평균 $\bar{x}$과 표준편차 s를 구해보면 $\bar{x} = 35.3$, $s = 22.2$이다.

평균과 표준편차는 수작업으로는 계산이 어렵다. 최소한 포켓 계산기가 필요하고 엑셀과 같은 스프레드시트 소프트웨어가 있어야 효율적 계산이 가능하다.

평균과 중위수는 어떤 차이가 있을까? 예를 들어 10명이 학생이 최저 10점, 최고 100점인 시험을 치룬 결과가 다음과 같다고 하자.

$$51,\ 52,\ 53,\ 54,\ 55,\ 56,\ 57,\ 58,\ 59,\ u$$

여기서 u만이 정해져 있지 않다. 그러면 평균은 u의 함수로서

$$\bar{x}(u) = (51+52+53+54+55+56+57+58+59+u)/10 = 49.5+0.1\times u$$

로 표현된다. 예컨대 $u = 10$이면 $\bar{x}(u) = 50.5$가 되는데 그 경우 평균보다 작은 자료점이 1개, 평균보다 큰 자료점은 9개이다. 유사하게 $u = 100$이면 $\bar{x}(u) = 59.5$가 되고 그 경우 평균보다 작은 자료점이 9개, 평균보다 큰 자료점은 1개이다. 이렇듯 평균은 중간적 위치와는 무관하다. $10 \leqq u \leqq 100 \Rightarrow 50.5 \leqq \bar{x}(u) \leqq 59.5$이므로 9.0 범위 내에서 변한다. 반면 중간값 med는 u의 함수로서

$$u \leqq 54 \text{ 이면 } \quad med(u) = 54.5$$
$$54 \leqq u \leqq 56 \text{ 이면 } \quad med(u) = (55+u)/2,$$
$$u \geqq 56 \text{ 이면 } \quad med(u) = 55.5$$

가 되므로 $10 \leqq u \leqq 100 \Rightarrow 54.5 \leqq med(u) \leqq 55.5$이므로 1.0 범위 내에서 변할 뿐이다. 이와 같이 중간값이 평균에 비하여 안정적이다. 정리하자면, 평균은 1개 돌출적인 자료값에 의해 큰 영향을 받지만 중간값은 그런 자료값에 의하여 영향 받는 정도가 작다.

평균과 마찬가지로 표준편차도 1개 돌출적인 자료값에 의해 큰 영향을 받는다. 그러나 사분위수간 범위는 그렇지 않다. IQR이 퍼짐의 정도를 안정적으로 나타낸다.

히스토그램(histogram)

앞에서 줄기그림을 통하여 자료 분포를 살펴보았는데 자료 분포를 보기 위한 목적으로 사용되는 전통적 방법은 히스토그램이다. 이것은 자료값 범위를 적절한 개수의 구간으로 나누고 각 구간에 포함되는 자료 점의 빈도를 나타내는 그래프이다.

<그림 4.12>는 <표 4.3> 자료에 대한 히스토그램이다. 이 히스토그램에서는 구간의 정의를 [0, 10), [10, 20), ⋯, [90, 100) 등으로 줄기그림과 같게 하였으므로 전체적 윤곽이 줄기그림과 같게 나타난다. 그러나 히스토그램의 각 막대 내부에 있는 자료 값들에 대한 둘째 자리 수가 숨겨져 있으므로 다섯수치 요약과 같은 통계적 정보를 산출하기 어렵다. 또한 <표 4.3>과 같이 자료 크기가 100 이하인 경우에 대하여도 수작업으로는 히스토그램을 만들기 어렵다. 이런 이유로 크지 않은 자료에 대하여는 히스토그램보다 줄기그림이 선호된다. 그러나 자료 크기가 큰 경우에는 줄기그림은 너무 커지기 때문에 히스토그램이 낫다.

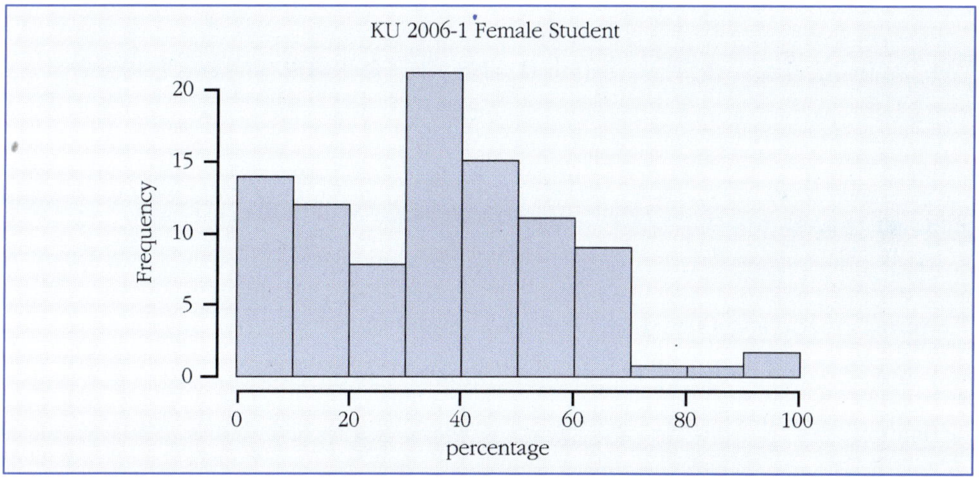

그림 4.12 ▸ K 대학교 학과/학부의 여학생 퍼센트 히스토그램

표준화 변환

크기 n 의 표본 자료값들이 $x_1, x_2, \cdots, x_n$ 이라고 하자 (평균 $\bar{x}$, 표준편차 s). 이때 개별 자료값 x_i의 절대적 위치를 나타내기 위하여

$$z_i = \frac{x_i - \overline{x}}{s}, \quad i = 1, 2, \cdots, n$$

로 변환하는데 이것을 표준화 변환(標準化 變換, standardization)이라고 한다.

수치 예로서 어느 학생이 A 과목에서 70점을 얻었는데 그 과목의 평균이 60점, 표준편차가 10점이었다고 하자. 그러면 A 과목 점수 70점에 대한 표준화 변환값은

$$z_A = \frac{70 - 60}{10} = 1$$

이다. 그 학생이 B 과목에서는 80점을 얻었고 그 과목의 평균이 60점, 표준편차가 25점이었다고 하자. 그러면 B 과목 점수 80점에 대한 표준화 변환값은

$$z_B = \frac{80 - 60}{25} = 0.8$$

이다. $z_A > z_B$이므로 A 과목 점수가 B 과목 점수에 비하여 더 좋다고 하겠다.

4.3 정규분포

일반적으로 표본의 크기가 어느 정도 크면 임의표본에서 산출되는 비율과 평균은 일정한 분포를 따른다는 사실이 알려져 있다. 이 분포가 바로 정규분포(正規分布, normal-distribution)인데 이 절에서는 정규분포를 소개하고 성질에 대해 살펴볼 것이다.

예 4.1 표본비율의 분포

1장에서 소개되었던 표본추출분포의 사례 (예 1.8)를 통해 정규분포의 근사성을 알아보기로 하자. 가령, 어떤 이슈에 대한 모집단의 지지율을 알아보기 위하여 1,000명을 단순임의추출하여 이들 중 지지한 사람들의 표본지지율을 $\hat{p}$ 라고 하자. 실제로 모집단의 참 지지율이 $p = 0.6$ 이라고 할 때, $\hat{p}$ 이 표본추출 변동으로 어떤 분포를 따르게 되는지를 보자.

1,000명을 단순임의추출하여 표본지지율 $\hat{p}$ 을 구하는 실험을 1,000회에 걸쳐서 독립적으로 반복 시행하여 1,000개의 $\hat{p}$ 값을 구해보았다. <그림 4.13>이 이에 대한 히스토그램과 이를 잘 근사하는 정규곡선을 그린 것인데 정규곡선에 대하여는 곧 설명할 것이다.

표본추출분포 뿐만 아니라 어떤 자료는 정규곡선을 따라 분포하기도 한다. 그러나 그렇지 않은 경우도 흔하게 있다. 다음 예를 보자.

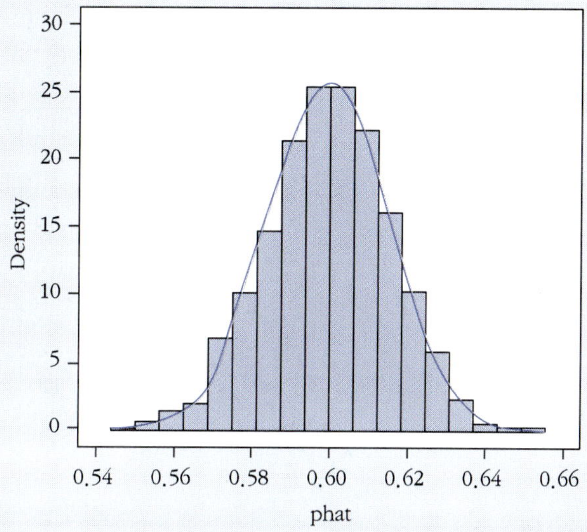

그림 4.13 ▸ $p=0.6$ 인 모집단에서 추출된 크기 1,000인 임의표본의 $\hat{p}$ 이 취하는 분포

예 4.2 **주가 변동**

시점 t 에서 주가를 p_t 라고 하고 $(t=1,\cdots,n)$ 전시점 대비 퍼센트 변동을 x_t 라고 하자. 즉

$$x_t = \frac{p_t - p_{t-1}}{p_{t-1}} \cdot 100, \qquad t = 2,\cdots,n.$$

금융학관련 이론서에서 주가변동은 흔히 정규분포를 따르는 것으로 가정된다. 여기서 우리나라의 1980년–2005년 종합주가지수의 변동이 과연 정규분포를 따르는가를 보자. <그림 4.14>가 그 결과를 보여준다.

<그림 4.14>는 양의 값 구간에서 정규분포에 비해 긴 꼬리를 갖고 (주가가 오를 때에는 크게 오른다!) 음의 값 구간에서는 정규분포에 비해 꼬리가 짧다 (주가가 내릴 때는 반발매수가 있기 때문에 급격하게 내려가는 경우는 적다).

앞의 예에서와 같이 실제 자료가 정규분포를 따르지 않는 사례는 빈번하게 많다. 그럼에도 불구하고 통계학에서 정규분포를 중요하게 다루는 이유는 이것이 준거(reference)로서 유용하기 때문이다. 즉, 실제자료 분포가 정규분포에 비교하여 어떠한가를 봄으로써 자료에 대한 해석이 가능해진다는 것이다. (예 4.2)의 주가변동 사례에서도 실제 주가변동이 이론적으로 기대되는 주가변동과 비교하여 어떠하다고 말한 바 있다.

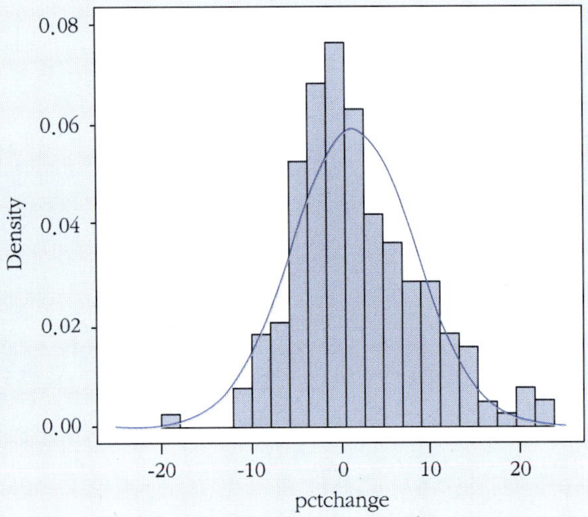

그림 4.14 ▸ 우리나라의 종합주가변동(월말기준, 1980년 1월부터 2005년 12월)

중심극한정리(中心極限定理, central limit theorem) 1

정규분포는 중심극한정리에 의하여 베르누이 분포(또는 이항분포)로부터 생성된다.

n개의 0 · 1 관측값 $x_1, \cdots, x_n$이 성공률이 p인 베르누이(Bernoulli) 분포[3)]로부터 생성된다고 하자. 그러면

3) 7장의 확률에서 좀 더 상세히 다루어진다.

$$Z = \frac{1}{\sqrt{np(1-p)}}\left(\sum_{i=1}^{n} x_i - np\right) = \sqrt{n}\frac{\hat{p}-p}{\sqrt{p(1-p)}}$$

은 n 이 무한히 커짐에 따라 다음과 같은 확률밀도함수를 가지게 된다. 여기서 $\hat{p}$ 는 표본비율로서 $\hat{p} = \frac{1}{n}\sum_{i=1}^{n} x_i$ 이고

$$f_Z(z) = \frac{1}{\sqrt{2\pi}} e^{-\frac{z^2}{2}}, \quad -\infty < z < \infty.$$

<그림 4.15>를 보라.

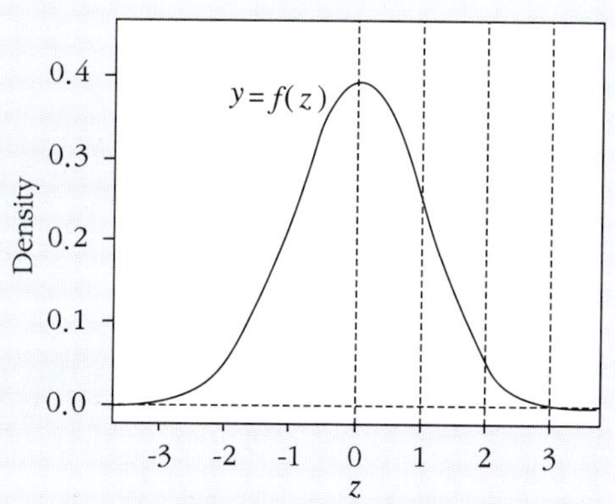

그림 4.15 ▸ 표준정규분포의 확률밀도함수: 정규곡선

노트 : $T = \sum_{i=1}^{n} x_i$ 은 이항분포 $\mathrm{B}(n,p)$ 를 따른다. 즉

$$P\{T = t | n, p\} = \binom{n}{t} p^t (1-p)^{n-t}, \quad t = 0, 1, \cdots, n.$$

그리고 확률변수 T, 즉 이항분포 $\mathrm{B}(n,p)$ 의 기대값과 분산은 다음과 같다.

$$E(T) = np, \quad Var(T) = np(1-p).$$

그러므로 Z 는 T 변수에 대한 표준화 변환이다.

왜 그렇게 되는가? 여기서 정확한 증명은 하기 어렵다. 통계학과 전공필수과목인 확률론과 수리통계학을 모두 수강하면 이해하게 될 것이다. 다만 그렇게 될 것이라는 느낌은 <그림 4.16>과 <그림 4.17>을 통하여 받을 수 있을 것이다. <그림 4.16>은 $p=0.5$, $n=25$ 인 경우와 $p=0.5$, $n=100$인 경우의 이항확률을 보여주는데 왼쪽 것에 비하여 오른쪽 것이 훨씬 <그림 4.15>에 가까운 형태가 됨을 알 수 있다.

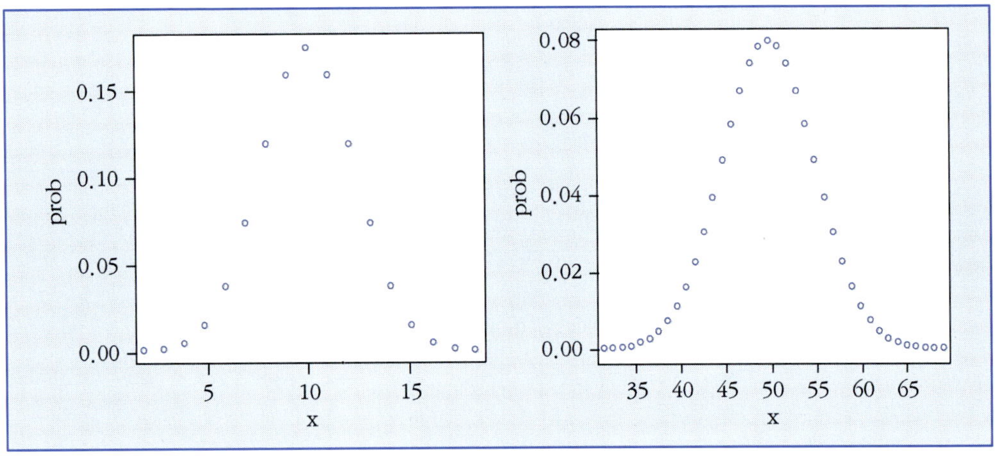

그림 4.16 ▸ 이항분포 B(n, p)의 확률: [왼쪽] B(25, 0.5), [오른쪽] B(100, 0.5).

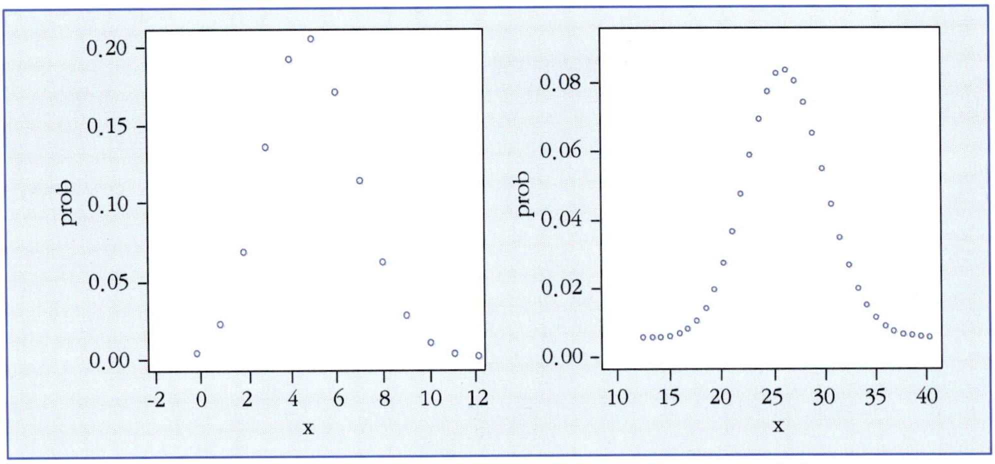

그림 4.17 ▸ 이항분포 B(n, p)의 확률: [왼쪽] B(25, 0.25), [오른쪽] B(100, 0.25).

<그림 4.17>의 왼쪽 것은 $p=0.25$, $n=25$인 이항확률을 그린 것이다. 그 패턴이 비대칭적이어서 <그림 4.15>의 정규곡선과 비슷하다고 보기 어렵지만 $p=0.25$, $n=100$ 인 경우의 <그림 4.17> 오른쪽 그래프는 <그림 4.15>와 유사한 모습을 취한다.

<그림 4.15>의 확률밀도함수는 다음과 같은 특성을 갖는다.

- Z의 평균은 0, 표준편차는 1이다.
- Z가 0과 1 사이일 확률, 즉 $P\{0 \leqq Z \leqq 1\}$은 약 0.3413이다. 이것은 <그림 4.15>에서 $0 \leqq y \leqq f(z)$, $0 \leqq z \leqq 1$사이의 면적과 같다.
- Z가 0과 2 사이일 확률, 즉 $P\{0 \leqq Z \leqq 2\}$는 약 0.4772이다. 이것은 <그림 4.15>에서 $0 \leqq y \leqq f(z)$, $0 \leqq z \leqq 2$사이의 면적과 같다.
- Z가 0과 3 사이일 확률, 즉 $P\{0 \leqq Z \leqq 3\}$는 약 0.4987이다. 이것은 <그림 4.15>에서 $0 \leqq y \leqq f(z)$, $0 \leqq z \leqq 3$사이의 면적과 같다.
- Z의 확률밀도함수는 $z=0$을 중심으로 대칭이다. 따라서

$$P\{-1 \leqq Z \leqq 1\} = 0.683,$$
$$P\{-2 \leqq Z \leqq 2\} = 0.954,$$
$$P\{-3 \leqq Z \leqq 3\} = 0.997$$

- 일반적인 상수 $c>0$에 대한 $P\{0 \leqq Z \leqq c\}$는 수치 표의 형태로 제시된다. <표 4.4>에서 앞에 제시된 수치들을 확인해 보기 바란다.

앞에서는 중심극한정리의 간단한 형태를 본 것이다. 이것은 다음과 같이 일반화된다.

중심극한정리 2

n개의 독립적인 관측값 $x_1, \cdots, x_n$이 일정한 모집단 분포로부터 생성된다고 하자(평균 μ, 표준편차 σ). 그러면

$$Z = \frac{1}{\sqrt{n}\,\sigma}\left(\sum_{i=1}^{n} x_i - n\mu\right) = \sqrt{n}\,\frac{\bar{x}-\mu}{\sigma}$$

은 n이 무한히 커짐에 따라 다음과 같은 확률밀도함수를 따르게 된다.

$$f_Z(z) = \frac{1}{\sqrt{2\pi}} e^{-\frac{z^2}{2}}, \ -\infty < z < \infty$$

성공률이 p 인 베르누이 분포의 경우 평균이 p, 표준편차가 $\sqrt{p(1-p)}$ 이다. 따라서 $\mu = p$, $\sigma = \sqrt{p(1-p)}$ 를 가지고 중심극한정리 2를 볼 수 있겠는데 그러면 두 중심극한 정리는 일치한다.

새로운 확률변수 X를 $a+bZ \ (b>0)$로 정의하기로 하자. 이것은 Z를 $b\,(>0)$배 한 다음 a를 더한 것이고 Z의 평균이 0, 표준편차가 1이므로

- X는 평균이 a, 표준편차가 $b\,(>0)$가 된다. 분산은 b^2이 된다.
- X는 다음과 같은 확률밀도함수를 갖는다.

$$f_X(x\,;\,a,b) = \frac{1}{\sqrt{2\pi}\,b} e^{-\frac{(x-a)^2}{2b^2}}, \ -\infty < x < \infty$$

이것을 $N(a, b^2)$로 표기하기로 한다. <그림 4.18>은 $N(40, 10^2)$과 $N(60, 10^2)$의 확률밀도함수를 그린 것이다 (각각 왼쪽과 오른쪽). a가 확률분포의 중심의 위치인 것을 볼 수 있다.

표 4.4 ▸ 표준정규분포 표 : 우측꼬리확률 $\Pr\{Z \geq z\}$ 여기서 $Z \sim N(0,1)$

z	0.00	0.01	0.02	0.03	0.04	0.05	0.06	0.07	0.08	0.09
0.6	0.2743	0.2709	0.2676	0.2643	0.2611	0.2578	0.2546	0.2514	0.2483	0.2451
0.7	0.2420	0.2389	0.2358	0.2327	0.2296	0.2266	0.2236	0.2206	0.2177	0.2148
0.8	0.2119	0.2090	0.2061	0.2033	0.2005	0.1977	0.1949	0.1922	0.1894	0.1867
0.9	0.1841	0.1814	0.1788	0.1762	0.1736	0.1711	0.1685	0.1660	0.1635	0.1611
1.0	0.1587	0.1562	0.1539	0.1515	0.1492	0.1469	0.1446	0.1423	0.1401	0.1379
1.1	0.1357	0.1335	0.1314	0.1292	0.1271	0.1251	0.1230	0.1210	0.1190	0.1170
1.2	0.1151	0.1131	0.1112	0.1093	0.1075	0.1056	0.1038	0.1020	0.1003	0.0985
1.3	0.0968	0.0951	0.0934	0.0918	0.0901	0.0885	0.0869	0.0853	0.0838	0.0823
1.4	0.0808	0.0793	0.0778	0.0764	0.0749	0.0735	0.0721	0.0708	0.0694	0.0681
1.5	0.0668	0.0655	0.0643	0.0630	0.0618	0.0606	0.0594	0.0582	0.0571	0.0559
1.6	0.0548	0.0537	0.0526	0.0516	0.0505	0.0495	0.0485	0.0475	0.0465	0.0455

1.7	0.0446	0.0436	0.0427	0.0418	0.0409	0.0401	0.0392	0.0384	0.0375	0.0367
1.8	0.0359	0.0351	0.0344	0.0336	0.0329	0.0322	0.0314	0.0307	0.0301	0.0294
1.9	0.0287	0.0281	0.0274	0.0268	0.0262	0.0256	0.0250	0.0244	0.0239	0.0233
2.0	0.0228	0.0222	0.0217	0.0212	0.0207	0.0202	0.0197	0.0192	0.0188	0.0183
2.1	0.0179	0.0174	0.0170	0.0166	0.0162	0.0158	0.0154	0.0150	0.0146	0.0143
2.2	0.0139	0.0136	0.0132	0.0129	0.0125	0.0122	0.0119	0.0116	0.0113	0.0110
2.3	0.0107	0.0104	0.0102	0.0099	0.0096	0.0094	0.0091	0.0089	0.0087	0.0084
2.4	0.0082	0.0080	0.0078	0.0075	0.0073	0.0071	0.0069	0.0068	0.0066	0.0064
2.5	0.0062	0.0060	0.0059	0.0057	0.0055	0.0054	0.0052	0.0051	0.0049	0.0048
2.6	0.0047	0.0045	0.0044	0.0043	0.0041	0.0040	0.0039	0.0038	0.0037	0.0036
2.7	0.0035	0.0034	0.0033	0.0032	0.0031	0.0030	0.0029	0.0028	0.0027	0.0026
2.8	0.0026	0.0025	0.0024	0.0023	0.0023	0.0022	0.0021	0.0021	0.0020	0.0019
2.9	0.0019	0.0018	0.0018	0.0017	0.0016	0.0016	0.0015	0.0015	0.0014	0.0014
3.0	0.0013	0.0013	0.0013	0.0012	0.0012	0.0011	0.0011	0.0011	0.0010	0.0010
3.1	0.0010	0.0009	0.0009	0.0009	0.0008	0.0008	0.0008	0.0008	0.0007	0.0007
3.2	0.0007	0.0007	0.0006	0.0006	0.0006	0.0006	0.0006	0.0005	0.0005	0.0005
3.3	0.0005	0.0005	0.0005	0.0004	0.0004	0.0004	0.0004	0.0004	0.0004	0.0003
3.4	0.0003	0.0003	0.0003	0.0003	0.0003	0.0003	0.0003	0.0003	0.0003	0.0002
3.5	0.0002	0.0002	0.0002	0.0002	0.0002	0.0002	0.0002	0.0002	0.0002	0.0002
3.6	0.0002	0.0002	0.0001	0.0001	0.0001	0.0001	0.0001	0.0001	0.0001	0.0001
3.7	0.0001	0.0001	0.0001	0.0001	0.0001	0.0001	0.0001	0.0001	0.0001	0.0001
3.8	0.0001	0.0001	0.0001	0.0001	0.0001	0.0001	0.0001	0.0001	0.0001	0.0001
3.9	0.0000	0.0000	0.0000	0.0000	0.0000	0.0000	0.0000	0.0000	0.0000	0.0000

그리고 <그림 4.19>는 $N(50, 10^2)$과 $N(50, 20^2)$의 확률밀도함수를 그린 것이다 (각각 왼쪽과 오른쪽). b 가 산포(散布, dispersion)를 결정하는 것을 볼 수 있다.

<그림 4.13>과 <그림 4.14>는 표본자료의 히스토그램에 $N(\bar{x}, s^2)$의 확률밀도함수를 덧붙여 그린 것이다. 정규분포가 표본자료를 얼마나 잘 적합하는지 또는 그렇지 않은지를 살펴볼 수 있다.

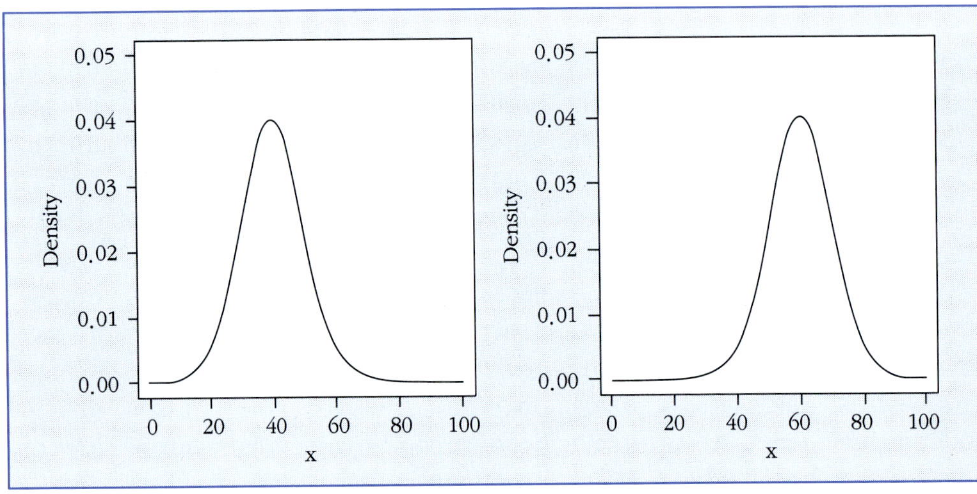

그림 4.18 ▸ $N(40, 10^2)$과 $N(60, 10^2)$의 확률밀도함수

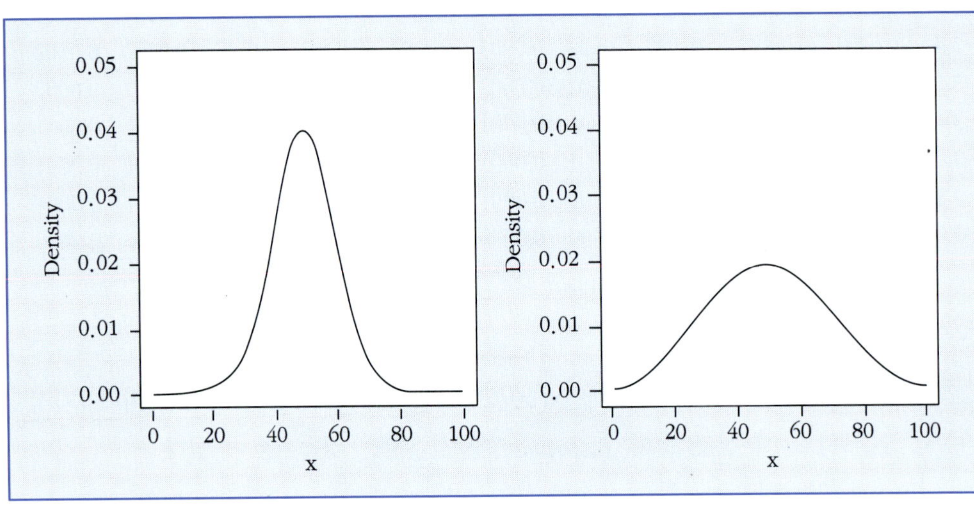

그림 4.19 ▸ $N(50, 10^2)$과 $N(50, 20^2)$의 확률밀도함수

$x_1, x_2, \cdots, x_n$이 $N(a, b^2)$ 형태의 분포를 따르는 경우 $z_1, z_2, \cdots, z_n$은 N(0, 1)을 따르게 되므로 표준화 변환값들은 <그림 4.15>에서와 같이 대부분 (−3, 3) 내의 한 값을 취하게 된다.

연습문제

4.1 다음은 세계 각국의 2000년 세출대비 재정 구성비율(%)이다.

1) 세계 각국의 사회보장비 구성비율을 탐색해보아라 (줄기그림, 다섯수치요약 등).
2) 세계 각국의 교육비 구성비율을 탐색해보아라.
3) 세계 각국의 경제사업비 구성비율을 탐색해보아라.
4) 세계 각국의 방위비 구성비율을 탐색해보아라.
5) 우리나라는 어떤 특성이 있는가?

시점 : 2000년	사회보장비	교육비	경제사업비	방위비
한국	15	15	25	11
바레인	4	10	3	12
인도	0	2	13	14
인도네시아	9	4	4	3
이란	16	19	15	14
이스라엘	28	14	6	18
일본	22	6	5	6
미얀마	2	14	30	29
네팔	3	16	35	6
필리핀	5	19	4	17
싱가포르	24	20	3	19
스리랑카	17	9	11	16
타이	8	21	6	24
터키	8	10	7	9
캐나다	44	2	6	6
멕시코	20	25	8	3
미국	28	2	7	15
아르헨티나	50	6	5	4
볼리비아	22	21	16	7
칠레	36	18	12	8
코스타리카	25	21	12	0
도미니카공화국	8	17	25	6
엘살바도르	1	25	18	7
파나마	22	17	7	0
우루과이	61	7	5	4
베네수엘라	61	7	5	4
덴마크	41	13	7	4
폴란드	56	5	5	4
모리셔스	22	16	14	1
튀니지	19	18	17	5
뉴질랜드	38	16	6	4

4.2 다음은 2006년 1학기 통계수학 기말기험 점수를 보여주는 줄기그림이다.

1) 다섯수치요약을 구해보아라.
2) 35점 만점인 이 시험은 대략 [0, 30] 내에서 균등한 분포를 보여준다. 이 균등분포의 다섯수치요약을 구해보아라.

```
0 | 000000000000224444
0 | 55555677788888888999
1 | 00001223333333334
1 | 55577777888888889
2 | 011111222222223333334
2 | 55577888888
3 | 33
```

4.3 <표 4.3>의 K 대학교 2006년 1학기 재학생 수 자료에서 94개 학부·학과의 재학생 수에 대한 줄기그림을 구하고 그것을 활용하여 "대략적인" 다섯수치요약을 산출하라. 정확한 다섯수치요약과 어떠한 차이가 있는가?

4.4 100점 만점의 통계적 탐구 퀴즈 시험 결과가 다음과 같이 나왔다.

$$54,\ 56,\ 55,\ 58,\ 51,\ 57,\ 52,\ 53,\ x \quad (n=9).$$

따라서 평균은 mean=$(436+x)/9$ 로서 x 의 함수이다 (단, x 는 0과 100 사이의 실수).

1) x = 59인 경우 위 자료에 대해 중간값 median을 구하여라.
2) 위 자료에 대해 중간값 median을 구하고 이것을 x 의 함수 그래프로 표현하여라.
3) x 의 어떤 값에서 mean과 median이 일치하는가?

4.5 <표 4.3>의 K 대학교 2006년 1학기 재학생 수 자료에서 94개 학부·학과의 여학생 비율을 인문계열 및 자연계열로 나누어 비교해보아라 (최종적으로 상자그림을 그려 볼 것).

4.6 A 과목 중간시험의 평균은 40, 표준편차는 20이었고 B 과목 중간시험의 평균은 60, 표준편차는 10이었다. 그런데 두 과목을 모두 수강한 어느 학생의 두 과목 성적은 x로 같게 나왔다.

1) $x = 70$인 경우 이 학생이 어느 과목 성적이 더 좋다고 할 수 있는가?

2) x의 어떤 값에서 A 과목 성적이 B 과목 성적보다 좋다고 할 수 있는가?

4.7 표준정규분포에서 우측 꼬리확률이 10%, 5%, 2.5%, 1%, 0.5%가 되는 임계값을 구하여라.

4.8 100개의 독립적인 관측값 $x_1, \cdots, x_{100}$이 평균이 0이고 분산이 1인 일정한 모집단 분포로부터 생성된다고 하자. 그러면

1) $10\overline{x}$는 대략 어떤 분포를 따르는가?

2) $\overline{x}$는 대략 어떤 분포를 따르는가?

4.9 통계청 홈페이지(http://www.nso.go.kr)에 들어가 흥미로운 자료를 찾아 기술하여 보아라. 예컨대 전국 기초자치단체(시군구)의 인구를 비교해 볼 수 있을 것이다.

4.10 신문에 보도되는 흥미로운 자료를 찾아 기술해보라. 장관급 공직자 또는 국회의원의 재산신고액 자료를 탐구해보아라.

5장. 연관관계

통계학은 근본적으로 임의적인 변동에 관심을 가지며, 이런 점에서 통계학을 '변이의 학문'이라 해도 지나침이 없다. 예컨대 정신질환 환자들은 실어증과 무기력정도에 있어 그 증상이 서로 다를 것이 예상된다. 만약 모든 환자가 실어증과 무기력에서 같은 수준이라면 통계적으로 관심을 가질만한 것은 없게 될 것이다. 이와 같이 통계학은 자료가 보이는 변이에 대한 탐구에서 시작하여 여러 변이간 연관성을 추론의 대상으로 삼는다. 예컨대 무기력증상과 실어증상이 공변(共變)하든가 또는 어느 하나가 심해짐에 따라 다른 하나가 커질 수 있을 것이다. 이는 곧 실어증상의 변화는 무기력증상의 변화를 통해 어느 정도 설명할 수 있음을 나타낸다. 여기에서 다루려는 연관관계(聯關關係, association)라 함은 변이를 가지는 두 변수가 서로 의지하는 상호의존(相互依存)관계를 나타낸다. 따라서 한 변수의 변화로 인해 다른 변수가 어떤 방향으로, 얼마만큼 변화하는 지가 주요관심이 된다. 한편 연관관계는 연구대상의 자료가 가지는 속성(명목형, 순서형, 연속형 등)에 따라 그 연관성의 내용을 묘사하기 위한 측도가 서로 다를 것으로 예상된다. 이 장에서는 두 변수간의 연관관계에 관련된 몇 가지 기본개념으로써 범주형 도수자료로부터의 연관측도, 상관계수, 이변량 분포와 산점도, 그리고 예측을 위한 회귀적 방법 등을 살펴보기로 한다.

5.1 범주형 도수자료

지지하고 있는 정당을 묻는 설문문항에서 (열린우리당, 한나라당, 민주당, 민주노동당) 등 정당의 이름은 범주(範疇, category)라 하고, 범주를 측정값으로 하는 '지지정당'과 같은 질적인 변수는 범주형 변수(categorical variable)라 부른다. 그리고 이런 범주형 변수에 관해 수집한 자료를 범주형 자료라 한다. 범주형 변수라도 '지지정당'이나 '결혼여부'와 같은 것은 명목형(名目型, nominal type)이라 할 수 있지만, (청소년,

중장년, 노년)이나 (양반, 중인, 상민, 천민)을 범주로 하는 '연령'이나 '출신신분'과 같은 범주형 변수는 범주에 순위를 부여할 수 있다는 점에서 순서형(順序型, ordinal-type)이라 한다. 이와 같은 범주형 자료는 흔히 빈도표를 통해 정리되는데, 이에 관련한 다음 몇 가지 용어를 살펴보자.

> **분할표**(分割表, cross tabulation; 우연표 contingency table) : 범주형 자료를 각 변수별 값의 결합에 따라 도수형식으로 정리한 표
> **차원**(次元, dimension) : 분할표에서 자료 분할에 쓰인 변수의 개수
> **수준**(水準, level) : 변수가 취하는 범주의 개수

예 5.1 2-차원 2×2 분할표

<표 5.1>은 조사대상자 818명으로부터 콜레라 예방접종 여부(I)와 감염 여부(C)라는 두 범주형 변수를 측정하여 정리한 분할표이다 [자료출처: Greenwood & Yule(1915). Proc. Roy. Soc. Medicine, 8, 113].

표 5.1 ▸ 콜레라 예방접종과 감염

감염 여부(C) / 예방접종 여부(I)	nc	c	합계
i	276	3	279
ni	473	66	539
합계	749	69	818

단, i : 예방접종을 함, ni : 예방접종을 하지 않음, c : 감염됨, nc : 감염되지 않음

여기서 (행)변수 I는 예방접종을 받은 지의 여부에 따른 2개의 범주(i, ni)를, 그리고 (열)변수 C는 감염 여부에 따른 2개의 범주 (c, nc)를 가지고 있어, <표 5.1>은 I, C에 대한 2-차원 2×2 분할표가 된다. 여기서 주요관심은 콜레라 예방접종으로 인해 감염비율의 차이가 일어나는지, 즉 I로부터 C로의 인과성에 있을지도 모른다. 이런 유형의 인과성이 인정되지 않을 경우 흔히 두 변수 I와 C는 서로 독립적인 관계에 있다고 한다.

두 범주형 변수간의 관계는 다음과 같은 백분율들을 통해 살펴볼 수 있다.

행(行, row) **백분율**(percent) : 분할표에서 어느 한 행에 있는 도수의 그 행에 있는 도수들의 합(행 도수합)에 대한 백분율

열(列, column) **백분율**(percent) : 어느 한 열에 있는 도수의 그 열 도수합에 대한 백분율

전체백분율(total percent): 행과 열이 만나는 각 칸(cell)에 있는 도수의 총도수에 대한 백분율

예 5.2 백분율

<표 5.2>는 콜레라 예방접종과 감염 자료에 대한 백분율이다. 우선 행백분율표에 나타난 예방접종 여부별 감염 여부의 구성비율을 보면 예방접종을 한 집단(i)에서는 1%(=3/279×100%)만 감염되었으나 예방접종을 하지 않은 집단(ni)에서는 12%의 감염이 있는 것으로 나타나고 있어 예방접종의 여부가 감염에 영향을 미치고 있음을 알 수 있다. 행백분율표에서 각 행은 예방접종 여부별 감염 여부의 분포를 나타낸다. 또한 감염 여부에 관한 예방접종의 구성을 나타내는 열백분율표에서 감염된 집단(c)에서 96%는 예방접종을 하지 않은 경우에 해당한다. 한편 전체백분율표를 보면 피조사자 중 34%가 예방접종을 받았으며 이 중 감염된 비율은 0.4%에 불과하며, 이에 대해 전체의 8.5%가 콜레라에 감염되었는데 그들의 대부분인 8.1%가 예방접종을 받지 않았음을 나타내고 있다.

표 5.1 ▸ 행백분율, 열백분율, 전체백분율 – 콜레라 예방접종과 감염 자료

행백분율(%)

I \ C	nc	c	합
i	99	1	100
ni	88	12	100

열백분율(%)

I \ C	nc	c
i	37	4
ni	63	96
합	100	100

전체백분율(%)

I \ C	nc	c	합
i	33.7	0.4	34.1
ni	57.8	8.1	65.9
합	91.5	8.5	100.0

5.2 연관성 측도

2-차원 분할표에서 두 범주형 변수간의 연관관계는 앞에서 본 백분율들을 통해 살펴보는 방법 외에도 범주형 변수의 유형이나 연관관계의 상황에 따라 그 연관성의 정도를 재는 여러 측도들이 제안되어 있다. 이 절에서는 이들 중 몇 가지를 보기로 하자.

오즈비(odds ratio)

분할표에서 연관성을 재는 여러 측도의 기본이 되는 비율로 오즈비는 행 혹은 열백분율과 밀접한 관계를 가진다. 빈도가 $\begin{pmatrix} a & b \\ c & d \end{pmatrix}$인 간단한 2×2 분할표

	열		합
행	a	b	$a+b$
	c	d	$c+d$
합	$a+c$	$b+d$	$a+b+c+d$

를 가지고 설명하면 오즈비는 다음과 같이 '비율의 비'를 나타낸다.

$$\text{오즈비} = \frac{ad}{bc} = \frac{\dfrac{a/(a+b)}{b/(a+b)}}{\dfrac{c/(c+d)}{d/(c+d)}} = \frac{\dfrac{a/(a+c)}{c/(a+c)}}{\dfrac{b/(b+d)}{d/(b+d)}}$$

예 5.3 오즈비

<표 5.1>에서 본 콜레라 예방접종과 감염 자료의 경우

$$\text{오즈비} = \frac{276 \times 66}{3 \times 473} = \frac{\text{예방접종 집단에서 비감염 대 감염의 비}}{\text{비예방접종 집단에서 비감염 대 감염의 비}}$$

$$= \frac{\text{비감염 집단에서 접종 대 비접종의 비}}{\text{감염 집단에서 접종 대 비접종의 비}} = 12.84$$

이다. 다시 말해 예방접종 집단에서의 비감염에 대한 감염의 비율이 예방접종을 하지 않은 집단에 대한 그것의 약 13배가 된다. 또한 감염이 되지 않은 집단은 감염된 집단에 비해 접종 대 비접종의 비가 13배이다. 이런 의미에서 콜레라 예방접종과 감염은 오즈비 =12.84 정도의 양(+)의 연관관계를 가진다고 하겠다.

여기서 만일 분할표가

$$\begin{pmatrix} 20 & 10 \\ 40 & 20 \end{pmatrix}$$

처럼 행과 열간에 연관성이 없을 경우에는 오즈비=1이 되며, 다른 한편으로 오즈비가 0에 접근하거나 무한히 클수록 연관성은 커지게 됨을 알 수 있다.

기대도수

<표 5.1>의 콜레라 예방접종과 감염 자료에서 몇 가지 형태의 백분율과 오즈비를 통해 두 변수 간에 상당한 연관성이 있음을 보았다. 여기서 설명하려는 기대도수란 두 변수 간에 아무런 연관관계가 없이 독립적이라고 가정할 때 분할표의 각 칸에 나타날 것으로 기대되는 도수를 말한다.

예컨대 2×2 분할표

	열		합
행	a	b	$a+b$
	c	d	$c+d$
합	$a+c$	$b+d$	$a+b+c+d(=n)$

에 대해 만약 두 변수가 서로 독립이라면 다음 관계가 모두 성립해야 된다.

$$a/(a+c)=b/(b+d)=(a+b)/n$$

$$c/(a+c)=d/(b+d)=(c+d)/n$$

$$a/(a+b)=c/(c+d)=(a+c)/n$$

$$b/(a+b)=d/(c+d)=(b+d)/n$$

즉, 두 변수가 독립이라면 이는 곧 한 변수가 다른 변수의 어느 한 수준에 대한 백분율은 다른 수준들에서의 백분율과 모두 같아야 한다는 것이다. 위의 관계를 만족하는 a를 구해보면,

$$a = \frac{(a+b)\times(a+c)}{n}$$

이 되는데, 이 값은 두 변수가 독립이라는 조건 하에서 분할표의 (제1행, 제1열)에 있는 칸에 대한 기대도수가 된다.

기대도수(期待度數, expected frequency) : 어떤 조건하에서 분할표의 어느 한 칸에 기대되는 빈도로서, 두 변수가 상호독립일 때 이를 계산하는 공식은 다음과 같다.

$$\frac{\text{그 칸의 행 도수들의 합} \times \text{열 도수들의 합}}{\text{총도수}}$$

만일 두 변수가 서로 독립적인 관계를 가진다면 각 칸에 대한 기대도수와 관측된 도수가 비슷할 것으로 예상될 것이다. 따라서 분할표에서 변수간의 연관성의 크기나 연관관계의 방향에 관한 정보는 각 칸에 대해 기대도수와 관찰도수를 비교함으로서 얻어낼 수 있을 것이다. 이때 만약 그 둘 간의 차이가 큰 동시에 어떤 체계적인 변화를 나타내면 이는 곧 두 변수가 서로 독립적이 아니며, 따라서 어떤 연관관계가 있음을 의미한다고 볼 수 있을 것이다.

예 5.4 기대도수

<표 5.3>은 <표 5.1>에 대한 관찰도수와 기대도수, 그리고 이들간의 차이를 기록한 것이다. 예를 들어 칸 $(i,\ nc)$에 대한 기대도수는 (279×749)/818 = 255.47이 된다. 칸 $(i,\ nc)$에서 차이가 <+21>이란 두 변수가 독립적이라는 상황에서 예방접종을 받음으로서 감염이 안 된 사례가 기대되는 것보다 21개 더 관찰되고 있고, 칸 $(ni,\ c)$도 같은 상황이다. 또한 칸 (i,c), (ni,nc)에서는 차이가 <-21>인 점으로 보아 두 변수간에 양(+)의 연관관계가 있다고 할 수 있겠다. 각 행 또는 열별 차이값들을 모두 합하면 항상 0이 됨을 주시하여라.

표 5.3 ▸ 관찰도수, 기대도수, 차이 – 예방접종과 감염 자료

예방접종(I) \ 콜레라 감염(C)	nc	c	합계
i	276 (255) <+21>	3 (24) <−21>	279
ni	473 (494) <−21>	66 (45) <+21>	539
합계	749	69	818

단, ( ) 속은 기대도수, 〈 〉 속은 차이를 나타냄.

람다(λ : lambda)

람다는 분할표에서 두 명목형 변수 사이의 연관도를 재는 대표적인 측도이다. 여기서는 행변수가 제공하는 정보로부터 열변수의 상황을 예측하는 경우에 대해 예를 가지고 설명한다.

람다(lambda) :

$$\lambda = 1 - \frac{\text{행정보 이용할 때 열정보 예측에서의 오류수}}{\text{행정보 무시할 때 열정보 예측에서의 오류수}}$$

예 5.5 람다

<표 5.4>는 1994년도 남북한 공군장비 부문에서의 군사력상황을 보여주는 2-차원 2×3 분할표이다 [자료출처 : 통계청(1995). 남북한 경제사회상 비교].

표 5.4 ▸ 남북한 공군장비 현황 (단위 : 대)

국가(R) \ 공군장비(C)	전술기	지원기	헬기	합계
남한	520	180	620	1320
북한	850	480	290	1620
합계	1370	660	910	2940

남북한 공군장비 현황 자료에서 명목변수인 국가(행변수 R)와 공군장비(열변수 C)에 대한 람다는 공군장비의 내용을 예측하는데 그 장비를 보유하고 있는 국가의 정보

를 이용하면 그러하지 못한 경우에 비해 얼마나 오류가 감소되는지를 나타낸다. 구체적으로 람다는 다음과 같이 계산된다.

공군장비가 하나 있는데 그것이 세 종류의 공군장비 중 어떤 것인지 구분이 되지 않다고 하자. 이때 그 장비를 보유하는 국가의 정보를 무시할 경우 그것을 남북한 통틀어 가장 많은 공군장비인 전술기로 예측하는 것이 오류를 최소로 할 것이다. 이때 오류의 수는 그 장비가 지원기나 헬기일 가능성을 무시한 것으로 2940－1370=1570이 될 것이다. 다음은 각 장비가 소속되는 국가의 정보를 이용한 상태에서 위에서와 같은 방법으로 예측을 한다면 남한 소속의 어떤 장비는 헬기로, 북한에서는 전술기로 예측함으로서 최소의 오류가 발생할 것이다. 그러므로 예측오류의 수는 남한에서는 1320－620=700, 북한에서는 1620－850=770이므로, 총오류의 수는 700+770=1470이 된다. 이때 람다는 앞과 같이 정의되고, 따라서 이 예의 경우 $\lambda=1-1470/1570=0.06$이 된다.

위의 람다가 가지는 특별한 경우 몇 가지를 살펴보기로 하자. 첫째로, 일단 행의 정보를 이용할 경우 열의 정보를 예측함에 전혀 오류가 없다면, $\lambda=1$이 되고 이때 행변수는 열변수를 예측하는데 중요한 요인이 되므로 두 변수간의 큰 연관이 있는 경우일 것이다. 이에 대해 행의 정보를 이용하나 무시하나 어떤 경우에도 오류의 수가 같다면 $\lambda=0$이 되며 이는 열에 관한 정보의 예측에 행의 정보가 아무 역할을 하지 못함을 나타낸다.

감마(γ : gamma)

감마는 두 순서형 변수 사이의 연관도를 재는 대표적 측도로서 여기에는 일치쌍과 불일치쌍이라는 용어가 이용되며, 이때 감마는 다음과 같이 정의된다.

일치쌍(一致雙, concordant pair) : 각 변수에 대한 관측값이 크기순서에서 같은 방향에 있는 한 쌍의 관찰개체

불일치쌍(不一致雙, discordant pair) : 각 변수에 대한 관측값이 크기순서에서 반대방향에 있는 한 쌍의 관찰개체

감마 $\gamma=(C-D)/(C+D)$

단, C= 일치쌍의 총수, D= 불일치쌍의 총수

예 5.6 감마

<표 5.1>에서의 두 변수인 예방접종 여부(I)와 감염 여부(C)가 그의 범주에 순서를 매길 수 있는 순서형 변수로 생각할 수 있으므로 이 자료를 예로 감마를 설명해보자. 이때 칸 (i, nc)와 (ni, c)에 있는 두 관찰개체는 일치쌍이 되고, 칸 (i,c)와 (ni, nc)에 속하는 두 관찰개체는 불일치쌍이 된다. 그러므로 $C = 276 \times 66 = 18216$, $D = 473 \times 3 = 1419$. 따라서 $\gamma = 0.86$이 얻어진다.

이 측도는 $C=0$이면 $\gamma=-1$, $C=D$이면 $\gamma=0$, 그리고 $D=0$이면 $\gamma=+1$이 되는 성질을 가진다. 특히 2×2 분할표의 경우 앞에서 본 오즈비$(OR) = C/D$로 표현되므로 $\gamma = (OR-1)/(OR+1)$가 되어 γ와 OR은 양(+)의 단조관계에 있음을 알 수 있다.

5.3 심프슨의 역설

노동쟁의가 노동자의 복지향상에 미치는 영향을 분석하기 위해 총 450개 중소기업으로부터 노동쟁의의 발생 유무(S)와 임금인상 유무(W)에 관한 <표 5.5>의 2×2 분할표를 얻었다고 하자.

표 5.5 ▸ 노동쟁의 발생과 임금인상

임금인상(W) / 노동쟁의 발생(S)	유(w)	무($\overline{w}$)	합계	w의 비율
유(s)	100	50	150	100/150= 67%
무($\overline{s}$)	200	100	300	200/300= 67%
합 계	300	150	450	

여기서 임금인상이 이루어진 기업의 비율은 노동쟁의의 발생여부에 관계없이 모두 67%이다. 더욱이 만약 두 변수 S, W 간에 관련이 없다고 한다면 앞에서 설명한 칸 (s,w)에 대한 기대도수는 $300 \times 150/450 = 100$으로 그 칸의 관찰된 도수와 같게 되

며, 나머지 칸의 경우도 모두 이와 같다. 또한 감마를 계산해 보아도 $C=D=100\times100$이므로 $\gamma=0$이 된다. 다시 말해 노동쟁의의 발생 유무는 임금인상에 아무런 효과를 가지지 못하는 서로 독립적인 관계에 있음을 알 수 있다.

그런데 임금인상이 '유(w)일 비율'은 노조쟁의 외에 여러 요인들에 의해 영향을 받을 수 있을 것이다. 예를 들어 조사된 기업의 매출규모나 업종, 종업원의 수, 그 기업이 소속하는 산업군 등이 가능한 원인이 될 수도 있다. 여기서는 산업군을 분류기준으로 하여 다음 <표 5.6>에서와 같이 전체 조사기업을 제조업군과 비제조업군으로 나누어 정리한 세분 분할표를 살펴보기로 하자.

우선 <표 5.6>에서 'w의 비율'에 관한 내용을 보면 우선 노동쟁의가 발생한 기업에 대해서는 소속 산업군에 관계없이 같은 비율의 임금인상이 있었으나(67%) 노동쟁의가 발생하지 않은 기업의 경우 비제조업군이 제조업군 보다 임금을 인상하는 경우가 27%(=83% − 56%) 더 많게 나타나고 있다. 이와 더불어 각 산업군별 칸(s,w)의 기대도수를 계산해보더라도 제조업군의 경우는 $180\times120/300=72$, 비제조업군의 경우는 $120\times30/150=24$이므로 제조업군의 경우 두 변수는 양(+)의 연관성을, 비제조업군의 경우는 음(−)의 연관성이 있음을 알 수 있다.

표 5.6 ▸ 산업군별 세분 분할표

<제조업군>

	(w)	$(\overline{w})$	합계	w의 비율
(s)	80	40	120	80/120 = 67%
$(\overline{s})$	100	80	180	100/180 = 56%
합 계	180	120	300	

<비제조업군>

	(w)	$(\overline{w})$	합계	w의 비율
(s)	20	10	30	20/30 = 67%
$(\overline{s})$	100	20	120	100/120 = 83%
합 계	120	30	150	

다시 말해 산업군별로 세분한 분할표에서 임금인상이 있을 비율이 세분하기 이전에서의 결과와 상호 모순되는 현상이 나타나고 있는데 이를 심프슨의 역설이라 부른다.

심프슨의 역설(Simpson's paradox) : 특정 범주에서 어떤 속성들에 대한 비율을 비교한 총괄자료로부터의 결과가 그 범주를 더 나누어 세분한 자료로부터의 결과와 서로 모순된 결과를 보이는 상황.

이런 현상은 분할표에 대한 인과분석에서 간과 내지 무시된 변수가 분석결과를 어떻게 왜곡할 수 있는지를 시사해주고 있다. 위의 자료의 경우 총괄자료에서의 두 변수간의 독립성은 두 세분자료에서 연관성의 상쇄로 인한 결과로 볼 수 있다. 이와는 달리 세부자료에 대한 두 변수의 연관성이 모두 같은 방향의 양(+)의 부호를 가짐에도 불구하고 총괄자료에서는 반대 방향의 음(−)의 연관성을 가지는 상황도 상정할 수 있을 것이다.

5.4 산점도, 공분산, 상관계수

이 절에서는 두 변수 간 연관관계의 방향과 정도 등에 관한 정보를 그림을 통해 파악하는 방법과 이를 수치로 재는 측도들을 살펴본다. 특히 고려대상이 되는 자료는 적어도 순서를 매길 수 있는 변수에 대해 측정한 것으로 통상 연속형 자료를 가정한다.

산점도가 주는 정보

<표 5.7>의 자료는 인터넷 통신판매에 관한 현황분석을 목적으로 지역별 인구 1,000명당 전자우편 가입자의 수(X)와 월별 평균 인터넷 통신판매액(Y: 만원)에 관한 것으로 이 자료에 있는 $32(=n)$개 관측점을 2차원 좌표 위에 점찍어 그린 것이 <그림 5.1>이다.

<그림 5.1>을 보면 두 변수는 증감의 방향이 같은 양(+)의 연관관계를 보이고 있다. 그러나 우측상단 $X=160$ 부근까지는 직선적인 경향을 보이지만 그 후에는 점차 오른쪽으로 휘어지면서 직선관계로부터 벗어나 기울기가 평평해져 전체로 보았을 때 직선적인 것과 곡선적인 경향이 혼합되어 있음을 관찰할 수 있다. 이런 상황은 X가 커질수록 Y는 증가할 것이라는 상식적인 기대에 반하여 X가 어느 수준 이상이 되면 그의 탄력성이 떨어짐으로 Y가 X에 단순비례하지 않음을 나타내고 있다.

2-차원 산점도(散點圖, scatter diagram) : 두 변수 (X, Y)에 대해 n개의 관찰개체로부터 얻은 관측값 (x_i, y_i), $i=1,2,\cdots,n$을 2-차원 상의 좌표점으로 나타낸 그림으로, 이는 2변량 자료를 기하적으로 한 눈에 조망할 수 있게 하는 가장 기본적인 방법이다.

표 5.7 ▸ 전자우편 가입자와 인터넷 통신판매액

X	Y	X	Y	X	Y	X	Y
159	279	85	161	76	161	210	249
114	184	127	228	48	105	180	263
67	137	64	129	68	102	220	260
79	126	131	182	127	235	195	262
112	213	75	142	150	259	185	253
124	184	116	199	136	232	215	258
129	181	141	268	114	216	209	252
58	133	133	189	225	255	196	273

단, X : 인구 1,000명당 전자우편 가입자의 수(=emails)
Y : 월별 평균 인터넷 통신판매액(단위 : 만원) (=sales)

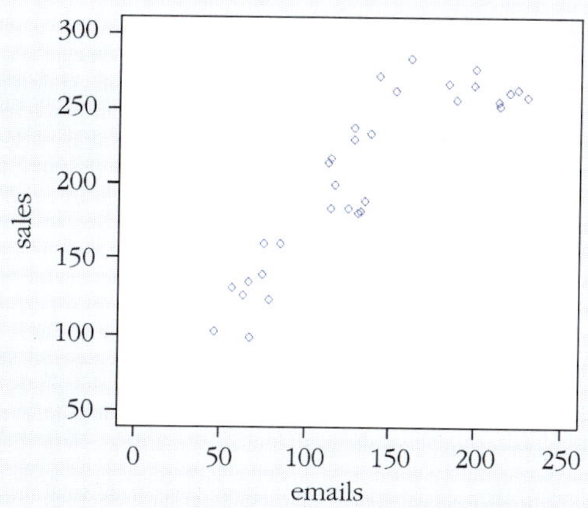

그림 5.1 ▸ 산점도: emails 대 sales

이와 같은 산점도는 수치적인 묘사만으로는 포착하기 쉽지 않은 자료의 분포적 상황은 물론 전반적인 패턴으로부터 이탈된 관측값들에 관한 정보도 효과적으로 찾아낼 수 있으며, 각 관찰점이 가지는 개별적 상황들도 면밀하게 살펴볼 수 있다는 이점이 있다. 예컨대 <표 5.7>의 수치자료만 보았다면 <그림 5.1>의 산점도에서 바로 관찰될 수 있는 곡선성이나 직선경향으로부터 이탈이 시작되는 위치 등을 알아차리기 어려울 수도 있다. 그래서 변수들 간의 연관관계를 본격적으로 분석하기에 앞서 산점도를 그려보고 이로부터 자료가 가지는 포괄적 그리고 세부적 속성을 동시에 시각적으로 검토하는 일은 항시 추천되는 기본적인 과정이기도 하다. 다음 예를 통해 산점도에 관련한 내용을 좀 더 살펴보기로 하자.

예 5.7 산점도, 연관도, 군집성, 특이점

<표 5.8>은 여섯 종류의 크래프트 라거(craft lager) 맥주에 관한 평가자료이다 [자료출처: Consumer Reports, August 2001]. 여기서 가격(price)는 달러($)단위이며, 품질평점(score), 단맛(sweet), 쓴맛(bitter)은 두 명의 전문가에 의해 수행된 눈가림 평가(blind test) 점수인데 표에서는 10점 만점으로 환산하였다.

표 5.8 ▸ 맥주평가 자료

상 표	가격($) (price)	품질평점 (quality)	단맛 (sweet)	쓴맛 (bitter)
boston	6.50	10.0	2.7	8.9
irish-red	5.50	10.0	1.8	3.9
red-wolf	4.35	7.5	2.4	4.3
shiner-bock	5.60	5.0	0.4	3.2
michelob	4.75	4.0	9.8	2.5
jw-dundee	4.85	3.5	9.3	1.4

위의 4변수에 대해 모든 가능한 산점도들을 한꺼번에 행렬형식으로 나열한 산점도 행렬(散點圖 行列, scatter matrix)이 <그림 5.2>이다.

산점도를 통해 얻을 수 있는 정보는 여러 가지일 것이나 여기서는 그의 모양을 통해 연관정도의 크기와 자료점들의 군집성을 살펴보기로 하자.

우선 다음 세 변수 (가격, 품질평점, 쓴맛)은 그들의 증감방향이 같아 서로 양(+)의 연관관계를 가지고 있는데 반해, (단맛)은 나머지 모든 변수들과 음(−)의 연관관계가 있음을 나타내고 있다. 이 중 (품질평점, 쓴맛)은 비교적 직선적 모습(혹은 긴 타원 꼴)을 가짐으로서 쓴맛의 맥주가 품질이 좋다는 식의 밀접한 연관관계를 보이고 있다. 이에 비해 (가격, 품질평점)는 상대적으로 평퍼짐한 모습을 가짐으로서 맥주의 가격은 품질과 큰 연관성이 없는 것으로 생각된다.

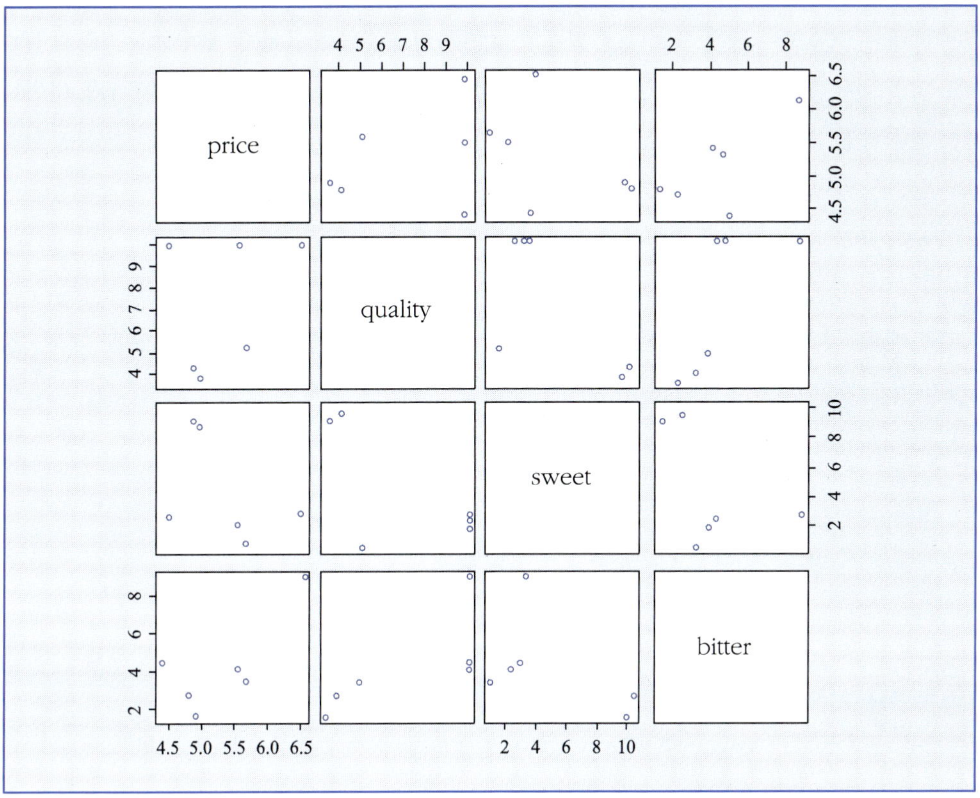

그림 5.2 ▸ 산점도 행렬 : 맥주평가 자료

다음으로 이들 6개 자료점이 모든 변수조합에 걸쳐 단 하나의 군집을 이루는 것으로 보이지 않는다. 예컨대, (단맛, 쓴맛)의 산점도에서는 쓴맛이 강한 첫 4개 맥주와 단맛이 강한 마지막 2개의 맥주가 뚜렷한 군집을 이루고 있으며, 산점도 (가격, 품질평점, 쓴맛)에서 첫 맥주인 'boston'은 나머지들로부터 홀로 떨어져 있는 소수군집으로 특이점(特異點, outlier)[4]일 가능성이 의심된다. 즉, '가격이 비싸고 질은 매우 우

4) 자료에 있는 대부분의 표본값과 달리 '특별히 이상한' 패턴을 보이는 관찰개체를 뜻한다. 특이값은 사소한 실수로 인한 결과일 수도 있고, 다른 한편 모집단의 중요한 측면을 반영하고 있을 수도 있는 등 그 원인이 매우 복합적일 수 있어 연구자로 하여금 특별한 주의를 요하는 개체라 할 수 있다.

수하나 달지는 않고 매우 쓴' 맥주로 특징지을 수 있는 'boston'을 (가격, 쓴맛)의 산점도에서 제거하면 긴 타원 꼴에서 상당히 둥근 타원 꼴로 바뀌게 되어 두 변수 간에 연관관계에 큰 영향을 끼치고 있음을 알 수 있다. 이와 같이 두 변수 간 연관관계는 산점도의 모습이 얼마나 긴 타원 꼴을 가지느냐, 다시 말해 어느 정도의 직선성이 있는가 하는 것이다. 예를 들어 (품질평점, 쓴맛)의 경우 직선성이 보이기는 하나 오른쪽 위의 한 점을 제거하면 상당한 곡선관계가 보이는가 하면, (가격, 쓴맛)에 나타나는 전반적인 직선적 관계는 오른쪽 위의 한 점으로 인해 크게 손상될 가능성도 있음을 알 수 있다.

공분산의 의미

i번째 관찰개체로부터 얻은 두 변수 X, Y의 값 (x_i, y_i), $i=1,2,\cdots,n$에 대해, 각 변수별 수집된 자료를 대표하는 평균(mean)과 변이의 정도를 재는 분산(variance) 및 표준편차(standard deviation)는 이미 앞 장에서 설명한 바 있다.

$$\text{평균 : } \bar{x} = \frac{1}{n}(x_1 + x_2 + \cdots + x_n) = \frac{1}{n}\sum_{i=1}^{n} x_i$$

$$\bar{y} = \frac{1}{n}(y_1 + y_2 + \cdots + y_n) = \frac{1}{n}\sum_{i=1}^{n} y_i$$

$$\text{분산 : } s_{xx} = s_x^2 = \frac{1}{n-1}[(x_1 - \bar{x})^2 + (x_2 - \bar{x})^2 + \cdots + (x_n - \bar{x})^2]$$

$$= \frac{1}{n-1}\sum_{i=1}^{n}(x_i - \bar{x})^2$$

$$s_{yy} = s_y^2 = \frac{1}{n-1}\sum_{i=1}^{n}(y_i - \bar{y})^2$$

$$\text{표준편차 : } s_x = \sqrt{s_{xx}}, \quad s_y = \sqrt{s_{yy}}$$

이에 대해 두 변수(X, Y)가 같이 변화하는 정도를 나타내는 공분산 s_{xy}는 다음과 같으며, 그 범위는 $-\infty < s_{xy} < +\infty$이다.

공분산(共分散, covariance) :

$$s_{xy} = \frac{1}{n-1}[(x_1 - \overline{x})(y_1 - \overline{y}) + (x_2 - \overline{x})(y_2 - \overline{y}) + \cdots + (x_n - \overline{x})(y_n - \overline{y})]$$
$$= \frac{1}{n-1}\sum_{i=1}^{n}(x_i - \overline{x})(y_i - \overline{y})$$

이와 같은 s_{xy}의 공식에서 두 변수의 '동시적 변화'가 가지는 의미를 <그림 5.3>을 통해 설명해보자.

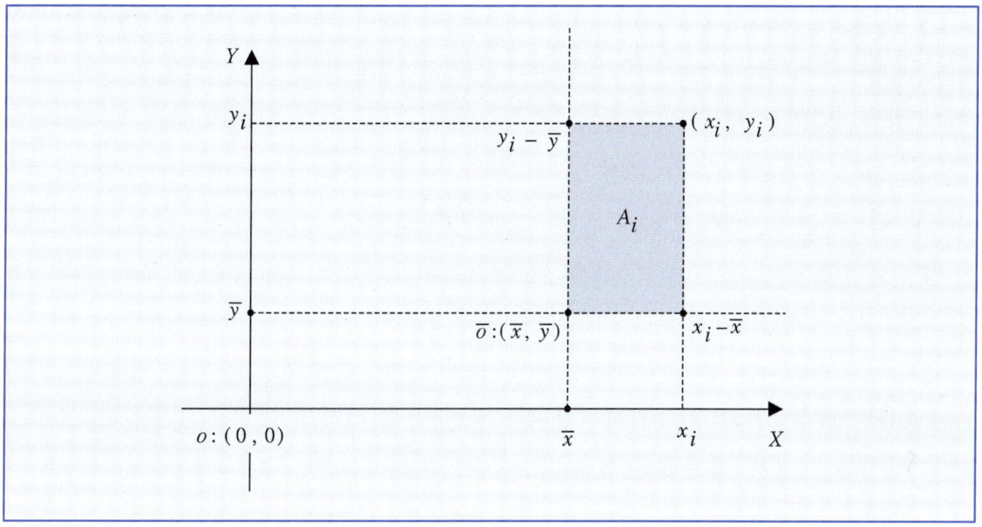

그림 5.3 ▸ 공분산

두 변수에 대한 산점도에서 원점 $O:(0,0)$을 평균점 $\overline{O}:(\overline{x}, \overline{y})$로 평행이동 시켰을 때 i번째 관찰개체의 프로화일(profile)은 원래 좌표 상에서의 (x_i, y_i)로부터 평행이동된 새 좌표 상에서의 $(x_i - \overline{x},\ y_i - \overline{y})$로 바뀌게 되고, $|(x_i - \overline{x})(y_i - \overline{y})|$는 새 좌표 상에서 직사각형의 면적(빗금 친 부분 A_i)이 된다. 이때 $(x_i - \overline{x})$와 $(y_i - \overline{y})$의 부호에 따라 $(x_i - \overline{x})(y_i - \overline{y}) > 0$이면 i번째 관찰개체의 프로화일은 새 좌표 상에서 제 1 혹은 3상한에, 그리고 $(x_i - \overline{x})(y_i - \overline{y}) < 0$ 이면 제 2 혹은 4상한에 있게 된다.

따라서 산점도의 모습이 대부분 제 1, 3 상한에서 길쭉한 모습을 가지면 s_{xy}는 양(+)의 큰 값을, 반대로 제 2, 4 상한에서 길쭉하면 s_{xy}가 음(−)의 큰 값을, 그리고 새 좌표의 원점($\overline{O}$)을 중심으로 방향성이 없이 둥근 모습이면 작은 값(절대값에서)을 가지게 된다. 위의 공식에서 본 공분산 s_{xy}는 이와 같이 부호가 있는 직사각형들의 면적의 합을 상수 $(n-1)$로 나눈 것이라 할 수 있다. 이때 새 원점 $\overline{O}$에서 멀리 떨어진 관찰점이 s_{xy}의 값에 상대적으로 큰 기여를 하게 되는 것이다.

예 5.8 **공분산**

<표 5.8>의 맥주평가 자료에 대한 변수들 간 공분산들과 각 변수별 표준편차 및 평균은 <표 5.9>와 같다. 이때 같은 변수 사이의 공분산은 곧 그 변수의 분산으로써 이는 위의 표에서 대각선상에 있는 숫자가 되고, 서로 다른 변수들 간의 공분산은 비대각선 상에 나타나고 있다. 예를 들어 '가격'의 분산 $s_{가격,가격}=s^2_{가격}=5934.17$, '가격'과 '단맛' 간의 공분산 $s_{가격,단맛}=-140.70$이 된다.

한편 <그림 5.2>에서 본 각 변수조합에 대한 산점도와 <표 5.8>에 주어진 공분산을 비교해보는 일은 공분산의 이해에 도움이 될 것이다. 특히 공분산의 부호와 산점도에서의 증감방향은 곧바로 대응되는 관계에 있다. 또한 특이점으로 여겨지는 맥주 'boston'이 변수 (가격, 쓴맛) 사이의 공분산의 값에 미치는 영향을 산점도에서 이 관측점의 상황을 통해 평가하여 보아라.

표 5.9 ▸ 공분산, 표준편차, 평균 : 맥주평가 자료

	가격(cent)	품질평점	단맛	쓴맛
가격	5934.17	125.33	-140.70	146.77
품질평점	125.33	8.57	-7.85	5.96
단맛	-140.70	-7.85	16.56	-5.26
쓴맛	146.77	5.96	-5.26	6.75
표준편차	77.03	2.93	4.07	2.60
평균	525.83	6.67	4.40	4.03

상관계수와 그의 성질

두 변수 (X, Y)가 어떻게 측정되었느냐에 따라 그들 간의 연관정도를 재는 다양한 연관측도들을 생각할 수 있다. 이들 중 흔히 쓰이는 것으로 (X, Y)가 연속형 변수인 경우 적절한 측도로 알려진 피어슨(Pearson)[5] 상관계수 r_{xy}는 다음과 같이 정의된다.

> **피어슨 상관계수**(相關係數, correlation coefficient)
>
> $$r_{xy} = corr[X, Y] = \frac{s_{xy}}{s_x\, s_y}$$

예 5.9 상관계수

<표 5.8>의 맥주평가 자료에 대해 계산한 상관계수는 다음 <표 5.10>과 같다. 이는 <표 5.9>의 공분산을 이용할 수도 있을 것이다.

표 5.10 ▶ 상관계수 : 맥주평가 자료

	가격	품질평점	단맛	쓴맛
가격	1.00			
품질평점	0.56	1.00	대	칭
단맛	−0.45	−0.66	1.00	
쓴맛	0.73	0.78	−0.50	1.00

이렇게 정의되는 상관계수는 다음과 같은 성질을 가진다.

> **상관계수의 성질 (가)**
>
> 두 변수 간의 선형적(직선적) 연관관계의 강도를 나타내는 r은 그의 절대크기가 1보다 작으며 부호는 연관성의 방향을 나타낸다. 그리고 $r=0$라 함은 두 변수 사이에 선형적인 연관관계가 없음(무상관)을, 그리고 $r=\pm 1$은 두 변수 사이에 완전한 선형관계를 의미한다.

---

5) 영국 런던 태생의 Karl Pearson(1857-1936)은 수학, 법률, 물리학, 정치학, 문학, 역사 등 학문 다방면에서 탁월한 능력을 보였으며, 현실적 사회운동에도 참여한 보기 드문 인재였다. 특히 Galton 생물통계 연구소에서 다윈의 생물학적 자료에 관한 연구를 시작으로 상관계수, 피어슨 분포함수족, 카이제곱 적합도 검정법 등을 개발하였고, 최초의 통계학 전문학술지인 Biometrika를 창간, 운용하는 등 현대통계학의 시작을 연 학자로 평가된다. 표준편차라는 용어도 그로부터 출발하였다.

여기서 강조되고 있는 '선형적(線形的) 연관관계의 강도'라 함은 어느 한 변수가 다른 변수의 선형(직선)함수에 의해 얼마나 잘 예측될 수 있느냐의 정도를 의미하며, 이는 두 변수에 대해 얻어진 값들이 선형관계를 나타내는 직선의 주변에 어느 정도 집중되어 있는지를 측정한다. 따라서 두 변수가 상수 a, b에 대해 $Y=aX+b$와 같은 선형관계에 있다면 직선의 기울기인 a의 부호는 두 변수의 관계에서 변화의 증감방향을 나타내며 이때 두 변수간의 상관계수는 +1 혹은 -1이 된다. 이런 경우 두 변수 중 어느 하나의 값이 주어지면 다른 하나는 이 직선의 방정식에 의해 오류 없이 완벽히 예측할 수 있고, 실제 이들이 보유하는 정보는 서로 똑같다는 의미에서 이들은 완전상관(完全相關, perfect correlation)관계에 있다고 한다. 예를 들어 어느 지역에서 일정시간의 기온을 섭씨로 잰 것을 Y, 그리고 같은 온도를 화씨로 표현한 것을 X라 하면 이들 사이에는 $Y=5(X-32)/9$의 직선적 관계를 가지게 되며, n개의 측정온도 $(x_i,\ y_i)$, $i=1,2,\cdots,n$을 2차원 상에 점찍으면 모든 점들이 이 직선방정식의 위에 떨어지게 되어 $r=+1$이 된다. 한편 두 변수가 서로 완전한 직선관계에 있지 않을 경우에는 상관계수의 값이 $+1$이나 -1이 아닌 그 사이의 어떤 값을 가지게 되는데, 그것의 부호는 두 변수 간의 대체적인 증감관계의 방향을, 그리고 절대값의 크기는 두 변수 간의 선형집중성(線形集中性, linear concentration)의 정도를 나타나게 된다. 가령, 어떤 학급의 아동들에 대한 몸무게와 키를 잰 결과가 있을 때, 일반적으로 이들이 동일한 방향으로 증감하는 양상을 보일 것이므로 대응되는 상관계수의 값은 양(+)일 테지만 두 변수의 값들이 어떤 직선상에 완벽히 떨어지는 관계에 있지 않을 것이므로 어느 한 변수(=키)의 값이 주어진다 해도 이로부터 다른 변수(=몸무게)의 값을 오류 없이 예측할 수 없음을 의미한다.

상관계수의 성질 (나)

위치-척도(位置-尺度, location-scale)변환에 대해 불변성(不變性, invariance)을 가진다.
즉, 상수 a, b, c, d 에 대해

$$Corr[aX+b,\ cY+d\ ] = Corr[X,\ Y],\ a\,c > 0.$$

예컨대 돼지의 연령(X)과 체중(Y)과의 관계에서, 연 단위로 잰 돼지의 연령 X과 근 단위로 잰 체중 Y를 각각 월 단위와 킬로그램 단위로 바꿀 경우 측정단위간의 비

(1년 = 12개월, 1 근 = 0.6 Kg)를 나타내는 $a = 12$, $c = 0.6$이 되고, 저울에 돼지를 안고 올라서는 사람의 몸무게가 70 Kg이라면 $d = 70$, 그리고 $b = 0$으로 놓으면 될 것이다. 이때 a와 c는 척도를, 그리고 b와 d는 위치를 변환시키는 계수의 역할을 하게 된다. 따라서 상관계수가 가지는 위치-척도 불변성은 원래의 변수 (X, Y)간의 상관계수는 척도변환계수(a, c)와 위치변환계수(b, d)를 이용하여 원래의 변수 (X, Y)를 선형변환(線形變換, linear transformation) 시킨 두 변수 $X^* = aX + b$, $Y^* = cY + d$ 사이의 상관계수와 동일함을 뜻한다. 한 예로 변환계수로 $a = 1/s_x$, $b = -\bar{x}/s_x$, 그리고 $c = 1/s_y$, $d = -\bar{y}/s_y$를 사용하면 변환된 변수 (X^*, Y^*)는 곧 표준화 변수가 된다. 따라서 두 변수 간의 상관계수는 다음 식에서 보는 바와 같이 두 표준화 변수 사이의 공분산과 같게 된다.

$$r_{xy} = r_{x^*y^*} = \frac{1}{n-1}\sum_{i=1}^{n}\left(\frac{x_i - \bar{x}}{s_x}\right)\left(\frac{y_i - \bar{y}}{s_y}\right) = s_{x^*y^*}$$

산점도와 상관계수

<그림 5.4>는 산점도의 모습이 상관계수의 값에 따라 어떻게 변하는지를 알아보기 위해 $n = 100$개의 모의표본을 2변량 정규분포로부터 생성하여 그린 것이다. 각 그림에 대해 주어진 상관계수의 부호와 그의 절대크기를 산점도에서 찍힌 점들의 증감방향과 선형 집중성에 대비하여 그 의미를 음미하여 보아라.

상관계수 해석에서의 제약성

두 변수 사이의 연관정도를 재는 전형적인 측도로서 피어슨 상관계수는 앞서 설명한 바와 같이 여러 가지 유용성을 지니고 있으며, 특히 원자료가 정규분포에 따른다는 가정을 덧붙이면 상관계수가 가지는 분포적 특성으로 인해 이에 기초한 통계적 추론이 적확하다는 장점이 있다. 그러나 상관계수는 다음과 같은 몇 가지 제약성을 가지고 있어 이 측도를 통해 두 변수간의 연관관계를 해석할 때 주의를 필요로 한다.

(가) 선형성

선형성(線形性, linearity) : 피어슨 상관계수는 두 변수간의 선형 집중성의 정도를 재는 측도라는 특성을 가지고 있어 '선형적' 관계의 강도로 해석된다.

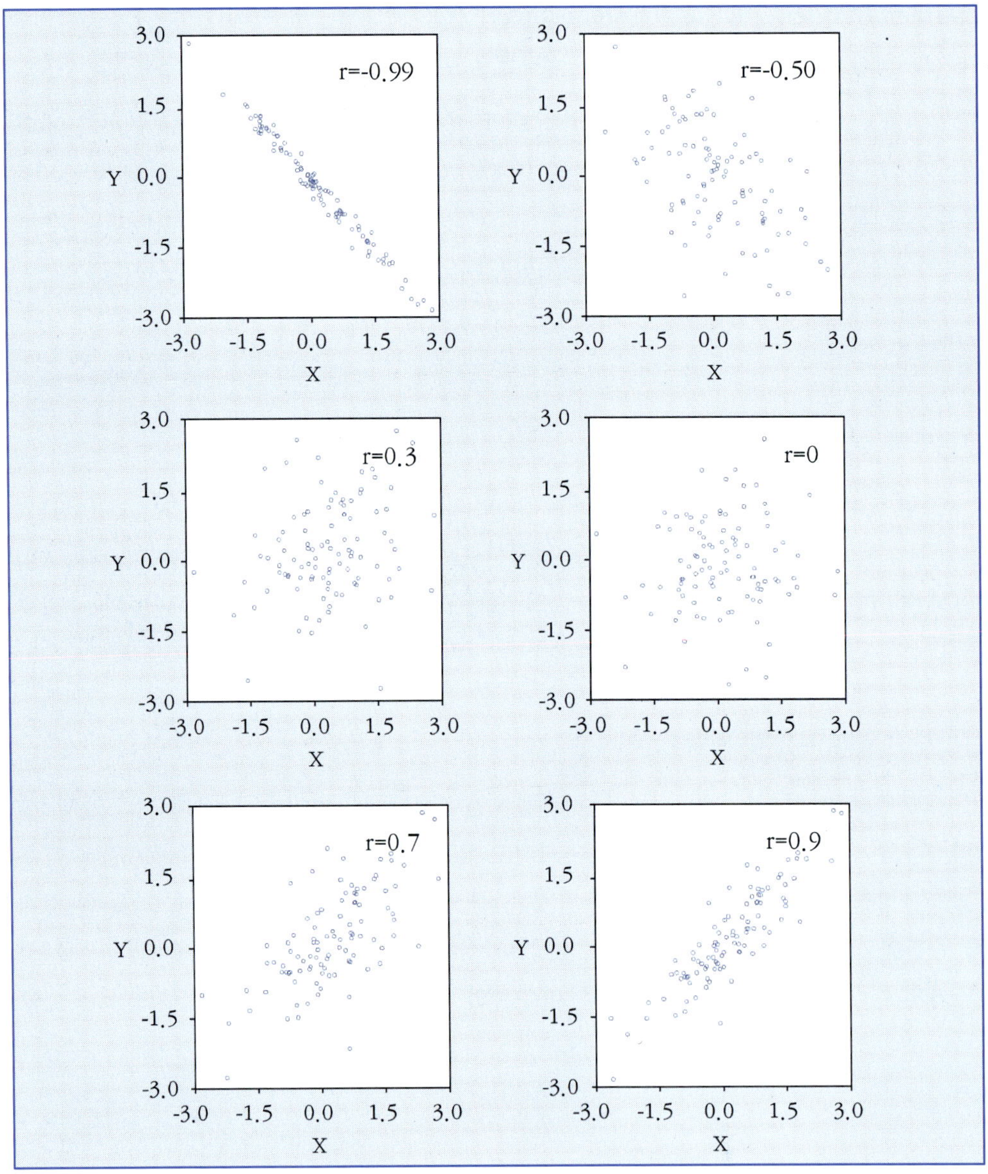

그림 5.4 ▸ 산점도와 상관계수

그러나 예컨대 가계소득의 추이에 관한 분석에서 소득이 연령과 더불어 초기에는 증가로 시작해서 안정적인 상태로 지속한 후 점차 감소하는 경향 등 현실에서는 두 변수가 비선형적인 관계를 가지는 상황이 적지 않다. 따라서 선형성이라는 제약은 피어슨 상관계수를 사용하여 연관성을 해석하려고 할 때 주의해야 할 사항이 된다. 다시 말해 두 변수 간의 연관관계가 아주 밀접하여 상호 예측이 상당수준 가능하다고 하더라도 그들이 선형적인 관계를 가지지 않으면 대응되는 상관계수의 절대값이 크지 않을 수도 있다. 극단적인 예로 두 변수 (X, Y)에 대한 5개 관측값이 (-2, 4), (-1, 1), (0, 0), (1, 1), (2, 4)일 경우 상관계수 $r_{xy}=0$이 되는데, 이 자료에 대한 산점도를 그려보면 두 변수가 $Y=X^2$과 같은 2차 곡선이라는 밀접한 연관관계에 있음을 알 수 있다. 비단 이 예에서와 같이 모든 점들이 곡선 위에 떨어지는 극단적인 상황이 아닐지라도 이와 유사한 상황은 얼마든지 발생할 수 있다. 이런 점에서 계산된 상관계수의 값이 설령 작다고 하더라도 그들 간에 연관관계가 없다고 성급히 단정하지 않는 게 좋다. 이때에도 산점도의 역할이 확연히 드러난다고 하겠다. 변수 간의 함수적 관계에 관한 기본적인 정보를 얻고 싶다면 먼저 산점도를 그려볼 일이다.

(나) 군집성

> **단일모집단에 대한 연관관계** : 상관계수는 원자료가 하나의 모집단에서 얻어졌다는 가정 하에 고려대상에 있는 두 변수간의 연관관계를 재는 측도이다.

따라서 만약 상관계수가 계산되는 대상자료가 두 개 이상의 군집으로 구성된 모집단에서 얻어졌다면 이때의 상관계수에는 변수간의 연관관계에 관한 정보와 집단 간의 차이를 나타내는 정보가 혼합됨으로서 상관계수 본래의 의미를 잃게 된다. 그러므로 엄격히 말해서 상관계수의 해석에는 대상모집단이 단일집단인지의 여부를 확인하는 과정이 필요하다고 하겠다. 자료가 여러 개의 군집으로부터 온 것인지, 만일 그렇다면 이질성의 정도는 어떠한지 등에 관한 정보를 제공하는 여러 가지 통계분석 기법들이 제안되어 있지만 그래도 가장 손쉬운 것 중의 하나가 산점도이다.

예 5.10 상관계수 – 군집성

<표 5.8>에서 고려한 맥주평가 자료의 경우 마지막 두 맥주인 'michelob'과 'jw-dun-

dee'가 여러 산점도에서 나머지 4가지 맥주와 상당히 구분되는 군집성을 본 바 있다. <표 5.11>은 모든 맥주를 단일모집단으로 보고 계산한 변수들 간의 상관계수들과 'michelob'과 'jw-dundee'를 제외한 첫 4개의 맥주만을 사용한 부분자료에서의 상관계수들을 대비시킨 것이다. 여기서 변수 짝 : (가격, 품질평점), (가격, 쓴맛), (품질평점, 쓴맛)에 대한 상관계수에는 큰 변화가 없으나, 변수 짝 : (가격, 단맛), (품질평점, 단맛), (단맛, 쓴맛)에서는 상관계수의 부호와 절대값이 크게 변하는 상황을 관찰할 수 있다.

표 5.11 ▸ 상관계수의 비교 : 맥주평가 자료

	가격	품질평점	단맛	쓴맛
가격	1	0.36	0.03	0.66
품질평점	0.56	1	0.78	0.61
단맛	-0.45	-0.66	1	0.71
쓴맛	0.73	0.78	-0.50	1

단, 하삼각부분은 전체자료($n = 6$)의 경우
상삼각(음영)부분은 부분자료($n = 4$: 'michelob'과 'jw-dundee' 제외)의 경우

이와 같이 상관계수의 해석에서 분석대상의 자료가 단일집단으로부터 얻어져야 한다는 제약성은 앞에서 설명한 바와 같이 선형성과 연계하여 단일집단이 아닐 경우 여러 가지 유형의 왜곡된 결과를 낳을 수가 있다. <그림 5.5>는 두 개의 군집(I, II)으로 구성된 모집단(III)에 대해 각 군집별 상관계수(r_I, r_{II})와 두 산점도를 통합한 경우에서의 상관계수(r_{III})가 가지는 몇 가지 가능한 관계를 보여주고 있다. 우선 그림에

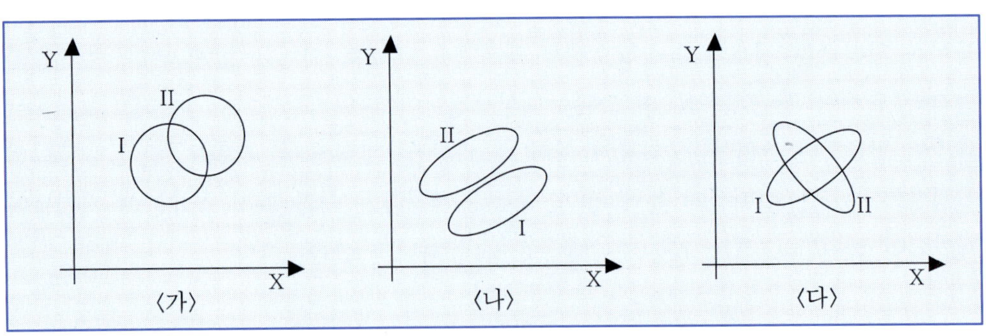

단, r_I, r_{II}, r_{III}은 각각 군집유형 I, II와 III : ($I+II$)에 대한 상관계수임.

그림 5.5 ▸ 두 군집으로부터의 상관계수

서 <가>는 (r_I, r_{II})는 작으나 r_{III}는 커지는 경우를, <나>는 반대로 (r_I, r_{II})는 크나 r_{III}가 작아지는 경우를, 그리고 <다>는 (r_I, r_{II})은 크나 부호가 다를 때 r_{III}가 작아지는 경우 등을 설명하고 있다.

(다) 특이점의 영향

> **상관계수와 특이점** : 특이점은 앞에서 언급한 바와 같이 자료의 대부분과는 구분되는 '특별히' 다른 패턴을 가지는 관측값을 뜻하며, 이는 상관계수에 큰 영향을 미치기도 한다. 이는 모집단이 가지는 특별한 통계적 상황을 나타낼 수 있다.

그러나 물론 특이점이라 해서 항상 분석에 큰 영향을 미치는 것은 아니지만, 가령 특이점이 연관성에 대해 큰 영향력을 가질 경우 이로 인해 자료의 대부분이 가지는 연관성에 관한 요약내용이 오도될 가능성도 있을 것이다. 어느 특정 관찰개체에 대한 관측값이 특이점인지, 그리고 그 개체가 분석결과에 어느 정도의 영향력을 가지는지 등을 점검하는 여러 방법들이 제안되어 있다. 이때에도 줄기-잎 그림(stem-leaf plot)이나 산점도가 기초적인 도움을 줄 수 있다. 실제 특이점은 소수개의 개체로 이뤄진 일종의 군집으로 생각할 수 있으므로, 상관계수에서의 특이점이 가지는 영향은 앞의 설명한 군집성에서와 같은 방법으로 평가하여 특이점에 의한 상관계수의 민감성을 점검할 수 있을 것이다.

예 5.11 상관계수 – 특이점

<표 5.12>는 첫 맥주 'boston'을 포함한 전체자료와 이를 제거한 부분자료로부터의

표 5.12 ▸ 상관계수의 비교 : 맥주평가 자료

	가격	품질평점	단맛	쓴맛
가격	1	0.23	-0.48	0.03
품질평점	0.56	1	-0.67	0.83
단맛	-0.45	-0.66	1	-0.80
쓴맛	0.73	0.78	-0.50	1

단, 하삼각부분은 전체자료($n = 6$)의 경우
상삼각(음영)부분은 부분자료($n = 5$:"boston"제외)의 경우

상관계수를 비교하고 있다. 변수 (가격, 쓴맛)에 관한 산점도에서 'boston'이 나머지 맥주들에 대해 어느 정도 이질적인지를 감안해서 상관계수의 변화정도와 비교하여 보아라.

(라) 의사상관

두 변수간의 연관성을 재는 측도로서 상관계수는 그의 해석에 주의를 필요로 하는 부분들이 많다. 이 중 측정된 상관계수의 절대값이 크다는 사실이 곧 두 변수 간에 밀접한 인과관계를 뜻하지 않는다는 점은 특기할 일이다. 다음 예를 생각해보자. 어느 신흥공업지역에 종교집회의 수(X)와 범죄율(Y)간에 강한 양의 상관관계가 나타났다면 이를 어떻게 해석해야 할까? 이는 통상 의사상관(擬似相關, spurious correlation)이라 부르는 통계적 상황을 설명하는 전형적인 예라고 할 수 있는데, '의사'라 함은 '가짜'를 뜻한다. 미국에서 1930년대 경제공항으로 생계를 위해 공업지역으로 이주한 노동자들은 우선 그 지역의 종교집회에 참가하게 되었는데 동시에 쉽사리 범죄에 가담할 가능성이 큰 점을 감안하면 이런 '거짓' 연관관계가 해석될 수 있다. 바꿔 말하면 그 지역에 이주한 사람의 수(Z)와 같은 제3의 변수가 X, Y 양편에 영향을 미침으로 일어나는 현상일 수 있다. 따라서 X, Y 각각에 대한 Z의 효과를 제거했을 때 X, Y간에 아무런 연관성이 없다면 Z가 바로 의사상관의 원인으로 지적될 수 있을 것이다.

(마) 비정규형 자료에 대한 상관계수

고려하는 두 변수가 구간척도나 비척도로 그들이 정규분포에 따른다면 앞서 설명한 바와 같이 피어슨 상관계수가 그들 간의 연관성을 재는 유용한 측도가 된다. 그러나 이와 같은 조건이 충족되지 못하는 비정규(non-normal)형인 경우가 실제로 많이 있는데 이때 피어슨 상관계수는 적절한 측도라고 할 수 없다. 이에 대한 한 가지 접근방안은 두 변수가 정규성에 근접하도록 일단 변수변환을 시킨 다음 변환된 자료에 피어슨 상관계수를 계산하는 것을 생각할 수 있다. 여기에서는 피어슨 상관계수에 대한 대안으로 스피어만(Spearman)의 상관계수 r_ρ와 켄달(Kendall)의 상관계수 r_τ를 간단히 설명하고자 한다.

스피어만(Spearman) 상관계수 : 정규성을 충족시키지 못하는 원자료 (x_i, y_i), $i=1, 2, \cdots, n$를 가지고 있다면 이를 각 변수별로 순서화하여 1부터 n까지의 정수를 부여했을 때 (x_i, y_i)에 대응하는 순서쌍을 (R_{x_i}, R_{y_i})로 표기하자. 이때 스피어만의 순위상관계수(順位相關係數, rank correlation coefficient) r_ρ는 n개의 순서쌍 (R_{x_i}, R_{y_i})에 대한 피어슨 상관계수를 말한다. 물론 만약 두 변수가 '냉방기의 가격순위와 소비자 선호순위'와 같이 순위가 그 자체 원자료인 경우에는 자연히 $x_i = R_{x_i}$, $y_i = R_{y_i}$가 될 것이다.

켄달(Kendall) 상관계수 : 켄달의 r_τ는 실제 5.2절에서 설명하였던 순서형 분할표에 대한 감마와 동일한 개념의 연관성 측도이다. 감마를 구하는 공식에서 $C+D={}_nC_2$ 이므로

$$\gamma = \frac{C-D}{C+D} = 1 - \frac{4D}{n(n-1)}$$

이다.

예 5.12 스피어만과 켄달의 순위상관계수

7(=n)개의 미술작품에 대해 두 명의 심사자가 매긴 순위 (X, Y)가 다음 <표 5.12>와 같다고 하자.

표 5.13 ▶ 미술작품 심사결과

작품번호	1	2	3	4	5	6	7
심사위원 X	4	1	6	5	3	2	7
심사위원 Y	4	2	5	6	1	3	7

이 자료가 바로 $x_i = R_{x_i}$, $y_i = R_{y_i}$인 경우에 해당한다. 상관계수 공식을 적용하면 스피어만의 $r_\rho = 0.857$이 된다. 또한 모든 ${}_7C_2 = 7\times6/2 = 21$개의 쌍들을 비교해 보면 불일치쌍의 개수인 $D=3$이 되므로 따라서 켄달의 $r_\tau = 1-(4\times3)/(7\times6) = 0.714$임을 알 수 있다.

5.5 인과성에서의 과제

이 장에서 다루고 있는 연관성은 인과관계의 방향, 연구의 목적, 그리고 두 변수의 저변에 잠재하는 요인이 가지는 영향 등에 따라 다른 몇 가지 주요개념과 연계되어있다. 무엇보다 '원인(cause)과 결과(effect)의 관계에 따른 성질' 정도의 뜻을 가지는 인과성(因果性, causation)이라는 개념을 잘 이해할 필요가 있는데, 이는 두 변수 (X, Y)가 (i) 원인변수(설명변수, 독립변수)인 X의 변화로 인해 결과변수(반응변수, 종속변수)인 Y의 변화가 일어나고, (ii) 그 영향의 정도가 충분히 크며, (iii) Y는 X를 제외한 다른 모든 영향으로부터 격리된 상황에 있을 때 $X \rightarrow Y$로의 인과성이 있다고 한다. 즉, 인과성의 내용은 '인과방향, 연관정도, 격리'로 요약될 터인데, 이 요건을 입증함에는 간단히 해결되지 않는 몇 가지 장애요소들이 개재되어 있다. 특히 한 결과변수에 여러 개의 원인변수들이 영향을 미치는 경우에는 실험실 상황이 아닌 한 격리의 요건을 완벽하게 충족시키기는 어려운 것이 사실이다. 이는 관찰되어진 강한 연관성이 곧 그들 간의 인과성을 의미하는 근거가 되지 않을 수도 있음을 의미한다. 따라서 강력한 연관성이 있다는 것을 근거로 인과성을 주장할 때에는 신중함이 요구된다는 점을 이해할 필요가 있다. 이들 세 요건들을 좀 더 살펴보도록 하자.

인과의 방향(casual direction)

인과방향은 고려하고 있는 변수가 가지는 속성에 따라 다음과 같은 두 가지 내용을 가진다. 가령 친한 친구의 의견(X)이 자신의 직업선택(Y)에 영향을 주고 자신의 직업선택(Y)이 또한 친구의 직업선택에 관한 의견(X)에 영향을 미치는 경우 이는 $X \leftrightarrow Y$와 같은 쌍방인과(雙方因果, two-way causation)로서 이때의 연관성은 곧 상호의존성(相互依存性, interdependence)이 된다. 이에 대해 '평균 강우량(X)과 곡물 생산량(Y)'이나 '아버지의 키(X)와 그의 아들의 키(Y)'에서의 관계는 $X \rightarrow Y$와 같은 한쪽방향으로의 영향만을 다루는 일방인과(一方因果, one-way causation)의 과제가 된다. 즉, 쌍방인과가 두 변수가 서로 원인과 결과가 되는 경우에 해당한다면, 일방인과는 그러하지 않은 경우라고 할 수 있다. 또한 인과의 방향은 관련변수의 속성 외에도 연구의 목적에 따라 달라진다. 즉, '개인가처분소득과 소비자 지출액'의 경우 만약 둘 사이의 관계에 연구의 초점을 두면 이는 상호의존성이 과제가 되는 한편, 개인가처분소득을 통해 소비자 지출액의 움직임을 파악하고자 한다면 이는 일방의존성을 다루는 상황이 된다.

연관도(degree of association)

두 변수간의 인과성을 주장하려면 일단 유의미(有意味, significant)하게 큰 정도의 연관관계가 있어야 할 것이다. 이 때 연관도의 유의미성 여부에 관한 평가는 모집단 연관도에 관한 가설검증 내지 신뢰구간을 구축하는 일과 연결되어 결국 이는 모집단의 분포와 어떤 연관도를 사용하고 있느냐에 의존하게 될 것이다.

격리(隔離, isolation)

두 변수 사이에 유의미한 연관관계가 관측되었을 때, 이들 간의 인과성에 관한 주장은 공공토론이나 이해 당사자들에 대한 법률적 판단이 요구되는 경우를 종종 볼 때가 있다. 이 경우 과연 관찰된 연관성이 순수한 그들 간의 인과관계를 뜻하는 것이냐, 아니면 제3의 변수로 인한 결과이냐 하는 것이 공방에서의 주요쟁점이 된다. 여기에서 고려대상의 두 변수를 (X, Y)라 표기하고 Z를 제3의 잠재변수(潛在變數, latent variable)로 놓을 때 Z의 역할에 따라 다음 그림과 같이 두 가지 유형의 인과관계를 생각할 수 있다.

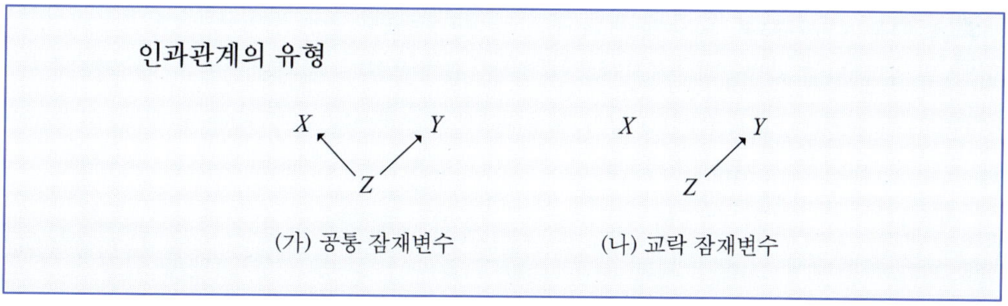

그림 5.6 ▸ 잠재변수와 인과성

우선 (가)의 공통 잠재변수는 의사상관(5.4절)의 경우가 좋은 예가 될 수 있겠다. 즉, 신흥공업지역에 종교집회의 수(X)와 범죄율(Y)간에 나타난 강한 양의 상관관계에 대해 그 지역으로 신규 이주한 사람의 수(Z)가 양편에 영향을 미치는 경우이다. 그러나 만약 Z가 (X, Y)에 대한 유일한 공통 잠재요인이고, 또한 Z가 (X, Y) 각각에 대해 가지는 효과를 제거한 후에도 (X, Y)가 유의미한 관계를 가진다면 (X, Y) 사이의 인과성은 인정된다고 할 수 있겠다.

한편 제2장에서 설명한 바와 같이 고려대상이 되는 원인변수 이외에 결과변수에 영향을 주는 요인이 있어 이들 두 변수가 결과변수에 대해 가지는 효과를 구분하기 어려울 때 이들은 교락(交絡, confounding)되었다고 한다. 따라서 만일 (X, Y)의 저변에 잠재변수 Z가 존재하고, 이것이 (나)에서와 같은 인과관계를 가질 때 Z는 Y에 대한 X의 영향을 명확히 구분하기 어렵게 하는 교락요인으로의 역할을 하게 된다. 자동차 안전띠의 착용을 의무화함에 따른 차량 추돌사고에서 사망률의 변화를 예로 들어보자. 사망률(Y)에 영향을 미치는 변수는 안전띠의 착용여부(X) 외에도 '충돌시의 속도', '연령', '성' 등 여럿일 수 있다. 실제 이런 유형의 분석을 위한 실험은 제 2장에서 설명한 바와 같이 임의화(任意化, randomization) 시킬 수 있는 상황이 아님이 분명하며, 이와 같이 임의화가 불가능한 경우에서는 교락요인의 존재를 세심히 감안하여야 할 것이다. 가령 안전띠를 매는 운전자는 저속운행하는 경향이 있고, 안전띠를 매지 않는 운전자는 고속운행하는 경향이 있다면 추돌시 운행속도(Z)라는 잠재변수를 X에 대한 교락요인으로 생각할 수 있다. 이와 같은 교락요인의 역할로 인해 추돌사고시 사망률이 안전띠의 착용여부와 무관하다는 결론을 얻게될 가능성도 배제할 수 없는 일이다.

잠재적인 교락요인의 효과를 확률적으로 줄이는 한 가지 방법으로 제 2장에서 설명한 임의화를 들 수 있다. 여기서 임의화는 교락요인이 결과변수에 대해 가지는 긍정적(+), 부정적(-) 효과를 평균해서 확률적으로 상쇄시키는 효과를 통해 잠재변수의 효과를 제거 내지 통제하기 때문이다. 그러나 임의화 방법은 앞에서 본 자동차 안전띠 착용과 사망사고의 예에서 같이 항시 가능하지도 않을뿐더러 때로는 사회정의나 윤리성의 측면에서 문제가 되는 경우도 없지 않다는 점이다. 5.3절에서 설명한 '심프슨의 역설'이 가지는 의미도 결국 이런 잠재변수에 의한 작용으로 해석할 수 있는 것이다.

통계분석에서의 기초자료가 앞에서 든 예와 같이 실험적 상황을 구상할 수 없는, 즉 비실험적 관측자료인 경우가 많다. 염분의 과다섭취와 고혈압간의 인과관계를 연구할 때 얻어지는 자료가 바로 그런 예이다. 이때 다음과 같은 근거를 댈 수 있는 상황이라면 고혈압의 주요원인으로 염분의 과다섭취를 주장할 수 있을 것이다.

첫째, 염분의 과다섭취와 고혈압 사이에는 강한 연관관계가 있음이 확인된다.

둘째, 시간적으로 염분을 과다섭취한 후 고혈압 증세가 나타나기 시작한다.

셋째, 지역이나 민족, 성, 연령 등에 관계없이 이런 인과관계는 일관되게 유지되며 이에 따라 잠재변수의 효과가 여기에 덜 개입되고 있음을 확인한다.

넷째, 염분을 더 많이, 혹은 더 오랜 기간 동안 섭취한 사람일수록 고혈압이 될 확률이 높아지며, 염분 섭취량을 최소화함으로서 고혈압 증세가 뚜렷이 완화 되는 경향이 있다.

다섯째, 이런 인과성의 주장이 우선 그럴듯할 뿐 아니라 실험동물에 대한 결과에서도 유사한 결과가 발견된다는 많은 연구보고가 있다.

5.6 회귀를 통한 예측

22$(=n)$개 지역으로부터 인터넷 통신판매액(Y)을 조사한 <표 5.7.1>을 살펴보기로 하자. 이 자료는 앞서 고려한 <표 5.7>의 전자우편 가입자와 인터넷 통신판매액 자료$(n=32)$에 대해 산점도 <그림 5.2>에서 선형적인 관계를 가지는 것으로 생각되는 $X \leq 158$인 경우에 해당하는 Y값만을 취한 것이다.

표 5.7-1 ▸ 인터넷 통신판매액 (Y) : $n=22$

184	137	126	213	184	181	133	161	228	129	182
142	199	268	189	161	105	102	235	259	232	216

만일 지역에 관계없이 Y가 모두 똑 같다면 이 자료는 더 이상 분석할 것이 없을 것이나, 여기에서와 같이 상당한 크기의 변이가 있을 경우$(s_y^2 = 469.36)$ <표 5.7-1>에는 Y가 가지는 변이의 형태나 크기에 관한 기술적(記述的)인 정보가 포함되어 있을 것이다.

단순 선형회귀(單純線型回歸, simple linear regression)

회귀분석(regression analysis)은 Y의 변이 그 스스로를 단순히 기술하는 단계를 떠나 분석적인 관점에서 Y의 변이를 그의 원인이 되는 변수에 비추어 설명하고자 하는 식으로 접근한다. 예를 들어 Y의 변화는 X에 의해 영향을 받는다고 생각해보자. 이때의 주요관심은 X가 변화함에 따라 Y가 어떻게 반응하는지를 (X, Y)간의 함수관계를 통해 요약하는 데에 있다. 물론 Y의 변화에는 X에 의해 설명되는 부분 이외에도 Y 그 자체를 측정할 때 일어나는 오류나 X 외에 고려되지 않은 여러 가지 가능한 원인변수들을 무시함으로부터 오는 오류, 혹은 (X, Y)간의 알지 못하는 진(眞, true)함수관계 대신 근사적인 관계를 고려함으로 인한 오류 등이 포함되어 있을 것이다. 이들 오류를 종합한 양을 ϵ라고 표시할 때 회귀분석에서 인과관계의 개념적인 틀과 이를 정식화한 모형은 다음과 같다.

단순 선형회귀분석에서
- 인과관계의 개념틀 : $X \rightarrow Y \leftarrow \epsilon$
- 선형회귀모형 : $Y = \beta_0 + \beta_1 X + \epsilon$

이때 X를 설명(독립)변수, Y를 반응(종속)변수, ϵ를 오차, 그리고 회귀모형에서 직선식의 절편과 기울기를 나타내는 β_0, β_1을 (모집단)회귀계수라 부른다. 이와 같은 회귀모형은 반응변수에 대한 단 하나의 원인변수 X를 고려하고 있고(단순), 함수관계의 형태가 회귀계수에 관해 직선의 꼴(선형)을 하고 있다는 점에서 '단순 선형' 회귀모형이라 부른다. 여기서 오차항 ϵ는 앞서 설명한 바와 같이 여러 요인들이 복합되어 이뤄진 확률적인 양으로서 통상적으로 정규분포 $N(0, \sigma^2)$에 따르는 변량으로 가정되어진다. 따라서 회귀모형의 통계적인 목적은 이 모형에 개입되어 있는 모수인 $(\beta_0, \beta_1, \sigma^2)$에 관한 통계적 추론에 있다고 할 수 있을 것이다.

예 5.13 단순 선형회귀

우선 이런 분석을 하기 위해서는 Y의 변이의 크기에 관한 정보만을 주는 <표 5.7-1>의 자료 대신 <표 5.7-2>에서와 같이 각 관찰개체에 대해 두 변수 X, Y에 관한 관측값 (x_i, y_i), $i = 1, 2, \cdots, 22$가 있어야 할 것이다.

우선 <표 5.7-2>의 자료에 대한 산점도인 <그림 5.7>을 보면 인터넷 통신판매액은 전자우편 가입자의 수와 강한 직선적 관계에 있음을 알 수 있다. 모형은 현실의 상황을 근사 시킨 것이라는 점에서 이 산점도의 모습은 선형회귀모형이 이 자료에 대한 적절한 표현이 될 수 있다는 것을 일차적으로 확인하는데 도움이 된다. 또한 상관계수가 두 변수간의 선형적 연관성을 재는 측도라고 앞에서 설명한 바 있는데 이 자료의 경우 $r_{XY}=0.8977$로서 산점도의 상황을 수치로 잘 반영하고 있음을 알 수 있다.

표 5.7-2 ▸ 전자우편 가입자와 인터넷 통신판매액: $n=22$

X	Y	X	Y	X	Y	X	Y
114	184	58	133	116	199	127	235
67	137	85	161	141	268	150	259
79	126	127	228	133	189	136	232
112	213	64	129	76	161	114	216
124	184	131	182	48	105		
129	181	75	142	68	102		

단, X : 인구 1000명당 전자우편 가입자의 수 (=emails)
Y : 월별 평균 인터넷 통신판매액(단위: 만원) (=sales)

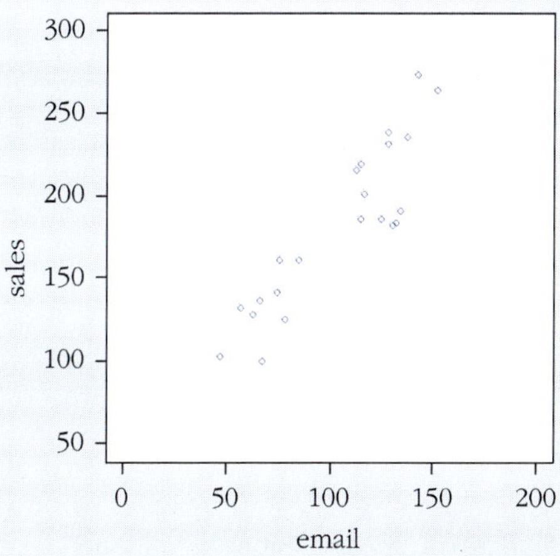

그림 5.7 ▸ 산점도: emails 대 sales

최소제곱 회귀선

회귀분석은 인과변수 사이의 연관도를 재는 것에서 한 걸음 더 나아가 그들의 전반적 변화패턴을 원인변수와 결과변수 사이의 함수관계식을 통해 요약하고자 한다. 이때 도출되는 두 변수간의 관계식을 통상 적합회귀선(適合回歸線, fitted regression line)이라 부르는데 이는 주어진 자료가 가정된 회귀모형에 잘 적합하도록 추정한 회귀계수의 값을 회귀모형에 대입하여 얻는다.

자료를 회귀모형에 적합시키는 과정을 살펴보자. 우선 <그림 5.7>의 산점도에 나타난 점들을 대표한다고 여겨지는 직선을 대략적으로 눈짐작하여 그린 것을 두 변수간의 관계식으로 하는 식의 손쉬운 방법을 생각할 수도 있겠다. 그러나 이렇게 얻은 방정식은 산점도의 전반적 상황을 항상 '잘' 반영한다고 할 수 없을뿐더러 때로는 부적절한 결과를 낳을 위험도 있을 것이다.

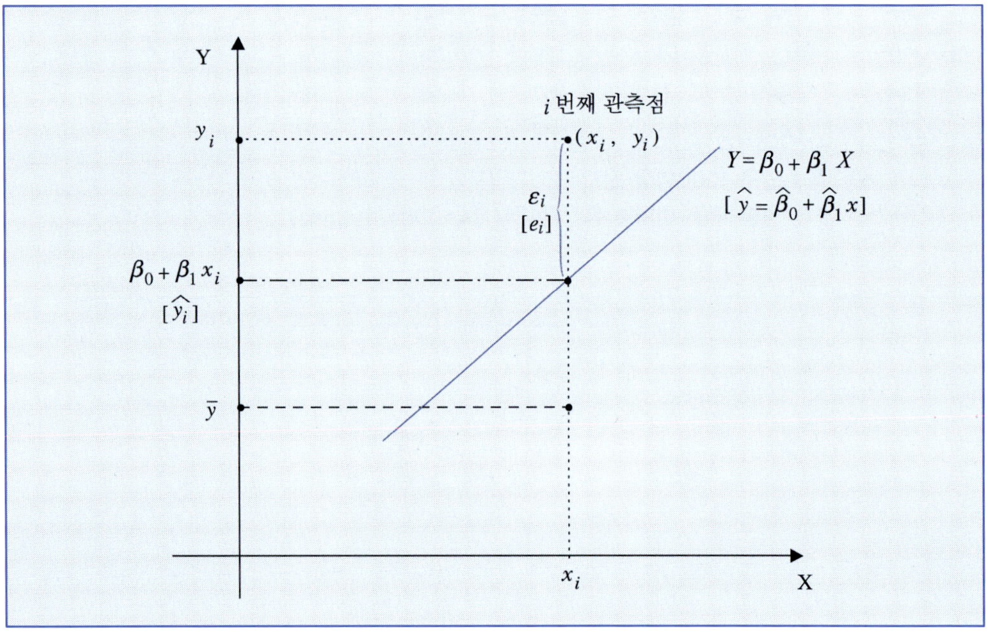

그림 5.8 ▸ 최소제곱회귀

여기서 설명하고자 하는 최소제곱방법(least squares method)은 자료와 모형을 다음과 같은 방법으로 적합시킨다. 우선 <그림 5.8>에서 구하고자 하는 회귀선을 $Y = \beta_0 + \beta_1 X$ 라 할 때 i번째 개체에 대한 관측점 $(x_i,\ y_i)$, $i = 1, 2, \cdots, 22\ (= n)$에서 회귀선까지의 수직거리(Y-좌표에서의)는 $y_i - [\beta_0 + \beta_1 x_i] = \epsilon_i$, $i = 1, 2, \cdots, 22\ (= n)$, 즉 오차항이 될 것이다. 이때 오차항들이 모두 영이라면 자료와 모형은 완벽히 부합하는 경우가 될 것이다. 그렇지 못한 상태에서 최적적합을 위한 한 가지 방법으로써 오차항들의 제곱들의 합인 $\sum_{i=1}^{22} \epsilon_i^2 = \sum_{i=1}^{22} (y_i - \beta_0 - \beta_1 x_i)^2$을 '최소'로 하는 방안을 생각해보자. ('좋은' 적합을 위한 다른 한 대안으로는 오차항들의 제곱의 합 대신 절대값의 합을 최소로 하는 최소절대편차방법 <最小絶對偏差方法, least absolute deviation method>을 당장 생각할 수도 있을것이다.) 이와 같은 최소제곱방법에 따라 구한 회귀계수와 오차항의 분산의 추정값 $\widehat{\beta_0}, \widehat{\beta_1}, \hat{\sigma}^2$을 계산하는 공식은 각각 다음과 같다.

최소제곱 추정량(least square estimator) : **단순 선형회귀의 경우**

$$\hat{\beta}_0 = \bar{y} - \hat{\beta}_1 \bar{x}, \quad \hat{\beta}_1 = \sum_{i=1}^{n} (x_i - \bar{x})(y_i - \bar{y}) \,/\, \sum_{i=1}^{n} (x_i - \bar{x})^2$$

$$\hat{\sigma}^2 = \sum_{i=1}^{n} (y_i - \hat{y}_i)^2 \,/\, (n-2),$$

이때 최소제곱 적합회귀선은 $\hat{Y} = \widehat{\beta_0} + \widehat{\beta_1} X$이 된다. 즉,

$$\hat{y}_i = \hat{\beta}_0 + \hat{\beta}_1 x_i, \; i = 1, \cdots, n.$$

예 5.14 최소제곱 적합회귀선

<표 5.7-2>의 자료에 대한 최소제곱 적합회귀선은 $\hat{Y} = 38.46 + 1.37X$로 주어지는데, 이는 전자우편 가입자 수의 한 단위 증가에 따라 인터넷 통신판매액은 1.37단위가 증가하고 $X = 0$일 때 $Y = 38.46$이 될 것임을 의미한다.

회귀선에 기초한 예측

항공기 사고율(Y)을 예측한다는 것은 매우 어려운 일이다. 물론 이는 확률법칙에 따르는 변인이라는 점에서 완벽한 예측은 불가능하겠지만 원한다면 과거의 비행기 사고에 관한 기록들을 검토하는 일을 먼저 해보아야 할 것이다. 그러나 여기서 문제는 사고율이 매년 변함이 없거나 일정한 비율로 증감하는 상황이 아니라 불규칙하게 변화한다는 데에 있다. 이때 그 변이의 정도가 크면 클수록 예측에서의 오류는 증가하

여 내년에 항공기 사고율은 [0,1] 사이에 있다는 식의 쓸모없는 결과도 배제할 수 없을 것이다.

이와 같이 예측(豫測, prediction)은 미지 혹은 미래의 상태를 대상으로 하고 있어 근본적으로 변이성의 개입을 전제로 하고 있으나 만약 예측대상 변수의 변이성을 줄이는 절차가 있다면 이는 '좋은' 예측을 위해 도움이 될 것이 분명하다. 종속변수의 예측에 관한 한 회귀분석이 가지는 유용성은 종속변수 그 스스로의 변화만을 고려하지 않고 이와 밀접한 관계에 있는 독립변수를 통해 봄으로서 종속변수의 변이성을 작게 한다는 데에 있다고 할 수 있다. 예를 들어 어느 특정 항공사의 항공기 사고율을 예측하고자 할 때 그 항공사의 항공기 운항율(X)에 관한 정보를 이용한다면 같은 수준의 항공기 운항율을 가지는 항공사들 내에서는 항공기 사고율의 변이가 상대적으로 작을 것이므로 자연히 예측오류는 감소하게 될 것을 예상할 수 있을 것이다.

이때 앞서 설명한 최소제곱 회귀선은 결국 독립변수의 각 수준에서 종속변수의 평균점들을 연결한 것이 직선이라는 가정 하에서 이를 자료를 통해 추정한 직선의 방정식과 같게 된다. 즉, 최소제곱 적합회귀선 $\hat{Y} = \hat{\beta}_0 + \hat{\beta}_1 X$는 X의 값이 주어졌다는 조건하에서 Y의 (조건부)기대값이 되는 $E(Y|X) = \beta_0 + \beta_1 X$를 자료를 통해 추정한 값이 된다는 의미이다. 따라서 $X = x_0$로 주어질 때 Y의 예측값은 $\hat{y}_0 = \hat{\beta}_0 + \hat{\beta}_1 x_0$이 된다.

예 5.15 예측 – 단순 선형회귀

앞서 고려한 <표 5.7-2>의 자료에서 최소제곱 귀선은 $\hat{Y} = 38.46 + 1.37X$였으므로 전자우편 가입자 수가 $x_0 = 127$명이 있는 지역에 대한 월 평균 인터넷 통신 판매액은 $1.37 \times 127 + 38.46 = 212.45$가 될 것으로 예측할 수 있다. <표 5.7-2>의 원자료에는 $X = 127$인 지역이 두 군데 있는데 그들에 대한 통신판매액은 각각 228과 235로 예측값보다 실제로는 약간 많이 팔린 사실을 알 수 있다.

회귀선에 의한 설명력

회귀분석에서는 Y의 변이를 X의 함수를 통해 설명하므로 회귀모형에서의 모수가 되는 β_0, β_1, σ^2의 추정값을 구한 뒤에는 적합된 회귀선이 자료의 변이를 얼마나 설명하는지를 평가할 필요가 있다. 이는 곧 회귀모형과 관측된 자료 사이의 적합(適合, goodness-of-fit)의 정도를 재는 문제가 될 것이다. 이를 위해 흔히 사용되는 측도로는 결정계수(決定係數, coefficient of determination) R^2를 들 수 있는데 이 측도의 내용을 <그림 5.8>과 더불어 다음과 같은 항등식으로부터 설명을 시작해 보자.

<그림 5.8>에서 구하고자 하는 회귀선을 여기에서는 최소제곱 적합회귀선으로 간주한다는 의미로 $\hat{y}=\hat{\beta}_0+\hat{\beta}_1 x$, e_i, $\hat{y}_i$ 등을 괄호 [...]속에 표시하였다. 우선 주어진 자료 (x_i, y_i), $i=1, 2\cdots, n$에서 i번째 개체에 대한 y_i가 Y변수의 평균 $\bar{y}$로부터의 변이인 $y_i-\bar{y}$는 그의 최소제곱 예측값 $\hat{y}_i$를 이용하여 다음과 같이 쓸 수 있다.

$$y_i-\bar{y}=(y_i-\hat{y}_i)+(\hat{y}_i-\bar{y})$$

이 식의 양변을 제곱하고 모든 관찰개체 $i=1,2,\cdots,n$에 대해 합하면 다음과 같은 항등식을 얻을 수 있다.

$$\underset{<가>}{\sum_{i=1}^{n}(y_i-\bar{y})^2}=\underset{<나>}{\sum_{i=1}^{n}(y_i-\hat{y}_i)^2}+\underset{<다>}{\sum_{i=1}^{n}(\hat{y}_i-\bar{y})^2}$$

여기서 <가>부분이 영이 될 수 있는 유일한 방법은 모든 $y_i=\bar{y}$, $i=1,2,\cdots,n$가 되어야 하며, 만일 영이 아니라면 적어도 하나의 $y_i\neq\bar{y}$인 것이 있다는 의미이다. 따라서 <가>는 종속변수 Y의 총변이라고 할 수 있다. <가>부분이 영이 아닐 경우 이를 양의 값을 가지는 <나>와 <다>부분으로 나누었을 때 <나>는 각 관측점에서 최소제곱 적합회귀선까지의 수직제곱거리(Y-좌표)의 총합, 즉 관측값과 예측값의 차이인 잔차(殘差, residual: $e_i=y_i-\hat{y}_i$)들의 총제곱합이므로 이 값이 클수록 자료의 적합도는 떨어지는 한편, 자료를 일단 얻은 후 <가>는 설정된 회귀모형과 관계없이 일정한 값을 가지므로 <다>는 작아지게 된다. 그러므로 <나>가 작음은 <다>가 큼을, 따라서 모형에 대한 자료의 좋은 적합을 의미하게 된다. <다>부분을 좀 더 자세히 보면 이는

$$\hat{\beta}_1^{\,2} \sum_{i=1}^{n} (x_i - \bar{x})^2$$

으로 표현할 수 있는데 이 값은 결국 $|\hat{\beta}_1|$ 혹은 $\sum_{i=1}^{n}(x_i-\bar{x})^2$에 의존하게 된다. 즉, $\hat{\beta}_1$의 절대값이 크면 적합회귀선의 기울기가 가파르고, 따라서 독립변수에 대한 종속변수의 변화가 민감해져 두 변수의 관련도가 커짐을 나타낸다. 또한 $\sum_{i=1}^{n}(x_i-\bar{x})^2$이 커도 <다>의 값도 증대하는데 이는 독립변수가 넓은 영역에 걸쳐 관측되었음을 나타낸다. 이때 결정계수는 다음과 같이 정의된다.

결정계수(coefficient of determination)

$$R^2 = 1 - \frac{\sum_{i=1}^{n}(y_i - \hat{y}_i)^2}{\sum_{i=1}^{n}(y_i - \bar{y})^2} = \frac{\sum_{i=1}^{n}(\hat{y}_i - \bar{y})^2}{\sum_{i=1}^{n}(y_i - \bar{y})^2}$$

즉, 결정계수는 위의 항등관계를 생각할 때 종속변수가 가지는 총변이 <가> 중에서 독립변수의 선형회귀에 의해 설명되어지는 <다>부분의 비율을 의미한다. 따라서 $R^2=0$는 $\hat{y}_i=\bar{y}$, $i=1, 2, \cdots, n$을 나타내므로 이는 최소제곱 회귀선이 독립변수의 값에 무관하게 상수값을 가지는 경우에 해당하며, $R^2=1$은 $y_i=\hat{y}_i$, $i=1, 2, \cdots, n$ 즉 모든 잔차가 $e_i=y_i-\hat{y}_i=0$이 되어 완벽한 적합이 일어나는 경우를 말한다. 다른 한편으로 R^2는 관측된 종속변수의 값 y_i들과 독립변수를 통하여 예측한 $\hat{y}_i$들이 얼마나 잘 부합하느냐를 나타낸다는 점에서 이는 실제 $(y_i, \hat{y}_i)$, $i=1, 2, \cdots, n$ 사이의 상관계수의 제곱과 같음을 쉽게 수긍할 수 있을 것이다. 이 사실로부터 만약 두 변수 (X, Y) 사이의 상관계수가 0.7이라면 $0.7^2=0.49$는 종속변수와 그의 예측값과의 상관계수의 제곱임을, 바꾸어 말해 종속변수가 가지는 총변이의 약 50%가 Y에 대한 X의 선형회귀에 의해 설명됨을 나타낸다.

예 5.16 결정계수

<표 5.7-2>의 자료에서는 $r_{XY}=0.8977$이므로 $R^2=0.8977^2=80.58\%$, 즉 인터넷 통신판매액이 가지는 총변이는 그에 대한 전자우편 가입자 수의 선형회귀 $Y=38.46+1.37X$에 의해 약 81%가 설명됨을 알 수 있다. 따라서 나머지 19%는 독립변수의 선형함수로 설명하지 못하는 부분이 된다.

다중 선형회귀모형

단순 선형회귀에서 결정계수가 충분히 큼으로 인해 정교한 예측이 가능할 경우에는 특별한 문제가 없겠으나, 일반적으로 종속변수의 변화가 단 하나의 독립변수에만 의존하는 경우는 실제 그리 흔한 일이라 할 수 없다. 예를 들어 연봉(Y)은 당사자의 경력(X_1)이나 교육수준(X_2)과 직위(X_3) 등을 통해 결정되고, 뉴스 프로그램의 평점은 직전 쇼 프로그램에 대한 평점과 프로그램 형식, 특종비율, 뉴스 캐스터 등에 의존하며, 그리고 아파트 가격에는 건평과 시공회사의 평판, 아파트의 위치나 역세권의 여부 등이 중요한 요인으로 작동한다고 가정하는 것이 더욱 현실적이고 타당한 생각일 수 있다. 또한 설령 단 하나의 독립변수로 모형 적합을 시작하였더라도 적합모형의 설명력을 늘리기 위해 독립변수의 개수를 추가해 나가는 과정이 필요할지도 모른다.

다중 선형회귀모형(多重 線形回歸模型, multiple linear regression model) :
종속변수(Y)의 변이를 p (≥ 2)개의 독립변수들 $X_1, X_2, \cdots, X_p$에 의해 설명하기 위해 다음과 같이 오차항 ϵ이 $N(0, \sigma^2)$에 따르는 확률변량이라는 전제하에서 회귀모수 $(\beta_0, \beta_1, \cdots, \beta_p)$에 관한 선형꼴로 정식화한 모형을 다중 선형회귀모형이라 한다.

$$Y=\beta_0+\beta_1 X_1+\beta_2 X_2+\cdots+\beta_p X_p+\epsilon$$

이런 다중 회귀모형에 있는 변수들 간의 인과도는 앞에서 본 단순 선형회귀모형의 경우를 자연스레 확장한 다음 형태가 될 것이다.

다중 선형회귀모형의 인과도

$$
\begin{array}{ccccc}
X_1 & \searrow & & & \\
\vdots & & Y & \leftarrow & \epsilon \\
X_p & \nearrow & & &
\end{array}
$$

이와 같은 다중 선형회귀모형은 종속변수의 변이를 설명하는 여러 개의 설명변수들을 동원함으로써 단순 회귀의 경우를 일반화시켜 모형을 좀 더 실용적이고 신축성이 크도록 한다. 그러나 독립변수들 간의 가능한 상호의존성으로 인해 각 독립변수가 독자적으로 종속변수의 변이에 미치는 영향을 해석하는 일이나 계산상 복잡성이 증대되는 반대급부도 생각해야 한다. 또한 단순 회귀에서처럼 산점도를 통해 인과변수들 간의 관계를 한 눈에 볼 수 있는 그런 상황이 아니라는 점도 무시할 수 없는 일이다.

연습문제

5.1 동면하는 박쥐가 서식동굴에 관계없이 암수비가 같은 일부일처 관계를 유지하는지에 관심을 가지고 지역적 특성을 고려하여 남부 해안지역, 중북부 산악지역의 동굴을 조사하여 다음과 같은 빈도를 얻었다.

서식동굴 \ 성	수컷	암컷
남부 해안	46	54
중북부 산악	34	46

(1) 이 분할표에 대한 행, 열, 전체백분율을 분석하고, 두 변수인 박쥐의 서식동굴과 성에 관한 상대도수 히스토그램을 통해 이들 간의 연관관계를 요약하여라.

(2) 어떤 연구결과는 각 칸에 대한 기대도수를 검토한 후 박쥐의 암수비율이라는 점에서 두 유형의 서식동굴이 구별될 수 없다고 주장하고 있다. 이를 뒷받침하는 근거를 찾아보아라.

(3) 서식동굴 간 암수비율에서 차이가 없음을 인정할 경우 동면박쥐의 암수비율이 1:1인지가 관심이 된다. 이를 위해 두 서식동굴의 유형을 통합하여 박쥐의 성을 변수로 하는 1-차원 분할표를 만들고 이 표에 대한 백분율을 구하여라. 또한 일부일처 관계가 사실이라는 가정 하에서 기대도수 등을 통해 동면박쥐의 일부일처 생활의 여부를 분석하여 보아라.

(4) 람다를 계산하고 해석하여라. [5.1, 5.2절]

5.2 다음 2×3 분할표는 냉전 하에 정치성향과 냉전동맹의 지지에 관한 연구에서 $n=500$명의 정치인(영국)으로부터 지지하는 정당과 냉전동맹국에 관한 도수자료이다 [자료출처: 백운봉(1991). 통계학개론. 자유아카데미]. 주어진 통계량들을 검토하고 그 결과를 요약하여라. 각 칸에 있는 다섯 숫자는 표에 왼쪽 상단에 주어진 바와 같이 각각 관찰도수, 기대도수, 편차(= 관찰도수 − 기대도수), 전체백분율, 행백분율, 열백분율을 나타낸다. [5.1, 5.2절]

〈 분할표 〉

관찰도수 기대도수 편차 전체% 행% 열%		지지정당			
		우익	중립	좌익	합계
지지동맹국	미국	225 220.7 4.296 45.00 46.49 98.68	53 52.272 0.728 10.60 10.95 98.15	206 211.02 -5.024 41.20 42.56 94.50	484 96.80
	소련	3 7.296 -4.296 0.60 18.75 1.32	1 1.728 -0.728 0.20 6.25 1.85	12 6.976 5.024 2.40 75.00 5.50	16 3.20
합계		228 45.60	54 10.80	218 43.60	500 100.00

〈연관도〉 감마 = 0.5673, 람다 = 0.0331

5.3 다음은 420명의 유아로부터 수유방법(모유, 분유)과 치아의 교합상태(정상, 비정상)에 관한 2×2 도수자료이다 [자료출처: Yates, F.(1934). Contingency tables involving small numbers and the χ^2 test. Suppl. J. R. Statist. Soc., 1, 217]. 이 분할표에 대한 행, 열, 전체 백분율, 오즈비, 기대도수, 람다, 감마 등을 구하고 이들을 통해 두 범주형 변수 "수유방법"과 "치아교합상태" 사이의 연관정도를 요약하여라. [5.1, 5.2절]

치아교합상태 / 수유방법	정상	비정상
모유	40	160
분유	10	120

5.4 5.2절의 <표 5.4>에 있는 남북한 공군장비 현황 자료에 대해

(1) 이 분할표의 행백분율표를 만들고 그 결과를 요약하여라.

(2) 열백분율표에서 헬기 보유비율의 남북한 차이를 계산하고 해석하여라.

(3) 전체백분율표를 상대도수 히스토그램으로 그리고 그 내용을 요약하여라.

(4) 각 칸에서 관찰도수와 기대도수의 차이(절대값에서의)로부터 두 변수간의 연관성에 대한 그 칸의 공헌정도를 가늠할 수도 있다. 이 자료의 경우 보유장비에서 공헌도의 크기는 헬기, 지원기, 전술기 순서가 됨을 확인하여라.

(5) 오즈비를 계산하고 그 결과를 해석하여라.

(6) 열정보로부터 행정보를 예측할 경우 이에 대한 람다를 계산하여라. 이를 행정보로부터 열정보를 예측한 경우의 람다와 <예 5.5>의 경우를 비교하여라. [5.1, 5.2절]

5.5 다음은 1973년 캘리포니아 대학(버클리)의 대학원 입학허가에 관한 도수자료로 지원자의 성별 합격자수에 관한 표이다 [자료출처: 허명회(1989). SAS 범주형 데이터 분석. 자유아카데미].

〈총괄자료〉

	합격자	지원자
남자	1400	2691
여자	722	1835

(1) 총괄자료로부터 성과 합격여부에 관한 2×2 분할표를 만들어라.

(2) 여자가 남자에 비해 입학허가에서 불이익을 받았다는 주장을 어떻게 생각하는가?

(3) 총괄자료에 관한 분할표로부터 성별 합격률의 차이를 계산하여라.

(4) 두 변수가 상호독립이라는 조건 하에서 칸(여자, 합격)에 대해 기대도수를 계산하고, 이로부터 두 변수간의 관련방향을 말해보아라.

위의 총괄자료를 6개 지원분야별로 세분하여 정리한 표는 다음과 같다.

〈남자〉

지원분야	합격자	지원자
A	512	825
B	353	560
C	120	325
D	138	417
E	53	191
F	224	373

〈여자〉

지원분야	합격자	지원자
A	89	108
B	17	25
C	202	593
D	131	375
E	94	393
F	239	341

(5) 세부자료 각각에 대해 위에서 한 (1) – (4)를 수행하여라.

(6) 각 분야별로 남녀 간 합격률을 비교하여라.

(7) 남학생들이 많이 지원한 A, B 분야에서 남녀 합격률을 검토하여라.

(8) 여학생의 합격률이 낮은 분야는 남학생에게도 경쟁이 센 분야인가?

(9) 입학허가에서의 성차별 주장에 대한 생각을 정리하여라. [5.3절]

5.6 개미(암컷)가 일년동안 낳는 알의 수(X)와 더듬이의 초당 진동수(Y) 사이의 관계를 연구하기 위하여 그 개미집단으로부터 5마리를 표본추출(SRS)하여 다음과 같은 관측결과를 얻었다.

개미번호	1	2	3	4	5
X	1	2	3	4	5
Y	4	1	0	1	4

(1) 이 자료를 2-차원 좌표(X, Y) 상에 표현한 산점도를 그리고, $Y=(X-3)^2$의 관계가 있음을 확인하여라.

(2) 두 변수 X, Y 간의 공분산(s_{XY})을 계산하고, 이로부터 유추한 피어슨 상관계수(r)의 값이 가지는 의미를 해석하여라.

(3) 위의 자료가 정규분포로부터 얻은 표본이라 해도 될까?

(4) 만약 자료의 정규성이 인정되지 않을 경우 상관관계에 관한 정보를 얻기 위해 어떤 처리방법을 제안할 수 있겠는가?

(5) 스피어만 상관계수의 값은 얼마가 될 것인가?

(6) 켄달의 상관계수를 구하고, 그 결과를 피어슨 상관계수와 비교하여라. [5.4절]

5.7 교사의 연봉과 연간 알코올 음료판매액 사이에 관찰되는 높은 의사상관을 공통잠재변수로서 개인소득의 증가나 경제성장 등을 통해 해석하여라. [5.5절]

5.8 어느 강의 둔치 지역에 황새가 치는 둥우리의 수와 그 부근에서 태어나는 아기의 수에서 나타나는 큰 연관성을 설명할 수 있는 가능한 제3의 변수로서 생식기라는 계절적 요인을 가지고 토론하여라. [5.5절]

5.9 염분의 과다섭취가 심혈관성 질환에 대해 가지는 인과연구에서 인과방향, 연관성, 그리고 격리의 측면을 토론하여라. 특히 과체중이나 운동부족을 교락요인으로 하는 상황을 고려하여라. [5.5절]

5.10 심장병 발작으로 치료를 받은 후 재발여부는 좌심실 배출비율(LVEF)이라는 지표를 통하여 재나 이는 측정에 비용이 많이 드는 관계로 대신 전자심전계를 이용한 측도로 QRS 점수가 사용되기도 한다. 아래에 주어진 자료는 심장병 발작이 있었던 28명의 환자로부터 발작 3주 후에 LVEF과 QRS 점수를 측정한 것이다.

(1) 이 자료에 대한 산점도를 그리고 두 변수간의 선형성과 군집성 및 특이점이 있는지의 여부를 검토하여라.

(2) QRS와 LVEF의 표준편차는 각각 15.02와 4.12로, 그리고 피어슨 상관계수는 −0.9196으로 나타났다. 공분산은 얼마인가?

(3) 이 자료에 대한 상관계수의 값을 (1)의 산점도의 내용과 결부시켜 크기와 부호의 측면에서 그 의미를 해석하여라.

(4) 스피어만과 켄달의 상관계수를 계산하여라.

(5) QRS를 독립변수로 하여 LVEF의 변이를 설명하기 위한 단순 선형회귀모형을 만들고, 이 모형에 대한 가정들을 서술하여라.

(6) R^2를 (2)로부터 계산하고, 그 의미를 해석하여라.

(7) 계산된 최소제곱 적합회귀식 $\widehat{LVEF} = 60.87 - 3.36QRS$를 해석하고, 이를 산점도의 모습과 비교하여라.

(8) $QRS = 0$일 때 $LVEF$의 예측값과 원자료에서 $QRS = 0$인 경우에 관측된 LVEF 값들을 비교하여라. [5.4, 5.6절]

QRS	LVEF	QRS	LVEF	QRS	LVEF	QRS	LVEF	QRS	LVEF	QRS	LVEF	QRS	LVEF
0	51	0	57	0	58	0	60	0	66	0	7	1	58
1	60	1	65	2	57	3	52	4	51	5	44	5	46
6	32	6	40	6	42	6	48	7	37	8	28	2	38
9	28	9	31	9	43	11	21	11	22	11	24	13	18

5.11 주택건설경기를 예측하고자 한다면 먼저 주택건설 활동상황과 잠재적 주택 구매력을 나타내는 변인을 구체적으로 선정해야 할 것이다. '주택착공수'를 종속변수로 하고 인구, 실업률, 혼인풍속, 가족관계의 변화, 정부의 주택관련 정책 그리고 주택자금의 상태를 반영하는 지표로서 담보융자 자금지수 등을 독립변수로 하는 다중 선형회귀모형을 놓고 토론하여 보아라. [5.6절]

5.12 국회의원 선거에서 후보자의 득표율을 예측하기 위해 어떤 변수들을 독립변수로 사용할 수 있으며, 또 그들에 관한 자료를 어떻게 얻을 것인지에 관해 논의해 보아라. 당해년의 GNP 성장률, 인플레율, 후보자의 소속정당, 현재 집권당, 사회안정도, 지역구의 인구구성 등 경제적, 정치적, 사회적 측면의 여러 가능한 독립변수들을 검토하고, 이들에 기초한 다중 선형회귀분석 모형을 구축하여라. [5.6절]

6장. 지수의 이해

소비자 물가지수 등 각종 사회경제적 지표는 현대사회를 이해하는 데 필수적인 계량적 측도이다. 이 장에서는 지수에 대한 일반적 정의와 함께 소비자 물가지수를 작성하고 활용하는 방법을 소개하며 시계열에 관한 기초개념 등을 다룬다.

6.1 지수의 정의

우리는 일상생활에서 물가지수니 주가지수라는 말을 흔히 듣는다. 지수(指數, index number)란 시간의 변화에서 오는 수량이나 가격 등 특정 현상의 변화정도를 측정하거나 비교하는 데 이용되는 통계량으로 이를 구하는 공식은 다음과 같다.

지수 = (비교시점 값/기준시점 값)×100

예 6.1 **양식어류 생산량**

어느 양식장에서 어류의 기준시점 생산량이 40톤이고 비교시점에 64톤이 생산되었다면 어류의 생산지수를 64 / 40×100=160.0으로 계산하여 지수로 나타낼 수 있다. 다른 말로 표현하면 어류의 생산이 기준시점에 비하여 비교시점에서 60.0% 증가하였음을 나타낸다. 즉 지수는 한 변수의 기준값에 대한 변동의 양을 측정하는 것이다.

이러한 지수를 계산하는 데는 일반적으로 적절한 기준시점, 가중치(weight) 그리고 지수공식이 선택되어야 한다. 기준시점의 선택은 일반적으로 단일시점을 선택하는 경우도 있지만 통상 1개월 또는 1년간의 기간을 선택하는데, 이 때 동 기간 중의 평균

수치를 100으로 한 비교시점의 상대 값이 곧 지수인 것이다. 또한 지수는 단일품목의 가격이나 수량에서의 변화를 근거로 계산된 단순지수(單純指數, simple index number)와 여러 개의 품목의 가격이나 수량의 변화를 합성하여 작성된 종합지수(綜合指數, composite index number)로 나눌 수 있다. 종합지수를 계산하는 데에는 이를 구성하는 구성품목 별 개별지수 등을 단순 산술평균하는 방법이 많이 쓰인다. 그러나 이렇게 계산된 종합지수는 각 구성품목의 상대적 중요도를 무시하게 되어 때로는 변화의 수준을 적절히 나타내지 못할 경우도 있다. 이에 대해 각 항목의 중요도의 차이를 계산에서 고려한 지수를 가중평균지수라고 말하는데 이때 사용한 각 개별지수의 중요도가 바로 가중치이다. 예를 들어 물가지수의 경우는 상품거래금액 또는 소비지출금액을, 그리고 생산지수의 경우는 부가가치액 또는 생산액을 가중치로 하고 있다.

가중평균지수를 산출하는 공식에는 여러 가지가 있으나 가장 널리 쓰이는 라스파이레스 지수는 다음과 같이 정의된다.

라스파이레스(Laspeyres)**의 가격지수**(價格指數, price index):

$$LP_{0t} = \frac{\sum_{i=0}^{n} p_t^{(i)} q_0^{(i)}}{\sum_{i=0}^{n} p_0^{(i)} q_0^{(i)}} q_0^{(i)} \cdot 100$$

여기서 첨자 t는 비교시점이고 0는 기준시점이며, p_t는 비교시점의 가격이고, q_0는 기준시점의 수량이다. 그리고 첨자 i 는 n 개 구성품목의 개별 품목을 나타낸다. 따라서 위 공식에서 분모, 분자는 다음과 같다.

$\sum_{i=0}^{n} p_t^{(i)} q_0^{(i)}$: 비교시점의 가격으로 계산된 기준시점의 구입총액

$\sum_{i=0}^{n} p_0^{(i)} q_0^{(i)}$: 기준시점의 가격으로 계산된 기준시점의 구입총액

즉, 라스파이레스 물가지수는 기준시점과 같은 수량의 상품을 비교시점의 가격으로 구입했을 때의 지출총액을 기준시점의 지출총액으로 나누어 그 변화의 정도를 측정한 것이다. 여기서는 상품구입수량이 크게 변화하지 않는다는 것을 전제로 하고 있으며 기준시점의 구입수량이 가중되기 때문에 순수한 가격변동을 나타낸다.

예 6.2 2005년과 2006년에 4가지 제품이 아래와 같이 소비되었다고 하자.

연도	상품1		상품2		상품3		상품4	
	수량	가격	수량	가격	수량	가격	수량	가격
2005	50	200	100	1,500	40	1,000	12	700
2006	50	300	150	1,800	30	2,500	15	900

2005년을 기준시점으로 2006년의 라스파이레스의 물가지수를 구해보면 다음과 같다.

$$LP_{0t} = \frac{\sum p_t q_0}{\sum p_0 q_0} \cdot 100 = \frac{300 \cdot 50 + 1,800 \cdot 100 + 2,500 \cdot 40 + 900 \cdot 12}{200 \cdot 50 + 1,500 \cdot 100 + 1,000 \cdot 40 + 700 \cdot 12} \cdot 100 = 146.7.$$

지수는 경제통계분석에서 매우 중요한 지표인데 그 종류에는 금액지수, 수량지수, 물가지수 등이 있다. 금액지수는 금액을 지수화한 것으로, 예로는 소비수준지수 등을 들 수 있으며, 수량지수는 수량의 실질적인 변동을 나타낸 것으로 광공업생산지수, 재고지수 등이 있다. 특히 물가지수는 물가의 총체적인 변동을 나타낸 것으로 생산자물가지수와 소비자물가지수가 그 대표적인 예이다.

6.2 물가지수

우리나라에서는 물가지수로서 생산자물가지수가 1910년부터 작성되었다. 그 후 이 지수는 많은 변천을 거쳐 오늘날 가장 대표적인 경제통계지표 중의 하나가 되었다. 현재 우리나라에서는 한국은행이 작성하는 생산자물가지수 및 수출입물가지수, 통계청이 작성하는 소비자물가지수 등이 있다.

생산자(도매)물가지수 : 이 지수의 작성에 사용되는 가격은 제1거래단계(공장에서 도매상으로의 거래)가격으로, 국내생산품의 경우는 부가가치세를 제외한 생산자판매가격(공장도가격)을, 그리고 수입상품의 경우는 수입상판매가격을 기준으로 조사되고 있다. 생산자물가지수를 산출하기 위해서는 모든 상품의 가격동향을 조사, 지수에 반영하는 것이 바람직하지만 가격조사에서의 어려움으로 인해 실제로는 가격변동의 대표성과 시계열 유지가능성 등을 고려하여 거래액이 국내시장에서 거래되는 총 상품거래액의 1/10,000 이상이 되는 품목(서비스의 경우 총 거래액의 1/2,000 이상인 품목)만을 대상으로 한다.

<표 6.1>은 1995년과 2000년 지수의 산업별 가중치 변동내역을 보여준다. 대분류는 상품부문과 서비스부문인데, 1995년에는 상품과 서비스에 대한 비중이 76.8%와 23.2%였으나 2000년에는 이것이 각각 70.6%와 29.4%로 바뀌었음을 볼 수 있다. 즉 상품부문의 비중이 6.2%P 작아지고 그만큼 서비스부문의 비중이 커진 것이다. 상품부문 비중의 하락에는 공산품의 영향이 컸다 (5.2%P).

표 6.1 ▸ 생산자 물가 신·구지수 산업별 가중치 변동내역

	1995년기준(A)	2000년기준(B)	증감(B−A)
총 지 수	1,000.0	1,000.0	–
상 품	768.2	705.8	-62.4
농림수산품	66.1	49.0	-17.1
광 산 품	4.4	2.5	-1.9
공 산 품	664.9	613.4	-51.5
전력·수도·가스	32.8	40.9	8.1
서 비 스	231.8	294.2	62.4

소비자물가지수(消費者物價指數, consumer price index) : 이 지수는 일반 도시가구가 소비생활을 영위하기 위하여 구입하는 품목의 가격과 서비스요금의 변동을 종합적으로 측정하기 위하여 작성되는 물가지수이다. 이 소비자물가지수는 가장 중요한 지수중의 하나로서 최종소비자 구입단계에서의 물가변동을 파악하여 일반 도시가구의 평균적인 생계비 내지 소비자구매력을 측정하는데 이용된다. 실제 대부분 소득의 원천이 소비자물가지수와 밀접하게 연관되어 있기 때문에 노사 간 임금협상에서 임금조정을 위한 기초자료로 소비자물가지수를 제시하는 것을 보면 이 지수와 소득의 관계를 실감할 수 있다. 또한 소비자물가지수는 인플레이션의 보편적인 측도라고 할 수 있다. 왜냐하면 소비자물가지수의 상승은 임금과 수당의 상승을 유발시켜 곧 인플레이션의 요인으로 나타나기 때문이다.

소비자 물가지수를 산출하기 위해 조사품목은 어떻게 선정되고 분류되는가?

우선 조사품목은 도시가계의 품목별 소비지출액이 총소비지출액의 1/10,000 이상 되는 516개 품목으로서, 이들은 동종 상품군의 가격을 대표할 수 있고 또 시장에서 계속적인 가격조사가 가능한 것을 선정한 것이다. 이와 더불어 선정된 516개 품목은 그의 가격 대표성을 높이기 위해 총 9개의 집단(중분류)으로 분류하고, 각 중분류별 그리고 중분류 내 품목별 가중치가 작성된다. <표 6.2>는 2000년을 기준년도로 한 소비자물가지수의 분류체계, 품목수 및 각각에 대한 가중치이다.

매월 발표되는 소비자물가지수에 대한 자료는 어떻게 수집되는가?

현재 서울을 포함하는 36개 도시에서 소비자물가를 조사하고 있다. 먼저 각 도시별로 규모가 큰 대표적인 3~10 개의 소매시장을 조사시장으로 선정한다. 선정된 조사시장 내에서 품목별로 소비자의 출입이 가장 많은 소매점포 및 서비스 업체를 조사대상처로 추출한다. 그리고 지정된 조사일에 조사원이 직접 조사대상처를 방문하여 실제 거래된 정상적인 현금판매가격을 조사한다.

이러한 소비자물가지수가 소비자의 측면에서 어떠한 역할을 하고 있는가? 만일 시장에서 물가가 상승하고 있는 경우, 구입하게 되는 상품의 양은 물가가 오르기 전보다 감소하게 되므로 돈의 가치 즉, 화폐의 구매력은 떨어지게 되며 반대로 물가의 하락이 계속되면 화폐의 구매력은 증대하게 된다. 즉, 소비자물가지수를 이용하여 물가의 변동에 따른 화폐의 실질적인 구매력 변화를 측정할 수 있다. 더불어, 소비자물가지수는 디플레이터(deflator)로서의 기능을 갖는다.

우리는 금액으로 표시되어 있는 통계자료를 다룰 때 현재의 금액을 기준시점금액으로 환산할 필요성이 있다. 이 경우 흔히 쓰는 방법이 소비자물가지수를 이용하는 방법인데 불변화폐액은 일정한 구매력을 지닌 화폐액을 말하며 소비자물가지수의 기준시점에서의 실제 화폐구매력과 같다. 불변화폐액을 구하는 공식은 다음과 같다.

$$\text{불변화폐액} = (\text{현재화폐액}/\text{현재 소비자물가지수}) \times 100$$

예 6.3 근로자 임금

어떤 근로자의 월평균 임금은 1995년에는 86만 7천원이고 1998년에는 97만 9천원이었으며 1998년의 소비자물가지수는 (1995년=100) 117.8이었다고 하자. 이때 1998

표 6.2 ▸ 소비자 물가지수의 중분류별 품목수 및 가중치 (2000년 기준)

분류내역	품목수	가중치	분류내역	품목수	가중치
총지수	516	1000.0			
(식료품)	180	271.2	(피복 및 신발)	43	56.5
곡류	12	31.6	외의	17	32.7
육류	8	23.7	스위타·셔츠	6	8.9
낙농품	7	12.4	내의	6	3.3
어개류	20	20.0	기타피복	6	8.9
채소·해초	29	21.5	신발	6	3.3
과실	13	16.8	피복서비스	7	2.4
유지·조미료	18	8.8	신발	5	7.1
빵및과자	15	15.1	피복서비스	2	2.1
차와음료	11	7.0			
주류	8	11.5	(보건의료)	42	43.9
기타식료품	3	2.5	의약품	22	21.1
외식	36	100.3	의료용품	4	2.5
			의료서비스	16	20.3
(주거비)	15	156.4			
집세	2	131.4	(교육)	33	114.6
주택설비수리	11	16.4	교육	25	112.0
기타주거	2	8.6	문방구	8	2.6
(광열·수도)	8	58.0	(교양오락)	58	53.6
전기료	1	18.0	신문·도서	7	5.7
수도료	2	7.0	교양오락기구	25	21.7
연료	5	33.0	교양오락서비스	26	26.2
(가구집기·가사용품)	57	37.1	(교통·통신)	44	159.3
일반가구	10	6.1	교통	30	111.4
가정용기구	13	9.8	통신	14	47.9
주방용품	10	2.8			
가사잡화소모품	13	6.4	(기타잡비)	36	49.4
침구및직물제품	5	3.6	이·미용	22	29.7
가사서비스	6	8.4	장신구	6	6.5
			담배	2	10.1
			숙박비	3	0.9
			수수료	3	2.2

년의 979,000원은 1995년에는

$$(979{,}000 / 117.8) \times 100 = 831{,}070(\text{원})$$

의 가치가 있다고 볼 수 있다. 따라서 이 기간 중 임금이 겉으로는 11만 2천원

(=979,000 - 867,000) 올랐지만 물가가 더 큰 폭으로 올랐기 때문에 실질적인 구매력은 오히려 35,930원(=867,000-831,070) 감소한 셈이다. 이렇게 금액으로 표시되어 있는 통계자료는 물가지수로 나눔으로써 가격변동 효과를 제거할 수 있는데, 이 때 원래의 통계치를 명목금액, 물가지수로 나누어 얻어지는 통계치를 실질금액(불변화폐액), 그리고 이때 사용한 물가지수를 디플레이터라고 한다.

다음으로 소비자물가지수에 대하여 검토되어야 할 몇 가지 사항들을 살펴보자.

(1) 생산자물가지수와 소비자물가지수가 종종 서로 다른 방향의 변동을 나타내거나 같은 방향이라도 변동폭에서 큰 차이를 보이는 원인은 무엇인가?

첫째, 조사하는 품목이 서로 다르기 때문이다. 생산자물가지수는 주 관심대상이 소비재 이외에 원재료, 중간재, 기계설비 등이 조사대상인 반면, 소비자물가지수에서는 외식비, 집세, 교육비 등이 조사대상에 포함된다.

둘째, 생산자물가지수가 공장도가격을 조사하는 반면 소비자물가지수는 소매가격을 조사하기 때문이다.

셋째, 같은 품목이라고 하더라도 두 지수에서 적용되는 가중치가 서로 다르다. 예를 들어 철강, 원유 등 국제원자재 가격이 올랐을 경우에는 생산자물가지수에는 그 영향이 곧바로 파급되지만 소비자물가에는 몇 차례의 가공단계를 거쳐 소비재로 만들어진 후에야 그 영향이 도달하게 되므로 소비자물가지수가 생산자물가지수보다 뒤늦게 오르는 것이 일반적이다.

(2) 지수물가와 피부물가가 차이나는 원인은 무엇인가? 즉, 우리는 일상생활에서 소비자단체 등에서 이른바 장바구니 물가라는 것을 만들어 정부에서 발표하는 소비자물가보다 더 많이 올랐다고 주장하기도 한다. 이러한 주장이 나오는 원인으로는 다음과 같은 것들을 생각할 수 있다.

첫째, 가계마다 소비지출하는 품목들이 다르기 때문이다. 물가지수는 여러가지 상품가격을 일정기준에 따라 종합한 평균적 물가수준인 데 반해 피부물가는 소비자가 상품을 구입하는 과정에서 주관적으로 느끼는 물가이므로 자주 구입하는 몇몇 품목의 가격변동에 민감하게 된다.

둘째, 생활수준의 향상에 따른 소비지출의 증가를 물가가 올랐다고 착각하는 경우를 들 수 있다. 소득이 늘어나 TV나 냉장고를 대형으로 바꾸고 에어컨과 자동차를 새로 구입하다보니 가전제품 구입비, 전기료, 유류비, 보험료 등의 지출이 늘어난 것을 물가가 올랐다고 혼동하는 경우가 이에 해당된다.

셋째, 소비자의 자기중심적 심리도 주요한 요인이 된다. 소비자는 가격이 떨어지거나 적게 오른 상품보다는 가격이 많이 오른 상품을 중심으로 물가를 생각하는 경향이 있으며, 가격의 비교시점도 기준시점의 개념이 없이 개인의 과거기억에 의존하여 가장 저렴했던 시점의 가격을 기준으로 물가를 비교하기 때문에 지수물가와 차이가 나곤 한다.

넷째, 물가지수는 각 상품에 대하여 국민경제 전체의 입장에서 그의 중요도에 따라 가중치를 부여하여 그 가중치의 크기에 비례해서 개별상품의 가격변동이 전체물가에 영향을 미치게 되어 있으나, 소비자는 구입회수가 빈번한 품목만을 대상으로 하여 가중치를 무시하고 개별상품의 가격변동률을 단순히 평균 하는 경향이 있기 때문이다.

(3) 현실적으로 물가지수 작성에 어떠한 어려움들이 있는가? (소비자물가지수뿐만 아니라 모든 지수들은 측정의 타당성에 대한 문제를 안고 있다.) 우선 매년 같은 시장품목을 유지한다는 것은 현실적으로 불가능하다. 즉 물가지수의 조사대상품목을 교체하여야 하는 경우가 빈번히 발생한다. 그런데 물가지수에서는 동일 품질을 전제로 순수한 가격변동만을 계산함으로 새로운 제품으로 대상품목을 교체할 때는 품질변화를 고려하여야 한다.

예 6.4 어느 가전제품회사가 기존 모델을 대체하여 생산한 신상품의 가격을 13% 올렸다고 하자. 만일 품질의 변화가 없다고 전제하면 단순히 가격이 13% 오른 것으로 처리하면 되겠지만, 품질이 향상된 것이라면, 가격상승분 13%에는 품질개선 부분이 포함되어 있을 것이다. 그런데 문제는 품질 개선 부분을 산술적으로 계산하기가 어렵다는 점이다. 이와 같이 가격조사 대상품목을 교체할 때 품질변화 정도를 물가지수 작성에 반영하는 일은 매우 중요하고도 어려운 과제이다.

예 6.5 가계의 소비지출구조는 가격의 변동에 직접 영향을 받는다. 쇠고기 값이 폭등하면 쇠고기를 덜 먹고 돼지고기나 닭고기를 많이 먹을 것이다. 즉 품목의 가격이 상승할 때는 대체품을 사용함으로써 생계비를 일정하게 유지하려 한다. 그러나 소비자물가지수는 가격의 변동을 측정할 뿐 생계비의 변동을 측정하지는 못한다.

6.3 사회지표

사회지표(社會指標: social indicator)란 시간의 흐름 속에서 우리가 처해 있는 사회적 상태를 총체적이고도 집약적으로 나타내는 척도이다. 이는 생활의 양적인 측면은 물론 질적인 측면까지도 측정함으로써 인간생활의 삶의 질을 전반적으로 파악할 수 있게 해준다. 즉, 사회지표는 사회적 가치와 복지에 대한 통계적 척도이다. 이러한 사회지표의 작성목적은 정책입안자들에게 현 사회 상태를 종합적· 체계적· 균형적으로 파악할 수 있는 정보를 제공함으로써, 사회구조의 경향 및 변화를 파악하여 각종 사회개발 정책의 계획수립이나 정책결정을 할 수 있게 한다. 더불어 수행중인 사회개발정책의 성과를 측정하며, 부수적이고 간접적인 효과까지도 측정한다.

우리나라에서는 사회통계 체계화에 관한 UN 권고(UN통계위원회 17차 회의, 1972)에 따라 1979년 최초로 당시 경제기획원에서 128개 지표를 수록한 제 1차 보고서를 시점으로 매년 사회지표보고서를 발간하고 있다. 현재의 사회지표는 인구, 가족, 소득·소비, 노동, 교육, 보건, 주거·교통, 정보·통신, 환경, 복지, 문화·여가, 안전, 사회참여, 국제비교 항목으로 구성되어 있다. 주요 수록내용을 살펴보면 다음과 같다.

인　　구 : 총인구, 국민평균연령, 시·도별 인구 구성비, 부양비
가　　족 : 총가구수 및 가구원수별 가구분포, 가족의 세대수별 분포
소득과 소비 : 1인당 GNP, 월소득 계층별 가구분포, 민간최종소비지출
노　　동 : 피고용률, 여성취업에 관한 태도, 직업선택요인, 실업률
교　　육 : 국민의 학력구성비, 학생의 기대교육 수준, 학생의 기대교육 목적
보　　건 : 연령별 기대여명, 흡연인구비율, 건강관리방법, 의료인력 현황
주거와 교통 : 주거공간, 현 거주지 선택이유, 현 거주지 만족도 및 불만이유
정보와 통신 : 컴퓨터 사용능력, 컴퓨터 및 PC통신 사용시간, PC통신 및 인터넷의 사용용도, 정보화의 영향에 대한 인식
환　　경 : 음용식수, 농약오염에 대한 불안, 환경오염 방지노력
복　　지 : 생활보호대상자 비율 및 의료보호 수혜자 비율, 공적연금 적용률, 장애인 취업자 및 취업희망 장애인 비율
문화와 여가 : 잡지구독률, 독서인구비율, 신문의 관심부문, 신문보도에 대한만족도 및 불만이유, TV시청 시간, TV기호 프로그램

안　　전 : 준법수준, 공중질서 수준, 사회안전에 대한 인식도, 전화폭력 경험여부,
사 회 참 여 : 주관적 계층의식, 종교인구 비율, 정부예산의 기능별 구성

[자료: 통계청]

다음은 통계청이 발표한 2000년 사회지표 내용 중에 가족항목에 대한 조사결과이다.

– 1998년 현재 "결혼을 반드시 해야 하거나 또는 하는 것이 바람직하다"고 생각하는 사람은 4명중 3명(73.5%)으로 나타났으며, 이혼에 대해서는 5명중 2명(37.7%)이 "상황에 따라서는 이혼할 수도 있다"는 견해를 보였다.

이들 사회지표는 크게 두 가지 방법으로 작성된다. 통계청과 각급 통계작성기관에서 작성한 기존 통계자료를 재분류하거나 가공하여 지표를 작성하는 방법과 기존통계에서 생산되지 않은 주관적 의식이나 사회적 관심사에 관해서는 직접조사(설문조사)하여 작성하는 방법이 있다. 사회지표의 특징 중의 하나가 주관적인 정보까지도 측정한다는 것이다. 예를 들어 직업 환경에 대한 만족도, 거주 지역에 대한 만족도, 청소년의 고민에 대한 견해 등에 관해 국민들이 갖고 있는 생각을 알아내는 것은 흥미 있는 일이다. 이러한 자료들은 직접조사에 의해서만 얻어질 수 있는 주관적인 정보이다. 사회지표의 문제점 역시 주관적인 반응을 내포하고 있다는 것에서 기인한다. 실업과 같은 객관적인 측정조차 쉽지 않은데 "현 거주지 만족도"와 같은 "생활의 만족도"를 어떻게 측정할 수 있는가? 따라서 사회지표를 위하여 측정할 때는 많은 주의를 요한다. 어떤 요인을 측정하기 위해서는 먼저 그 요인의 개념을 명확히 해야 한다. 결론적으로 사회지표는 개념화의 측정이라는 문제를 안고 있다고 하겠다.

6.4 시계열자료의 해석

시계열자료(時系列資料, time series data)란 시간의 흐름에 따라서 관측되는 자료를 말한다. 예로서, 종합주가지수, 물가지수, 국민총생산, 환율 등과 같은 자료들을 들 수 있다. 우리가 시계열 자료를 수집하는 이유는 이와 같은 시계열이 어떠한 경제현상이나 자연현상에 관한 시간적 변화를 나타내는 역사적 계열(historical series)이므로 어느 한 시점에서 관측된 시계열자료는 그 이전까지 이루어진 경과에 주로 의존하게 된다. 따라

서 관측된 과거의 시계열자료를 분석하여 모형화하고 이를 추정한 후에, 이 자료들의 특성이 미래에도 변화하지 않을 것이라는 가정 하에서 미래를 예측하게 된다.

시계열자료는 **시도표**(時圖表, time plot)을 이용하여 주어진 시계열자료가 가지는 특징을 기술적으로 파악할 수 있다. 이러한 특징으로는 **계절변동**(季節變動, seasonal variation), **추세**(趨勢, trend), **순환**(循環, cycle), **불규칙변동**(不規則變動, random variation) 등이 있는데 이들은 시계열 자료를 구성하는 기본요소로 생각할 수 있다.

계절변동은 1년을 주기로 반복되는 규칙적인 변화를 말하는 것으로 월별효과나 분기별효과를 등이 그 예이다. <그림 6.1>은 2002년 1월부터 2005년 12월까지의 월별 경부선 제1종(승용차) 교통량을, <그림 6.2>는 같은 기간의 서해안 고속도로의 제1종(승용차) 교통량을 시도표로 나타낸 것이다. 그림에서 월별로 뚜렷한 계절변동이 있음을 알 수 있다. 즉, 1월과 2월은 작고 8월, 10월에서 크다.

추세는 시계열이 장기간에 걸쳐 점진적으로 상승 또는 하강하는 변화상태를 나타내는 경향이다. 예를 들어 자동차보유대수, 연도별 국민소득 등은 대체로 이러한 추세변동을 갖고 있다 (IMF 기간은 예외). 시계열 자료에서 기본적인 추세를 알아내려면 계절변동의 효과를 제거해야만 한다. <그림 6.1>과 <그림 6.2>에서 눈짐작으로 이를 감지할 수 있다. 연월 교통량 자료에서 계절변동을 제거하면 계열은 전체적으로 상승하고 있다. 이것이 바로 추세이다.

순환변동은 경기순환(business cycle)에 따라 확장과 수축의 기간을 반복하는 불특정 주기를 갖는 변동이다 이때 순환의 주기는 4-5년 또는 8-10년 등이다. 경기의 과열과 침체 등이 원인이 되어 발생한다.

시계열 자료를 분석하는 목적은 추세와 주기를 알아내는 것이다. 그러나 시계열 자료를 분석하여 추세, 주기, 계절변동을 분리해 내는 것은 매우 어려운 작업이다. 그리고 시계열 자료에는 추세, 주기, 계절 변동뿐 만 아니라 불규칙한 변동도 포함되어 있다. 예를 들어 폭풍우, 파업, 출항금지, 기타 우연한 크고 작은 사건들도 경제지표에 영향을 미친다. 이런 이유로 아무리 과거의 자료를 깊이 분석하고 고찰하더라도 미래를 예측하는 일은 여전히 어려운 일일 수밖에 없다.

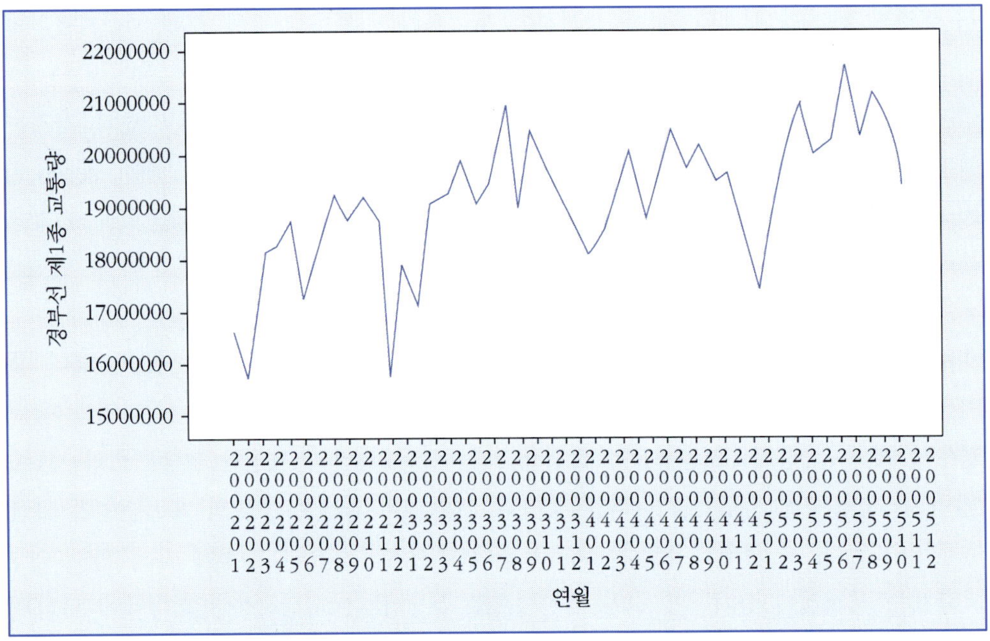

그림 6.1 ▸ 월별 경부선 제1종 교통량 (2002년 1월–2005년 12월)

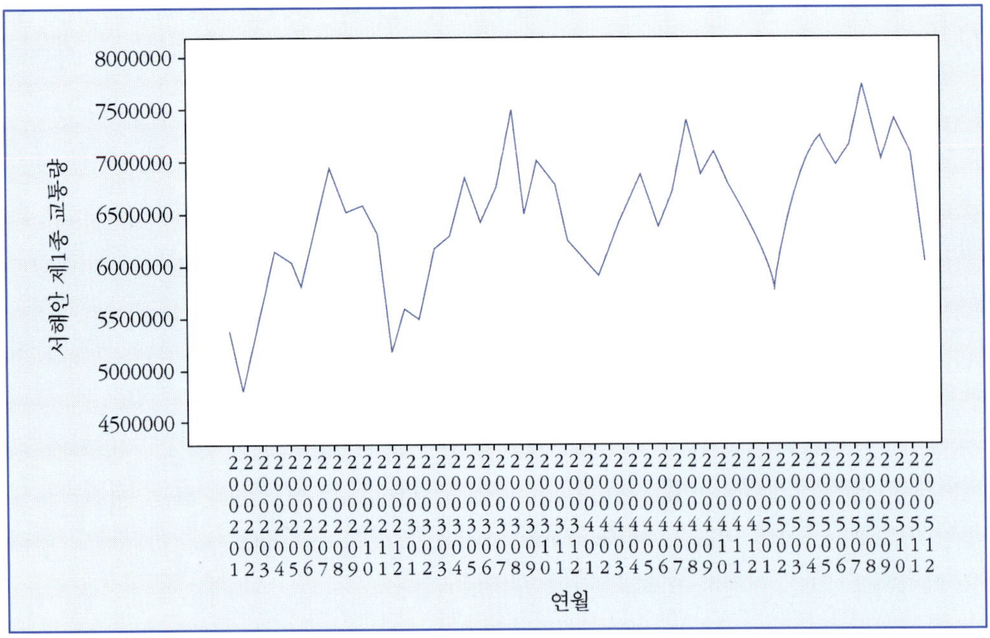

그림 6.2 ▸ 월별 서해안 고속도로 제1종 교통량 (2002년 1월–2005년 12월)

연습문제

6.1 주부들은 생활비가 올랐다고 말하나 정부는 오히려 소비자물가지수가 내렸다고 발표하였다.

(1) 어떠한 경우에 그럴 수 있는가?

(2) 한 주부는 품목 A, B, C, D를 다음과 같이 소비하였다

	A	B	C	D
기준시점	100	50	200	300(수량)
비교시점	80	50	150	565

가격은 다음과 같다. 생활비의 상승률을 계산하여라.

	A	B	C	D
기준시점	10	8	15	2
비교시점	9	7	12	2

(3) 라스파이레스의 가격지수를 계산하여라. [6.1절] [6.2절]

6.2 다음의 자료는 1990년을 기준시점으로 계산한 가격지수이다.

연도	1990	1991	1992	1993	1994	1995	1996	1997
가격지수	100	112	122	143	145	156	168	189

기준시점을 1995년으로 하는 가격지수를 작성하여라. [6.2절]

6.3 경제지표와 사회지표의 작성에서 측정의 타당성에 대하여 논의하여라. [6.3절]

6.4 다음은 1995년부터 2000년까지 6년 동안 한 여행사를 통하여 해외여행을 다녀온 관광객의 수이다. 이 자료를 시도표로 작성하고 자료가 갖는 특징을 설명하여라. [6.4절]

연도	봄	여름	가을	겨울
1995	270	460	310	200
1996	310	510	370	270
1997	390	610	415	130
1998	200	300	250	200
1999	310	550	455	300
2000	510	710	610	450

<단위 : 십명>

6.5 최근 20년 간의 우리나라의 소비자물가지수 및 산업생산지수자료를 구하여 시도표를 작성하고, 이에 나타나는 변동을 설명하여라. [6.2절]

6.6 신문 또는 TV 등 생활에서 많이 접하는 시도표를 소개하고 설명하여라. [6.4절]

6.7 다음 자료는 L회사의 1990년부터 1995년까지의 월별 매출액이다 (단위: 천만원).

26.0	24.5	28.9	35.2	33.2	38.2	39.0	35.6	33.2	30.9	28.7	29.0
26.5	23.5	29.9	33.2	34.2	39.2	39.8	36.6	34.2	31.9	29.3	28.0
27.0	25.5	28.9	35.5	37.1	40.2	41.0	38.2	36.2	34.9	29.4	29.0
26.9	25.3	29.1	34.2	34.2	37.2	42.0	39.4	34.2	31.9	29.1	30.0
27.9	26.5	29.5	35.2	36.5	38.2	42.9	40.9	37.2	33.9	31.7	31.0
28.0	27.5	29.9	39.2	39.9	40.3	43.0	42.6	39.2	36.9	24.7	33.0

(1) 위의 자료를 이용하여 시도표를 작성하고, 변동을 설명하여라.

(2) 예측에 대하여 논의하여라. [6.4절]

제 3 부

확률과 통계적 추론

요 약

제 1부에서는 표본조사나 실험, 관측 등의 과정을 통하여 통계자료를 합리적으로 생산하는 문제를 다루었다. 제 2부에서는 수집된 통계자료의 내용과 특성을 잘 이해하기 위하여 그래프나 도표 등을 통해 기하학적으로 표현하고 대표값, 변이, 상관계수 등 대수적으로 정리하는 방법들을 살펴보았다. 그러나 이와 같이 생산된 자료를 체계화하고, 요약하는 것만으로는 당면한 확률현상의 미지의 상태를 추측하거나, 얻어진 통계자료의 원천이 되는 모집단의 여러 특성에 대해 어떤 결론을 도출하기에는 미흡할 수 있다. 제 3부에서는 일련의 자료처리과정의 최종목표가 될 수 있는 통계적 추론의 내용을 다룬다.

통계적 사고는 표본자료라는 부분정보를 바탕으로 그 모집단의 내용을 유추하는 귀납적(歸納的; inductive) 접근을 특징으로 한다. 이런 입장은 표본자료 자체가 지니는 변이성과 더불어 통계적 추론에 불확실성의 개입을 회피할 수가 없게 한다. 그러므로 통계적 추론에서 일어나는 불확실성 정도를 가늠하지 않고서는 결론에 관한 신뢰를 확보할 수 없고, 이에 따라 객관성을 유지하는 것이 불가능할 것이다. 일반적으로 통계적 추론의 결과가 가지는 불확실성은 일종의 연역적(演繹的; deductive) 개념인 확률이라는 잣대를 이용하여 평가하게 된다. 이런 관점에서 통계학은 인지되는 불확실성을 확률을 통해 양적으로 객관화하고 이에 기초하여 합리적인 의사결정을 도모하는 학문으로서 이를 위해 사용되는 통계적 추론방법은 귀납적인 요소와 연역적인 요소가 통합되어 있다고 생각할 수 있다.

7장. 확률

태어나는 아이의 성, 생산품의 불량비율, 특정 TV 프로그램의 인기도, 로또복권 당첨 가능성, 보험청구사고의 발생, 정부정책에 관한 국민의 지지여부 등에서부터 룰렛 게임에서 이익을 볼 가능성, 인간의 수명, 주식투자 적정시점의 선택이나 은행창구에서 대기시간 등에 이르기까지 우리가 관심을 가지는 대부분의 현상은 명확한 예측이 가능하지 않은 가변적이고 불확정적인 상황을 그 배경으로 한다. 이 장에서는 이와 같은 불확실성을 수량화하기 위한 기초적 개념으로서 확률의 내용을 설명하고, 임의적 현상을 모형으로 정형화하기 위해 어떤 확률분포를 고려할 수 있는지를 살펴보기로 한다.

7.1 확률이란?

확률의 내용을 구체적으로 설명하기에 앞서 몇 가지 기본용어들을 소개한다.

임의실험, 표본공간, 사건

100만원을 1년 만기, 연리 5%로 은행에 예치하면 만기일에 받게 되는 총액은 얼마인가? 이 경우 이자를 계산하는 간단한 계산방법만 알면 총 수령액이 얼마가 될 것인지는 오차 없이 정확히 예측할 수 있고 그 결과는 확정적이다. 이에 대해 <예 1.1.>에서의 '언론사 세무조사가 정부의 비판적인 언론사에 대한 탄압의도인가?' 라는 질문에 대한 응답은 경우가 좀 다르다. 여기서는 어느 한 조사대상자의 응답이 '그렇다' 혹은 '그렇지 않다' 둘 중의 하나임을 알 뿐 구체적으로 어떤 반응이 나올지는 사전에 정확히 예측할 수 없고, 따라서 응답결과는 확정되어 있지 않음을 알 수 있다. 통계학이 다루고 있는 자료는 이와 같은 불확정적 상황에서 얻어지는 관찰결과들의 모임으로서 이런 불확정적이고 임의적인 관찰결과를 생성시키는 과정을 임의실험이라 부른다.

임의실험(任意實驗, random experiment)
동일한 조건하에 반복적으로 수행할 수 있으며, 그 행위의 결과로 관찰값을 얻게되고, 관찰결과는 (그 값이 출현 가능한 여러 값들 중의 하나가 된다는 사실을 제외하고) 오차 없이 완벽한 예측을 할 수 없는 불확실성을 가지는 자료생성 과정을 말한다.

언론사 세무조사에 대한 여론조사와 같은 임의실험은 같은 조건하에서 반복해서 여론수합업무를 실시할 수 있으며, 조사를 수행한 결과 각 조사대상자로부터 '그렇다'와 '그렇지 않다' 중 어느 하나를 확률적으로 얻게 되는 상황이다. 이때 얻어지는 관찰결과인 '그렇다'와 '그렇지 않다'를 임의실험의 출현치라 부르고, 이와 같은 임의실험에서 나타날 수 있는 모든 가능한 출현치들의 모임인 {'그렇다', '그렇지 않다'}를 표본공간, 그리고 표본공간의 일부분, 예를 들어 {'그렇다'}를 사건이라 한다. 따라서 출현치, 표본공간, 혹은 사건은 모두 집합이라는 개념을 통해 나타낼 수 있다. 이런 의미에서 혼동의 여지가 없다면 집합과 사건을 구별하지 않고 서로 혼용해 쓰기로 한다.

출현치(出現値, outcome) : 임의실험의 결과로 나타나는 값

표본공간(標本空間, sample space) : 임의실험에서 생각할 수 있는 모든 가능한 출현치들의 집합으로, 이는 표본조사의 경우 모집단에 해당하는 개념이다. 여기서는 표본공간을 영문대문자 S로 표시하기로 한다.

사건(事件, event) : 표본공간의 부분집합으로 S 이외의 영문대문자 E, F 등으로 표시하자. 임의실험에서 나타난 출현치가 특정사건에 대한 집합의 구성원소이면 '그 사건이 발생하였다'고 한다.

예 7.1 태어나는 아기의 성을 조사하는 임의실험에서 남자아이를 'b'로, 여자아이를 'g'로 나타내자. 이때 출현치는 'b' 혹은 'g'가 되고, 표본공간은 이들의 집합으로서 $S=\{b, g\}$가 된다. 이때 여자아이가 태어나는 사건 E는 $E=\{g\}$로서 표본공간 S의 부분집합이다. 만약 조사에서 여자아이가 관찰되었으면 '사건 E가 일어났다'고 말하고, 남자아이가 관찰되었다면 '사건 E가 일어나지 않았다'라고 한다. 이와 같이 실험의 결과는 반드시 특정 사건 E가 일어나거나, 그렇지 않거나 둘 중의 어느 하나로 분류되어진다.

예 7.2 두 개의 주사위를 동시에 던지는 임의실험의 경우 가능한 출현치는 두 주사위에 나타난 눈의 수들을 나타내는 다음과 같은 총 36개의 짝 : $(1,1), (1,2), \cdots, (6,6)$이 되고, 이들 모두로 이루어진 집합 $S=\{(1,1), (1,2), \cdots, (6,6)\}$이 표본공간이다. 한편 두 주사위 눈의 합이 10되는 사건을 E라 하면, $E=\{(4, 6), (5, 5), (6, 4)\}$이다. 이때 주사위를 던진 결과 (6,4)가 나타났다면 이 출현치는 E에 속하므로 '사건 E가 일어났다'고 하고, 만약 (2,3)이 나타났다면 '사건 E가 일어나지 않았다'고 한다.

예 7.3 신입생들의 키를 재는 실험에서 소수 몇 단위까지 눈금을 읽느냐에 따라 다르겠지만 가능한 출현치가 수없이 많을 것이다. 따라서 무제한의 정확도로 재는 이상적인 경우를 제외하고 출현치가 구간 [100cm, 250cm] 사이에 있는 어떤 값으로 생각해도 될 것이다. 즉, $S=\{s: 100 \le s \le 250\}$. 이때 어느 신입생의 키가 170cm 이상인 사건은 구간 $E=\{s: 170 \le s \le 250\}$으로서 S의 부분집합이다.

임의실험의 개념이 표본공간이나 사건 등의 집합을 주요내용으로 하고 있어 이들을 체계적으로 다루려면 집합이론에 대한 지식이 있으면 도움이 될 것이다. 여기에서는 집합에 대한 몇 가지 기본개념들을 증명 없이 정리하기로 한다. 앞에서 사용한 바와 같이 실험결과의 전체집합인 표본공간은 S, 이의 부분집합인 사건을 A, B와 같은 영문 대문자로, 그리고 그 집합을 구성하는 원소는 s, a, b와 같은 영문 소문자로 표기하고, 필요할 경우 A_1, B_2, a_1, b_2 등과 같이 아래 첨자를 붙여 사용하기로 한다.

집합관련 용어

부분집합(部分集合, subset) : 집합 B의 각 원소가 집합 A의 원소가 되면 B를 A의 부분집합이라 하고 $B \subset A$로 표시

공집합(空集合, null set) : 원소를 가지지 않는 집합을 뜻하며 $\varnothing$로 표시

합집합(合集合, union)과 **교집합**(交集合, intersection)

(1) A, B의 합집합 : A, B중 적어도 하나가 일어나는 사건으로 $A \cup B$로 표시

(2) A, B의 교집합: A, B가 같이 일어나는 사건으로 $A \cap B$로 표시

여집합(餘集合, complement) : 실험이 수행되었을 때 사건 A가 일어나지 않을 사건을 A의 여집합이라 하고, 이를 A^c로 표시

상호배반집합(相互背反集合, mutually exclusive sets) : 한 실험에서의 두 사건 A, B 가 공통인 원소를 가지지 않는다면(즉, $A \cap B = \varnothing$) 두 사건은 상호배반

이로부터 쉽게 확인할 수 있는 몇 가지 집합의 기본적 성질들은 다음과 같다.

(1) $\varnothing \cap A = \varnothing$

(2) $S \cup A = S$, $A \cup A = A$

(3) $S \cap A = A$, $A \cap A = A$, $\varnothing \cup A = A$

(4) 표본공간 S의 여집합 $S^c = \varnothing$, $\varnothing^c = S$, $(A^c)^c = A$, $A \cup A^c = S$, $A \cap A^c = \varnothing$

경험적 확률

우리가 다루려는 확률은 임의실험에서 관심의 대상이 되는 사건(집합)의 발생정도를 재는 측도이므로, 만약 임의실험에서의 모든 출현치가 동일한 기회로 나타난다면 어느 사건에 대한 확률은 단순히 가능한 출현치의 총수에 대해 그 사건이 발생한 수의 비율을 의미하게 된다.

예 7.4 다음 3명의 공인(公人) : 국회의장(입), 대법원장(사), 국무총리(행) 중에서 2명을 선출할 경우, 다음과 같은 3가지 가능한 출현치가 표본공간 : S={(입,사), (입, 행), (사,행)}을 구성할 것이다. 이때 국회의장과 국무총리가 선출될 사건의 확률은 3가지 가능한 경우 중 하나이므로 1/3이 되고, 국회의장이 뽑힐 확률은 2/3가 된다.

모든 출현치가 동일한 추출기회를 가질 경우의 확률

임의실험에서 서로 다른 가능한 출현치의 총수를 T라 하고, 이들 각각이 SRS와 같이 동일한 추출기회를 가진다고 하자. 여기서 특정 사건이 일어날 방법의 가지수를 t라 할 때, 그 사건에 대한 확률은 t/T가 된다.

예 7.5 <예 7.2>에서 두 주사위 눈의 합계가 10이 될 확률은 3/36=1/12이다.

위의 <예 7.4>와 <예 7.5>에서 고려한 사건들은 유한개의 원소들로 구성된 표본공

간(모집단)으로부터 임의로 원소를 뽑은 경우에 해당한다. 따라서 이때 그 사건에 대한 확률은 단순히 대응되는 상대비율을 통해 구할 수 있었다. 그러나 <예 7.3>과 같이 표본공간의 구성원소의 개수가 유한이 아닌 경우 등에서는 위의 방법이 유용하지 않을 수 있을 것이다. 그렇다면 일반적으로 특정사건의 확률은 어떤 의미를 가지는가? 예컨대 언론사 세무조사에 대한 여론조사에서 '그렇다'고 응답할 사건의 확률을 생각해보자. 이 값이 0에 가깝다면 그 사건이 거의 일어나지 않았음을, 즉, 거의 모두가 '그렇지 않다'라고 응답했을 것이고, 만약 1에 가깝다면 거의 100% 그 사건이 일어나는 것으로 쉽게 해석할 수 있을 것이다. 그러나 확률이 0.56이라고 서술할 때 0.56이라는 숫자는 무엇을 뜻하는가?

예 7.6 **경험적 확률 : 동전던지기 실험**

1900년 영국의 통계학자 피어슨(Karl Pearson)은 동전을 24,000번 반복해서 던지는 실험에서 그 중 12,012번 앞면[6] 이 나오는 결과를 얻었다. 그리하여 동전을 던졌을 때 앞면이 나올 상대도수는 12012 / 24000 = 0.5005로 계산되었다. (아마도 여러분은 오직 100번 정도 던져도 0.5에 근사한 값을 얻을 수 있을 것이다.) 찌그러져 있지 않고 비정상적인 동전이 아니라면 앞면이 나올 확률은1/2이라고 할 수 있을 것이다. 그러면 이 1/2이란 어떤 의미의 값일까? 동전을 두 번 던졌을 때 정확하게 한번은 앞면, 다른 한번은 뒷면이라는 말일까? 그렇다면 동전을 한번 던지면 앞도 뒤도 아닌 동전이 모로 서 있어야 하지 않겠는가. 아마도 적은 횟수의 동전던지기 실험에서는 1/2의 앞면이 출현할 확률을 확인해주는 현상은 기대하기 어려울 수도 있을 것이다. 그러나 피어슨이 한 것처럼 동전던지기의 횟수를 점점 증가시키면 시행횟수 중에서 반은 앞면, 반은 뒷면이 나올 가능성이 점점 커질 것이다. 아마도 충분한 시간이 있어서 피어슨보다 더 많이 동전던지기 실험을 한다면 0.5005보다 0.5에 더 가까운 값을 얻을 가능성이 커질 것이다. 동전던지기를 계속 증가시킴에 따라 정확하게 0.5는 아니지만 0.5에 점점 가까워진다면 평생 동안 동전던지기를 하지 않더라도 이 동전의 앞면이 나올 확률은 1/2이라고 할 것이다. 이와 같이 어떤 임의실험을 반복적으로 무한히 수행했을 때 특정사건이 일어나는 상대도수가 수렴하는 값을 그 사건이 일어날 확률로 해석한다는 의미이다. 이런 식으로 정의하는 확률을 경험적 확률(經驗的 確

6) 통상 동전의 앞면을 head(H로 표시), 그리고 뒷면을 tail(T로 표시)이라 한다.

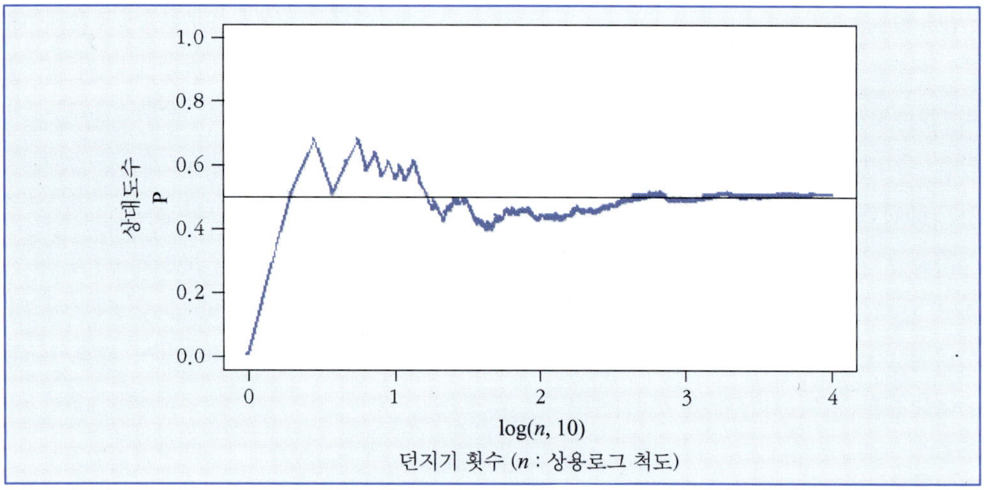

그림 7.1 ▸ 동전던지기 실험

率, empirical probability)이라 부른다.

<그림 7.1>은 컴퓨터를 통해 앞면이 나올 확률이 1/2인 동전을 1000회 던졌을 때 나타나는 모의실험 결과로 여기서 앞면이 출현하는 상대도수를 동전던지기 횟수에 대비하여 그래프한 것이다. 그래프가 던지기 횟수가 증가함에 따라 0.5에 가까이 수렴하는 상황으로 보아 실험에 사용된 동전이 경험적 확률의 의미에서 정상적인 동전임을 보여주고 있다.

이와 같이 확률을 어떤 사건에 대한 장기적인 상대도수를 나타내는 경험적 확률로 생각할 수도 있지만, 그 사건이 일어날 가능성에 대한 개인적인 평가를 0과 1사이의 수치로 표현한 것으로 정의할 수도 있다. 이렇게 정의되는 확률은 개인의 의견을 반영한다는 의미에서 주관적 확률(主觀的 確率, subjective probability)이라 부르는데, 이는 예를 들어 월드컵에서 한국이 16강에 진출하는 사건에 대해 개인적으로 부여한 가능성 같은 것이다. 주관적인 확률은 사업이나 경마시합에서와 같이 의사결정권자의 통찰력과 정보가 중요할 때 유용하게 사용될 수 있다면, 경험적 확률은 생산품의 품질관리나 보험, 도박처럼 반복 가능한 사건에 대하여 효과적으로 적용될 수 있다고 하겠다. 그러나 역시 주관적 확률이 가지는 단점은 그것이 주관적이라는 데 있어 이런 개념의 확률은 사람마다 서로 다른 값일 가능성이 있을뿐더러, 장기적인 상대도수를 생각할 수 있는 경우에 계산한 결과와 동떨어질 수 있다는 점이다.

7.2 확률과 기본성질

임의실험이 가지는 수리적인 내용은 그 실험에 따른 표본공간과 그의 가능한 부분집합인 사건, 그리고 각 사건에 대한 확률을 규정함으로서 구체화된다고 할 수 있다. 그런데 모든 임의실험이 경험적 확률을 정의할 때처럼 항상 무한정 반복적으로 수행할 수 있는 것이 아닐 수도 있다. 다른 한편으로 주관적 확률에서와 같이 특정사건에 적정하다고 판단되면 그 사건에 주관적으로 판단한 확률을 부여할 수도 있는 것이지 이에 앞서 반드시 실험이 수행되어야 한다는 조건도 없는 것이다. 다만 비현실적인 확률이 부여되면 그런 확률모형은 그 실험에 대한 미래의 예측에 유용성이 떨어져 쓸모가 없게 될 위험이 있을 뿐이다. 여기에서는 공리적 확률이라는 개념을 통해 확률을 정의하는 부분을 살펴보기로 한다.

공리적 확률과 기본성질

어떤 사건에 대한 확률은 반복실험에서 그 사건이 발생할 장기적인 상대비율에 해당하므로 0과 1 사이의 값을 취해야 하며, 일단 실험이 수행되어 나타나는 출현치는 반드시 표본공간의 원소가 되므로 표본공간에 대한 확률은 1이 될 것이다. 이와 더불어 상호 배반적인 사건이 발생할 확률은 이들 사건이 결코 동시적으로 일어날 수 없으므로 각각의 사건이 일어날 확률을 단순히 합계하면 될 것이다. 이와 같은 성질들은 확률이 반드시 충족해야할 기본적인 조건을 규정하는 것이다. 이런 조건하에서 확률을 그 사건을 나타내는 집합에 대한 확률집합함수(確率集合函數, probability set function)로 정의하는 것을 공리적 확률이라 한다.

> **공리적 확률**(公理的 確率, axiomatic probability)
>
> 확률 P는 표본공간 S의 각 가능한 사건 E에게 다음 3가지 조건을 만족하는 값, $P(E)$을 할당하는 집합함수이다.
>
> (1) 모든 사건 $E \subset S$에 대해 $0 \leq P(E) \leq 1$
>
> (2) $P(S) = 1$
>
> (3) 서로 (짝지은) 배반적인 사건 $E_1, E_2, \cdots$에 대해(즉, $E_i \cap E_j = \varnothing, i \neq j$),
> $P(E_1 \cup E_2 \cup \cdots) = \sum_j P(E_j)$

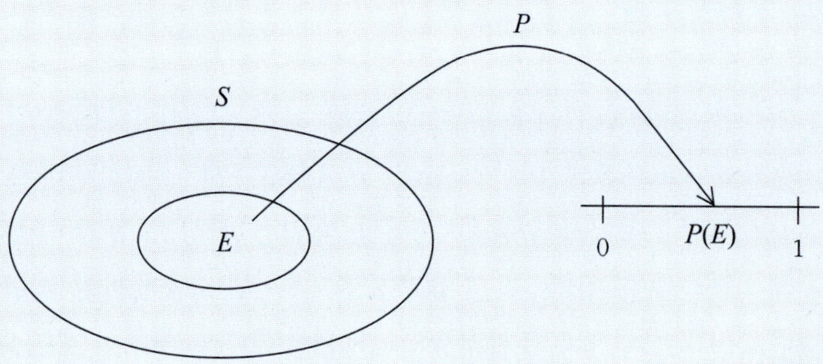

그림 7.2 ▸ 확률집합함수

어떤 집합 E에 대한 집합함수로 정의되는 $P(E)$는 곧 사건 E가 발생할 확률로 이는 표본공간의 여러 가능한 부분집합 E에 대해 어떻게 확률이 분포되는가를 나타내게 된다. 이렇게 정의된 확률로부터 다음의 기본적 성질을 쉽게 도출할 수 있다.

확률의 기본성질

(1) $P(\varnothing)=0,\ P(E^c)=1-P(E)$

(2) $P(E_1 \cup E_2)=P(E_1)+P(E_2)-P(E_1 \cap E_2)$

(3) $E_1 \subset E_2$이면, $P(E_1) \leq P(E_2)$

예 7.7 어린이 성별 조사에서 $S=\{b,\ g\}$가 되고, S에 대한 가능한 사건으로 다음과 같은 4가지 부분집합 $\varnothing$, $\{b\}, \{g\}, \{b,g\}$를 생각할 수 있다. 여기서 공집합 $\varnothing$는 남아도 여아도 아닌 경우가 관찰될 사건에 해당한다. 이때 만일 여아가 관찰될 확률을 0.45라면, $P(\varnothing)=0$, $P(g)=0.45$, $P(b)=1-0.45=0.55$, $P(b,g)\ =P(S)=1$이 된다.

예 7.8 <예 7.2>에서 $S=\{(1,1), (1,2), \cdots, (6,6)\}$, 두 주사위 눈의 합이 10이 되는 사건을 E_1이라 하면 $E_1=\{(4,6), (5,5), (6,4)\}$이다. 이때 $P(S)=1, P(E_1)\ =3/36$으로 모두 [0,1] 사이의 값을 가진다. 또한 사건 $E_2\ =\{(1,2)\}$라 할 때, $E_1 \cap E_2\ =\varnothing$,

즉, 서로 배반적인 사건이다. 그러므로 E_1과 E_2에 대한 결합확률(結合確率, joint probability)[7]은 $P(E_1 \cap E_2) = P(\varnothing) = 0$이 되고, 따라서 $P(E_1 \cup E_2) = P(E_1) + P(E_2) = 4/36$이다. 만약 $E_3 = \{(4,6), (5,5)\}$ 라면 $E_1 \supset E_3$ 이고, 이때 $P(E_3) = 2/36 < P(E_1) = 3/36$이 된다. 또한 $E_4 = \{(4,6), (6,6)\}$이라면 $E_1 \cap E_4 = \{(4,6)\}$이므로 $P(E_1 \cup E_4) = P(E_1) + P(E_4) - P(E_1 \cap E_4) = 3/36 + 2/36 - 1/36 = 4/36$이 된다.

조건부 확률과 독립사건

(소아마비 예방접종 받음, 검사에서의 양성반응)이나 (국제유가인상, 환율상승), 또는 (북경의 건조주의보 발령, 한반도의 황사경보, 외출여부) 등에서와 같이 둘 혹은 그 이상의 사건들 사이에 어떤 관계가 있어 어느 한 사건의 발생이 다른 사건의 발생에 영향을 미치는 경우를 생각할 수 있다. 지금까지는 두 사건 A, B에서 어느 한 사건(예를 들어 A)이 발생할 (주변, marginal) 확률 $P(A)$[8]와 적어도 어느 한 사건이 발생할 확률 $P(A \cup B)$, 그리고 두 사건이 같이 발생할 결합확률 $P(A \cap B)$를 고려하였다. 이에 대해 어느 사건이 발생했다는 전제 하에서 다른 사건이 발생할 조건부적 확률은 다음과 같이 정의된다.

조건부 확률(條件附 確率, conditional probability)

두 사건 A, B에 대해 사건 B가 일어났다는 전제하에서, 사건 A가 일어날 조건부확률은 $P(A|B) = \dfrac{P(A \cap B)}{P(B)}$ 로 정의한다. 단, $P(B) > 0$

예 7.9 주사위에서 눈의 수가 1, 4, 6인 면은 붉은색으로 칠해져 있고, 2, 3, 5의 면에는 검은색으로 되어있다고 하자. 이 주사위를 한번 던질 때, 두 사건 A={눈의 수가 6인 면}, B={붉은색의 면}에서 $P(A) = 1/6$, $P(B) = 1/2$, $P(A \cap B) = 1/6$이므로 $P(A|B) = 1/3$이 된다.

조건부 확률의 정의로부터 다음의 승법공식이 성립함을 알 수 있다. 즉, 사건 A와

7) 두 개 이상의 사건이 (결합해서) 동시에 일어날 확률을 뜻한다.
8) 두 개 이상의 사건이 결합된 상황에서 어느 한 사건이 발생할 확률을 말한다.

B가 동시에 일어날 (결합)확률은 사건 B가 일단 일어나고, 사건 B가 일어났다는 조건하에서 A가 잇달아 일어날 확률과 같다.

> 승법(乘法)공식 : $P(A \cap B) = P(A|B)P(B) = P(B|A)P(A)$

예 7.10 어느 학생이 통계학을 선택할 때 A 학점을 받을 확률은 1/2이고, 경제학을 택하면 1/3의 확률로 A 학점을 받을 수 있다. 이 학생은 동전을 던져 두 과목 중 하나를 택하기로 했을 때 경제학을 선택하고 A 학점을 받을 확률은 두 사건 E={경제학을 선택함}, F={A 학점을 얻음}에서 $P(E \cap F) = P(E)P(F|E) = (1/2) \times (1/3) = 1/6$이 된다.

한편 신생아의 성과 그 아이 어머니의 전화번호 끝자리 수와는 서로 연관되어 있다고 하기 어렵다. 이와 같이 두 사건에서 어느 하나가 일어남이 다른 사건의 발생과 무관하다면 그 두 사건은 서로 독립적이라 하고 그의 확률은 다음과 같이 정의된다.

> **독립사건**(獨立事件, independent event)
> 두 사건 A, B에서 $P(A \cap B) = P(A) \cdot P(B)$이라면 이들은 서로 독립적이라 정의한다. 즉, 두 사건의 결합확률이 각 사건의 주변확률의 곱으로 표현할 수 있는 경우이다. 이로부터 다음 관계
>
> $$P(A|B) = P(A),\ \text{단}\ P(B) > 0$$
>
> 를 얻을 수 있는데, 이는 독립사건이란 조건부확률이 조건 지어지는 사건의 발생여부와 무관하게 결정되는 경우에 해당되는 사건임을 의미한다.

예 7.11 붉은색 주사위(R)와 흰색 주사위(W)를 같이 던지는 실험에서 다음의 두 사건 A={두 주사위 눈의 합=7}, B={흰색 주사위에서의 눈이 4}를 생각해보자. 여기서 R3나 W4를 각각 붉은 주사위에서의 눈 3과 흰색 주사위에서의 눈 4로 표시할 때,

$P(A \cap B) = $P{(R3, W4)}=1/36

$P(B) = 1/6$

$P(A) = $ P{(R1,W6},(R2,W5),(R3,W4),(R4,W3),(R5,W2),(R6,W1)}=6/36=1/6

이므로 두 사건은 서로 독립이다.

예 7.12 동전던지기 실험에서 처음으로 앞면을 얻는데 필요한 던지기 회수를 생각한다. 이 경우 표본공간 $S = \{ s : 1, 2, \cdots \}$이다. 여기서 S를 구성하는 각 원소를 사건 E_j, 단 $E_j = \{j\}$, $j = 1, 2, \cdots$ 로 표현할 때 이들은 서로 상호배반이고, 각 출현치는 서로 독립이므로 [즉, $P(E_j) = P(T) \cdots P(T) \cdot P(H) = (1/2)^{j-1} \bullet (1/2) = (1/2)^j$]

$$P(S) = \sum_{j=1}^{\infty} P(E_j) = (1/2) + (1/2)^2 + (1/2)^3 + \cdots = 0.5/(1-0.5) = 1,$$

사건 $E = \{3,5\}$에 대한 확률도

$$P(E) = (1/2)^3 + (1/2)^5$$

이다. 또한 다음 사건 $F = \{$첫 3회 실험에서 앞면이 나타나지 않음$\}$이라 할 때 이는 구체적으로 다음과 같은 서로 배반적인 사건들 {TTTH}, {TTTTH}, {TTTTTH}, ⋯ 의 합집합을 나타낸다. 그러므로

$$P(F) = \sum_{s=4}^{\infty} (1/2)^3 (1/2)^{s-3} = (1/2)^3 \sum_{j=1}^{\infty} (1/2)^j = (1/2)^3$$

가 된다.

베이즈의 정리

어느 나라는 전체 어린이의 1%가 특정 질병에 걸려있다고 한다. 그런데 이 질병에 대한 감염여부를 알기위해 새로 장치한 기구를 통해 검진할 경우 감염 어린이의 95%가 양성(+)반응을 나타내고, 나머지 5%는 음성(-)반응을 보인다고 한다. 한편, 이 검진방법은 그 질병에 감염되지 않은 어린이들에게서도 3%가 양성반응을, 그리고 97%

는 음성반응을 나타낸다고 하자. 이제 어린이 중의 한 명을 검진한 결과 그가 양성(+) 반응을 나타냈었다고 할 때 그 어린이가 실제로 그 질병에 감염되었을 가능성은 얼마나 될까? 이 상황을 다시 정리하면 다음과 같다.

사건 E={그 질병에 감염됨}라 할 때,

$P(E)=0.01$이므로, $P(E^c)=1-P(E)=0.99$,

$P(+|E)=0.95$, $P(-|E)=0.05$, $P(+|E^c)=0.03$, $P(-|E^c)=0.97$.

앞에서 사건 E나 그의 여사건인 E^c는 양성, 음성이라는 검진결과에 대한 가능한 원인이 되는 사건으로, 위의 확률은 모두 사전에 주어지는 것이라는 의미에서 사전확률(事前確率, prior probability)이라 부른다. 이에 대해 알고자 하는 것은 $P(E|+)$가 되며, 이는 원인과 결과가 사전확률에서의 그것과 반대방향으로 설정되어 있는 조건부 확률로서 이를 사후확률(事後確率, posterior probability)라 한다. 구하려는 사후확률은 조건부 확률의 정의에 따라 $P(E|+)=\dfrac{P(E\cap +)}{P(+)}=\dfrac{P(E)\cdot P(+|E)}{P(+)}$ 와 같이 쓸 수 있다. 그런데 양성반응의 결과는 감염 어린이의 경우와 비감염 어린이의 경우로 나눌 수 있으며, 이들은 상호 배반사건이 되므로 $P(+)=P(E\cap +)+P(E^c\cap +)$이 된다. 다시 이들 결합확률을 사전확률들의 항으로 표현하면 $P(+)=P(+|E)\cdot P(E)+P(+|E^c)\cdot P(E^c)$가 된다. 이에 따라 사후확률은 다음과 같이 구해진다.

$$P(E|+)=\frac{P(E)P(+|E)}{P(E)P(+|E)+P(E^c)P(+|E^c)}$$

$$=\frac{0.01\times 0.95}{0.01\times 0.95+0.99\times 0.03}\doteq 0.24.$$

이 값은 100명 어린이 중 1명 정도 감염되어[$P(E)=0.01$] 그 대부분[$P(+|E)=95\%$]이 양성반응을 나타내고, 3명 정도[$P(+|E^c)=0.03$]는 감염되어 있지 않아도 양성을 나타내기 때문에 4명의 양성반응 어린이 중에서 한 명(즉, 24%) 정도가 병에 감염되어 있는 것으로 해석된다.

이와 같은 사후확률을 계산하는 일반적인 공식은 다음 과정을 통해 구해진다. 우선 표본공간 S를 p개의 상호배반적인 사건 $A_1, A_2, \cdots, A_p$들로 분할시키고,

$$A_i \cap A_j = \varnothing \ (i \neq j) \text{ 이고 } A_1 \cup A_2 \cup \cdots \cup A_p = S$$

이들을 임의실험이 수행되었을 때 발생하는 한 사건 B에 대한 p개의 가능한 원인으로 간주한다.

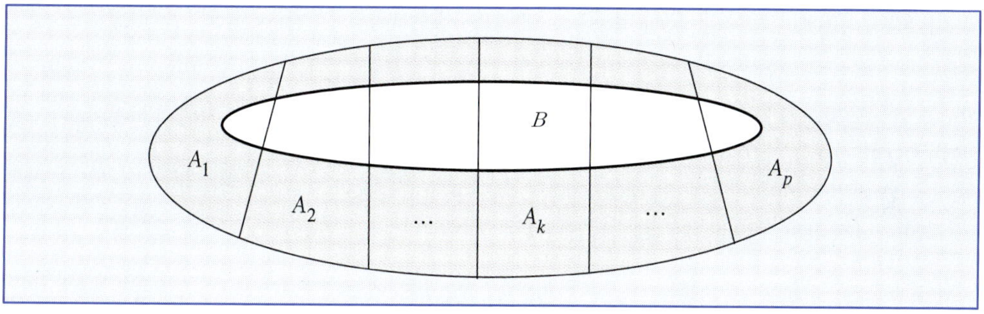

그림 7.3 ▸ 베이즈 정리

이 때 $P(A_i) > 0,\ i = 1,2,\cdots,p$ 라는 조건하에서 다음 결과(전확률 全確率 공식)를 얻는다.

$$\begin{aligned} P(B) &= P(A_1 \cap B) + \cdots + P(A_p \cap B) \\ &= P(A_1)P(B \mid A_1) + \cdots + P(A_p)P(B \mid A_p). \end{aligned}$$

이를 종합한 결과가 다음의 베이즈 정리이다[9].

베이즈 정리(Bayes' Theorem)

$A_1, A_2, \cdots, A_p$가 사건들의 집합의 분할이고, $P(A_i) > 0$, $P(B) > 0$이면,

$$P(A_k \mid B) = \frac{P(A_k)P(B \mid A_k)}{\sum_{i=1}^{p} P(A_i)P(B \mid A_i)}.$$

9) 영국국교회의 성직자였던 Thomas Bayes(1702-1761)에 의해 정립된 베이즈 정리는 20세기 후반에 들어와 베이즈 학파를 형성할 정도로 일반적인 통계적 추론에서의 그 유용성을 광범위하게 인정받고 있다.

새로운 정보가 알려지면 의사결정자는 그 정보에 입각하여 특정 사건에 대해 최초로 부여한 확률을 수정하거나 보완하려 한다. 즉, 표본조사나 제품실험 등을 통하여 얻어지는 추가적인 정보를 통해 사전확률을 수정한 사후확률을 얻고자 할 때가 있다. 베이즈 정리는 이러한 사후확률을 계산하는데 사용되는 조건부 확률의 한 응용이라고 할 수 있다. 응용 예를 더 들어본다.

예 7.13 어떤 신발공장에는 생산라인 Ⅰ, Ⅱ, Ⅲ이 있으며 이들은 각각 전체 생산품의 50%, 30%, 20%를 만들어낸다. 그런데 생산라인 Ⅰ, Ⅱ, Ⅲ의 공정에서 불량품이 나올 비율은 각각 2%, 1%, 0.5% 로 알려져 있다. 먼저 임의로 선정한 하나의 신발이 불량품일 확률을 구해보기로 하자. 뽑힌 신발이 생산라인 Ⅰ일 사건을 A_1, Ⅱ일 사건을 A_2, 그리고 Ⅲ일 사건을 A_3라 하고, 뽑힌 신발이 불량품일 사건을 B라고 표기하자. 여기서 사건 A_1 A_2 A_3는 서로 배반이므로, 전확률 공식에 의하여

$$\begin{aligned} P(B) &= P(A_1)P(B|A_1) + P(A_2)P(B|A_2) + P(A_3)P(B|A_3) \\ &= 0.5\times0.02 + 0.3\times0.01 + 0.2\times0.005 = 0.014 \end{aligned}$$

이고, 베이즈 정리에 의해 뽑힌 불량신발이 생산라인 Ⅰ로부터 온 것일 사후확률은 다음과 같다.

$$P(A_1|B) = \frac{P(A_1)P(B|A_1)}{\sum_{i=1}^{3} P(A_i)P(B|A_i)} = \frac{0.01}{0.014} = 0.714.$$

예 7.14 두 개의 동전 중 하나는 정상인 동전(앞, 뒷면의 출현확률이 같은 : fair)이고, 다른 하나는 비정상 동전(두 면 모두 앞면인 : unfair)이라고 하자. 이들 중 하나를 임의로 선정하여 던졌더니 앞면(head)이 나왔다고 하자. 이때 던진 동전이 정상동전이였을 확률은 다음 계산에 의해 1/3이 된다.

$$\begin{aligned} P[fair|head] &= \frac{P[fair]\cdot P[head|fair]}{P[fair]\cdot P[head|fair] + P[unfair]P[head|unfair]} \\ &= \frac{1/2\times1/2}{1/2\times1/2 + 1/2\times1} = 1/3. \end{aligned}$$

7.3 확률변수와 기대값

임의실험에서 나타나는 확률적 반응은 이를 수량화함으로서 수학적인 이론전개에 유용하게 이용될 수 있다. 여기서는 이에 관련한 주요 개념으로 확률변수와 기댓값을 살펴보기로 한다.

확률변수

신생아의 성별조사에서 생각할 수 있는 표본공간은 $S=\{b,\ g\}$가 될 것이다. 이때 S의 원소인 'b' 대신 실수(實數) 1을, 그리고 'g' 대신 0을 부여하여 남, 여를 나타내는 문자 'b', 'g'를 각각 숫자 1, 0로 바꿔 놓아도 별 문제가 없을 것이다. 이와 같이 임의실험에서 나타나는 출현치를 실수선 상의 한 값에 대응시키는 함수를 확률변수라 하며, 이는 곧 사건의 함수로 생각할 수 있다. 즉, $X(b)=1$, $X(g)=0$과 같이 대응시키는 실함수 X가 확률변수이다. 이와 같은 확률변수는 사건을 수량화함으로서 기호를 간단히 하고 수학적 이론전개를 편리하게 할 수 있다는 유용성을 가진다.

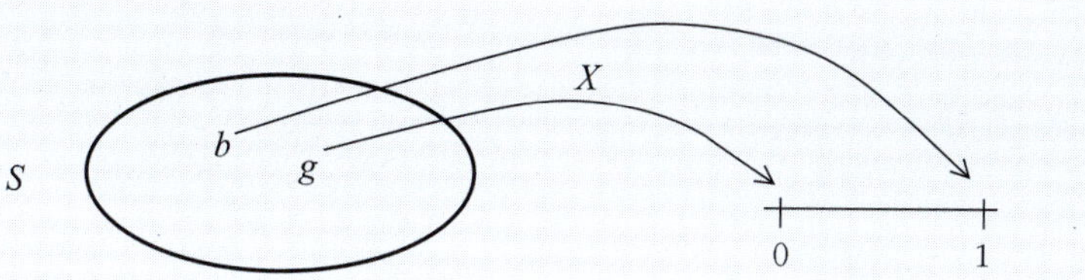

그림 7.4 ▸ 확률변수 X

확률변수(確率變數, random variable)
확률적 반응을 나타내는 양적 변수로서 임의실험의 결과에서 얻어지는 변하는 속성을 지칭하며, 이 변수가 특정값을 가지거나 특정 영역에 속할 때에는 그에 해당하는확률이 부여된다. 이론적으로는 '표본공간 위에서 정의된 실함수(實函數, real function)'로 정의된다.

확률변수를 X라 표시할 때 X에 확률을 부여하는 함수를 확률(분포)함수 $P_X(x)$라 부르는데 여기서 $P_X(x)$는 $X=x$일 확률을 말한다[10]. 따라서 신생아 성별조사의 경우 $P_X(1)$과 $P_X(0)$는 각각 출생하는 신생아가 남자아이일 확률과 여자아이일 확률을 나타낸다.

확률분포함수(確率分布函數: probability distribution function)
확률변수에 대한 표본공간에 확률이 어떻게 부여되는지를 나타내는 함수로서, 이 또한 확률이므로 확률함수 $P_X(x)$는 다음 3가지 조건을 만족하여야 한다. S를 X의 표본공간이라 할 때,

(1) 모든 $x \in S$에 대하여 $P_X(x) \geq 0$, (2) $\sum_{x \in S} P_X(x) = 1$,

(3) $P(X \leq c) = \sum_{x \leq c} P_X(x)$

예 7.15 두 개의 (정상적인) 동전을 던지는 실험에서 표본공간 S={(HH), (HT), (TH), (TT)}가 된다. 이 실험에서 H의 개수를 확률변수 X라 하면 X=0, 1, 2를 취할 수 있고, 'X=0' 는 사건 (TT)에, 'X=1'는 사건 (HT) 혹은 (TH)에, 그리고 'X=2'는 사건 (HH)에 대응된다. 따라서 이들 각각에는 다음과 같은 확률이 부여된다. 이때 X의 표본공간은 {0, 1, 2}가 된다.

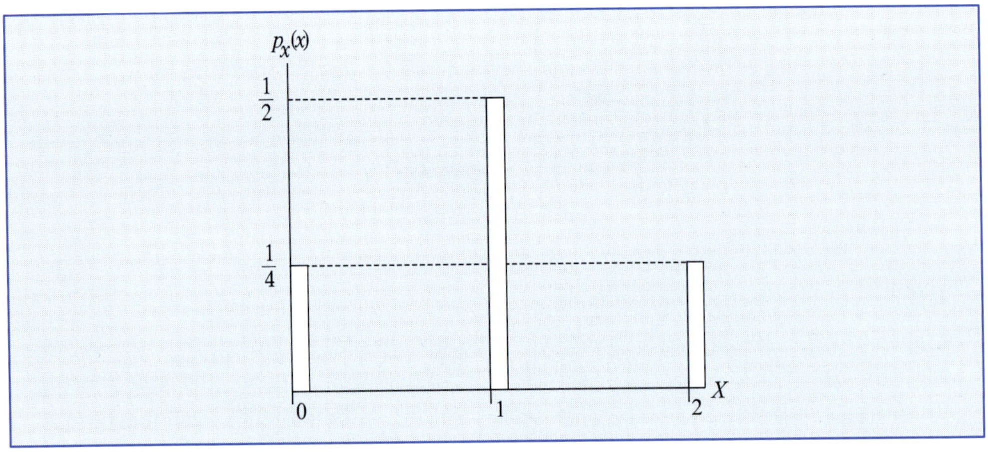

그림 7.5 ▸ 확률분포함수

10) 여기서는 확률변수가 취할 수 있는 값이 이산적인 경우를 가정한다.

X	0	1	2	계
사건	TT	TH 또는 HT	HH	
$P_X(x)$	1/4	2/4	1/4	1

예 7.16 한 개의 주사위를 던지는 실험에서 표본공간 $S=\{s : 1, 2, 3, 4, 5, 6\}$, 확률변수 X='나타나는 눈의 수'라면 X의 표본공간은 S와 동일하며, $P_X(x)=1/6$, $x=1, 2, \cdots, 6$이다. 한편 두 개의 주사위를 던지는 경우 $S = \{s : (1,1), (1,2) \cdots, (6,6)\}$이다. 여기서 Y='두 눈의 합'이라면 Y의 표본공간은 $\{2, 3, \cdots, 12\}$가 되며, 이때 $P_Y(3)=P((1,2)$ 혹은 $(2,1))=2/36$이다.

이 장의 뒷부분에서 여러 가지 확률분포함수를 다루게 되겠지만 위의 예에서와 같은 확률변수는 그의 표본공간이 이산적(離散的, discrete)이라는 의미에서 이산확률변수라 부르고, 이때의 확률함수를 확률질량함수(確率質量函數, probability mass function)라 한다. 이에 대해 제4장에서 본 정규분포와 같이 확률변수가 취하는 표본공간이 연속적인 경우의 확률함수를 확률밀도함수(確率密度函數, probability density function)라 구분하기도 한다. 그러나 어찌하였든 이들은 모두 확률변수가 가지는 표본공간에 부여되는 확률을 묘사하는 함수이다. 따라서 일단 확률함수를 가지면 해당 확률변수가 그의 표본공간에 걸쳐 어떻게 분포되어있는지를 모두 알 수 있다고 하겠다.

기댓값

검은 공 1개와 붉은 공 2개가 들어 있는 바구니로부터 복원하면서 매번 하나의 공을 반복하여 추출하는 게임을 생각해보자. 만약 검은 공을 뽑으면 9만원을 받지만 붉은 공을 뽑으면 3만원을 지불하기로 했을 경우 이 게임에서 평균적으로 어느 정도 돈을 벌 수 있을 것으로 기대되는가?

앞에서 설명한 확률의 경험적 해석에 따라 P(검은공)$=1/3$, P(붉은 공)$=2/3$는 각 공이 뽑히게 되는 상대도수가 장기적 반복실험에서 수렴하는 값으로 생각할 수 있다. 예컨대, 300회 복원추출을 수행할 경우 약 100번 정도는 검은 공이, 그리고 200번 정도는 붉은 공이 나올 것으로 생각할 수 있다. 따라서 이 게임을 하는 사람이 받을 것으로 기대되는 금액은 약 9만원$\times 100/300 - 3$만원$\times 200/300 = 1$만원 가까이 될 것이다. 이런 게임을 무한히 반복했다고 할 경우 기대되는 금액은 위에서의 상대도수 부분을 해당 확률로 바꾸어 9만원×1/3−3만원×2/3=1만원같이 계산하면 될 것이다. 따라서 이런 게임은 해볼만하다고 할 수 있다. 이와 같이 기댓값이라는 용어는 실제 도박게임에서 출발하였는데 수학적으로 다음과 같이 정의된다.

> **기댓값**(期待値, expected value) : 이산적 확률변수 X의 확률질량함수를 $P_X(x)$라 할 때, X의 함수인 $u(X)$의 기댓값은 다음과 같이 정의된다.
>
> $$E[u(X)] = \sum_{x \in S} u(x)\, P_X(x),\ \text{단, } S\text{는 } X\text{의 표본공간.}$$

예 7.17 위의 예에서 뽑힌 공이 검은 공이면 $X=1$, 붉은 공이면 $X=2$와 같은 확률변수 X를 규정하면, 이에 대한 확률분포함수 $P_X(x) = x/3,\ x=1,2$ 가 된다. 여기서 $u(X) = 21-12X$로 놓자. 그러면 $u(1)=9$, $u(2)=-3$이고, 따라서 $E[u(X)] = \sum_{x=1}^{2} (21-12x) \times (x/3) = 1$을 얻게 된다.

확률변수에 대한 확률함수를 정확히 알고 있다면 기댓값은 위의 정의에 따라 쉽게 그 값을 구할 수 있을 것이다. 그러나 상황이 이렇지 못할 경우라면 다음 예에서와 같이 모의실험방법을 통하여 구할 수도 있다. 이를 위해서는 일단 문제에 대한 확률모형을 설정하고 그에 따른 반복실험을 수행한 출현치의 평균을 통해 기댓값의 근사값을 구하면 된다.

예 7.18 기댓값 – 가족계획 모의실험

처음으로 딸을 낳을 때까지 얼마나 많은 출산을 하여야 할까? 이는 곧 기대 시행수를 구하는 문제가 된다. 이 기댓값을 모의실험을 통해 구해보기로 한다. 우선 컴퓨터에서 생성한 난수가 {0,1,2,3,4} 중의 하나이면 여아(g)라 하고, {5,6,7,8,9}면 남아(b)로 표기할 때 처음으로 {0,1,2,3,4} 중의 한 숫자가 나올 때 까지 반복수행하여 다음의 결과가 얻어졌다.

861	51	1	90	63	94	583	3	7892	684	4	0	62	1	4	91	84	8872
bbg	bg	g	bg	bg	bg	bbg	g	bbbg	bbg	g	g	bg	g	g	bg	bg	bbbg

이로부터 첫 딸을 얻을 때까지 출산 회수는

$$3,\ 2,\ 1,\ 2,\ 2,\ 2,\ 3,\ 1,\ 4,\ 3,\ 1,\ 1,\ 2,\ 1,\ 1,\ 2,\ 2,\ 4$$

이고, 이들의 평균은 $(3+2+1+\cdots+4)/18=37/18 \fallingdotseq 2.056$으로 이것이 기댓값을 추정한 값이 된다 (이론적으로 계산한 기댓값은 성별 출생확률이 동일하다고 가정할 경우 2가 될 것이다).

기댓값의 정의로부터 다음과 같은 성질 몇 가지를 쉽게 얻을 수 있다.

기댓값의 기본성질

상수 $c, d, c_1, \cdots, c_n$와 확률변수 $X, X_1, X_2, \cdots, X_n$에 대해

(1) $E(c)=c$

(2) $E(cX+d)=cE(X)+d$

(3) $E(c_1X_1+\cdots+c_nX_n)=c_1E(X_1)+\cdots+c_nE(X_n)$

예 7.19 1에서 n까지의 숫자가 적혀 있는 n장의 카드로부터 복원으로 한 장씩의 카드를 뽑는 실험을 생각한다. 여기서 i번째로 뽑은 카드에 숫자 i가 적혀 있다면 '우연의 일치(coincidence)'가 발생했다고 하자. 이런 실험을 n번 반복 수행할 때 우연의 일치가 일어나는 사건의 횟수를 확률변수 Z라 할 때 $E(Z)$를 구해본다. 우선 확률변수 X_i는 i번째 시도에서 '우연의 일치'가 일어나면 1, 그렇지 않으면 0이라 하자. 그러면 $P_{X_i}(1)=1/n$, $P_{X_i}(0)=(n-1)/n$이 된다. 따라서

$$E(X_i)=1\times 1/n+0\times n/(n-1)=1/n,\ E(Z)=E(\sum_{i=1}^{n}X_i)=\sum_{i=1}^{n}E(X_i)=1,$$

즉, n번 시도 중 1번 정도의 우연의 일치가 일어나는 것으로 기대할 수 있다.

i번째 시도에서 우연의 일치가 일어나면 i원을 받는다고 할 때 n번 수행에서 벌게 되는 총 기대금액은

$$E(\sum_{i=1}^{n} i\,X_i) = \sum_{i=1}^{n} i\,E(X_i) = \sum_{i=1}^{n} i \cdot (1/n) = 1/n \cdot n \cdot (n+1)/2 = (n+1)/2$$

이다.

기댓값의 정의에서 $u(X)=X$로 놓으면 $E(X)=\sum_{x \in S} x\,P_X(x)$로서, 기댓값이 하나의 가중평균으로 해석될 수 있음을 나타낸다. 이 경우에는 확률이 가중치의 역할을 하므로 높은 확률을 갖는 출현치가 상대적으로 더 큰 비중을 차지하게 된다. 이런 의미에서 $E[u(X)]$는 $u(X)$의 가중평균치라 하겠다. 확률변수 X의 함수 $u(X)=X$와 $u(X)=[X-E(X)]^2$에 대한 기댓값은 각각 모평균과 모분산이라고 하여 그리스 문자의 특별한 기호를 부여한다.

모평균(母平均, population mean), **모분산**(母分散, population variance)

모평균 $E(X)=\mu$ (뮤<mu>라 읽음)

모분산 $E[(X-\mu)^2] = Var(X) = \sigma^2$ (시그마<sigma>제곱이라 읽음)

여기서 μ는 확률변수 X의 모집단에서의 평균값을 나타내므로 이는 확률변수가 가지는 분포의 무게중심을 나타낸다. 이에 대해 σ^2은 확률변수가 그의 모평균으로부터의 제곱거리인 $[X-E(X)]^2$의 평균을 나타내므로 이 값이 크면 클수록 평균해서 확률변수의 실현값이 모평균을 중심으로 널리 분포되어 있음을 의미한다. 따라서 이는 전형적인 변이의 정도를 나타내는 양이라 할 수 있다. 이와 같은 확률변수가 가지는 분포의 중심과 변이정도를 표시하는 두 특성값은 분포를 특징화시키는 데에 중요한 역할을 한다. 모평균과 모분산은 SRS 표본의 경우 제3장에서 설명한 표본평균($\bar{x}$)와 표본분산(s^2)에 대응되는 모집단 값이 된다. 분산에 관련된 기본성질 몇 가지를 증명

없이 서술하면 다음과 같다. 이 두 모수에 관한 구체적인 부분은 나중에 확률모형을 설명할 때 좀 더 상세히 다루게 될 것이다.

분산의 기본성질

(1) $Var(X) \geq 0$

(2) $Var(c) = 0$, 상수 c

(3) $Var(cX + d) = c^2 Var(X)$, 상수 c, d

예 7.20 <예 7.17>에서 $E[u(X)] = 1$이었다.

$$E[X] = 1 \times (1/3) + 2 \times (2/3) = 5/3$$

$$E[X^2] = 1^2 \times (1/3) + 2^2 \times (2/3) = 1/3 + 8/3 = 3$$

$$Var[u(X)] = E[u(X) - 1]^2 = E[20 - 12X]^2$$

$$= 20^2 - 480 \times (5/3) + 12^2 \times 3 = 400 - 800 + 432 = 32$$

연속적 확률변수의 경우

지금까지는 이산적인 확률변수와 이에 대응하는 확률(질량)함수를 고려하였다. 그러나 사람의 체중을 재는 경우 이는 연속적 측도로 생각되지만 실제 출현값으로 나타난, 예를 들어, 65.9 kg과 같은 값은 마치 이산적인 형태로 관찰이 된다. 이런 문제는 측정도구가 소수점 한 단위까지만 정밀하기 때문이거나, 혹은 측정된 수치를 읽는 데에서 일어나는 제한 때문일 가능성이 있다. 만약 그렇다면 체중이 65.9 kg라 함은 실제로는 [65.85 kg, 65.95 kg] 사이에 있는 체중을 의미한다고 할 수 있다. 이런 점에서 체중, 만족도, 성적, 대기시간, 수명 등과 같은 측도는 연속적인 확률변수로서 이런 변수는 이산적 확률변수와 달리 그의 속성에 알맞은 처리를 해야 할 것이다.

연속적 확률변수 X에 대한 확률함수인 확률밀도함수에서 X가 구간 $[c, d]$ 사이에 속할 확률, $P[c < X < d]$은 이 구간에 대한 확률밀도함수 아래의 면적을 의미한다. 구체적으로 확률밀도함수는 이산적 확률함수의 경우와 비슷하게 다음 성질을 가지는 함수이다.

연속적 확률변수 X**의 확률밀도함수**(確率密度函數, probability density function) $f_X(x)$는 다음 3가지 성질을 만족하는 함수로 정의된다.

(1) $f_X(x) \geq 0$, (2) $\int_{-\infty}^{+\infty} f_X(x)\,dx = 1$,

(3) $P(c < X < d) = \int_c^d f_X(x)\,dx$, 상수 $c < d$

여기서 (1)은 확률함수가 확률을 나타내는 함수라는 의미이고, (2)는 확률변수가 취하는 전 구간에 걸친 확률의 합은 1이 되어야 한다는 것이다. 그리고 (3)에서 확률변수 X가 구간 $[c, d]$에 속할 확률은 이 구간에 해당하는 확률함수 아래의 면적으로 적분기호($\int$)로 표시하였는데 이는 이산적 확률함수의 경우 합($\sum$ 기호)에 해당한다고 생각할 수 있다. 참고로 연속적 확률변수에 대한 기대값 또한 아래서 보는 바와 같이 이산적인 경우에서의 기호 $\sum$ 대신 기호 $\int$를 사용하면 된다.

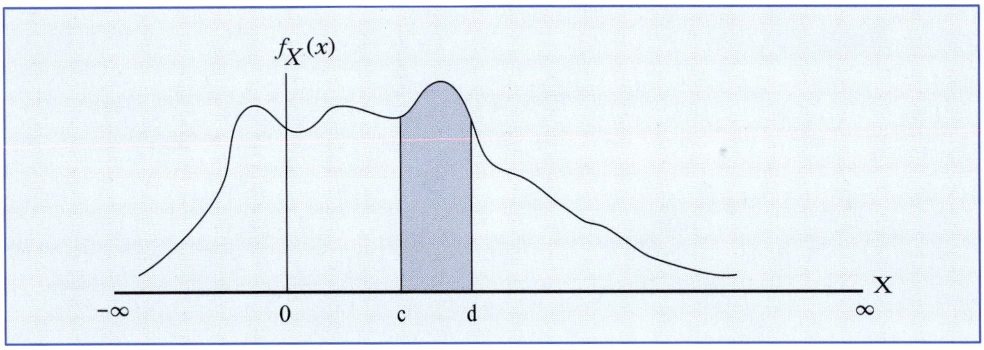

그림 7.6 ▸ 확률밀도함수

기댓값(期待値, expected value) : 연속적 확률변수 X의 확률밀도함수를 $f_X(x)$라 할 때, X의 함수 $u(X)$의 기댓값은 다음과 같이 정의된다.

$$E[u(X)] = \int_{-\infty}^{+\infty} u(x)\,f_X(x)\,dx$$

예 7.21 연속확률변수 X의 표본공간을 $[0, +\infty)$, 그리고 확률밀도함수 $f_X(x) = e^{-x}$라 할 때 (1) $f_X(x) \geq 0$, (2) $\int_0^{+\infty} f_X(x)\,dx = 1$, (3) $P(2 < X < 3) = e^{-2} - e^{-3} = 0.086$.

예 7.22 제 4장에서(p.108) 본 표준정규확률변수 Z의 표본공간은 $(-\infty, +\infty)$로서,

(1) Z의 확률밀도함수 $f_Z(z) \geq 0$이고,

(2) $\int_{-\infty}^{+\infty} f_Z(z)\,dz = 1$, 그리고

(3) $P(-1.96 < Z < +1.96) = \int_{-1.96}^{+1.96} f_Z(z)\,dz = 0.95$가 된다.

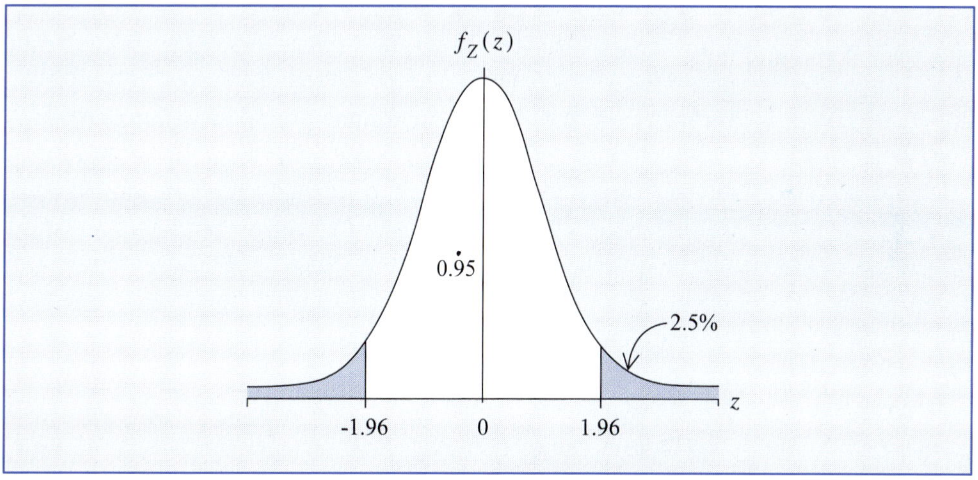

그림 7.7 ▸ 표준정규분포 $N(0,1)$

결합확률함수, 주변확률함수, 조건부 확률함수

지금까지는 하나의 확률변수에 대한 확률함수를 고려하였는데 2개(그 이상의) 확률변수에 대해서는 다음 예에서와 같이 그 내용을 확장할 수 있다.[11)]

11) 이는 7.2절에서 살펴 본 결합확률, 주변확률, 독립적 사건, 조건부 확률 등을 확률변수에 적용한 개념이다.

예 7.23 숫자 1, 2, 3이 적힌 3개의 공이 들어있는 항아리에서 임의로 2개의 공을 꺼내는 실험을 생각한다. 이때 두 공 중에서 작은 숫자를 X, 큰 숫자를 Y라 할 때 두 확률변수 (X, Y)의 결합확률함수(結合確率函數, joint probability function) $f_{X,Y}(x,y)$는 아래와 같다.

X \ Y	2	3	$f_X(x)$
1	1/3	1/3	2/3
2	0	1/3	1/3
$f_Y(y)$	1/3	2/3	1

즉, 두 확률변수의 표본공간은 $\{(x,y):(1,2),(1,3),(2,3)\}$으로, 예를 들어 결합확률함수 중 하나인 $f_{X,Y}(1,3)=P[X=1,\ Y=3]=1/3$이 되고, $\{x=2, y=2\}$는 나타날 수 없는 경우이므로 $f_{X,Y}(2,2)=P[X=2,\ Y=2]=0$이다.
이때 위에서 각 행과 열의 주변에 있는 $f_X(x)$와 $f_Y(y)$는 각각 X, Y 만의 확률을 나타내는 함수로서 주변확률함수(周邊確率函數, marginal probability function)라 한

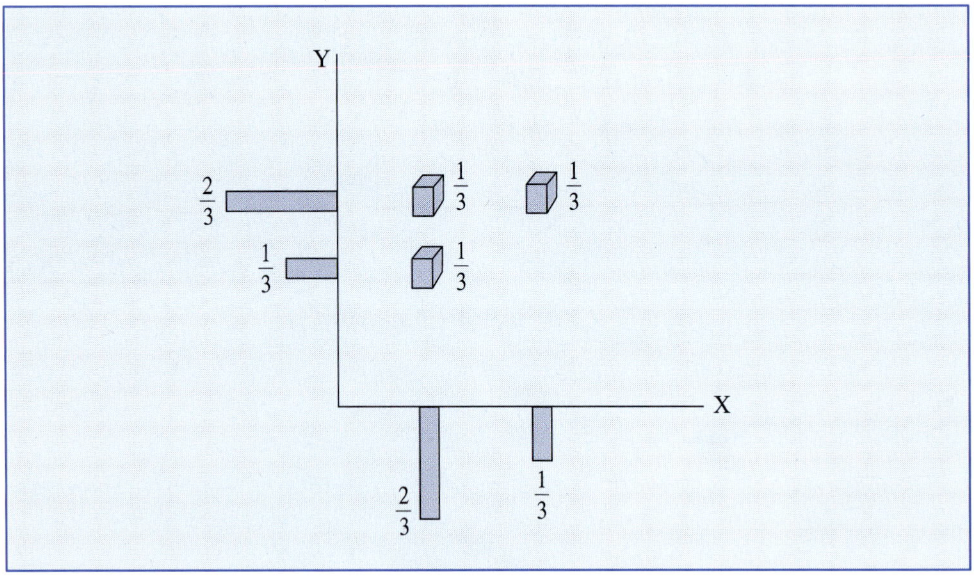

그림 7.8 ▸ 결합확률함수와 주변확률함수

다. 이는 $f_X(x)=\sum_{y=2}^{3} f_{X,Y}(x,y)$, $f_Y(y)=\sum_{x=1}^{2} f_{X,Y}(x,y)$처럼 X의 주변확률함수는 다른 변수인 Y의 가능한 모든 값에 걸쳐 합을 취해 얻어진다. 예컨대, 사건 $\{X=1\}$은 두 배반적 사건 $\{X=1, Y=2\}$와 $\{X=1, Y=3\}$의 합집합이므로, $f_X(1)=P[X=1]=P[X=1, Y=2]+P[X=1, Y=3]=f_{X,Y}(1,2)+f_{X,Y}(1,3)=2/3$이다. 여기서 두 주변확률함수와 결합확률함수를 그림으로 나타낸 것이 <그림 7.8>이다..

또한 조건부 확률함수도 앞서 설명한 조건부 확률과 같이 구하면 다음과 같다.

$$P[Y=2|X=1]=P[X=1, Y=2]/P[X=1]=(1/3)/(2/3)=1/2$$

$$P[Y=3|X=1]=1/2, \quad P[Y=3|X=2]=1$$

일단 이와 같이 모든 종류의 확률함수가 얻어지면 정의에 따라 각각에 대응하는 기댓값들도 다음과 같이 쉽게 구할 수 있다.

$$E(X)=2/3 \cdot 1+1/3 \cdot 2=4/3$$

$$E(Y)=2 \cdot 1/3+3 \cdot 2/3=8/3$$

$X=1$에서 Y의 조건부 기댓값 $E(Y|X=1)=2 \cdot 1/2+3 \cdot 1/2=5/2$.

독립적 확률변수

앞에서 정의한 바와 같이 두 사건 A, B는 $P(A\cap B)=P(A) \cdot P(B)$일 때 서로 독립이라 한다. 이와 비슷하게 두 확률변수가 독립적이라면 그들의 결합확률함수가 각각의 주변확률함수의 곱으로 표현된다.

독립적 확률변수

두 독립적 확률변수 X, Y는 다음 성질을 가진다.

(1) $f_{X,Y}(x,y)=f_X(x) \cdot f_Y(y)$

(2) X, Y의 어떤 함수 $u(X)$, $v(Y)$에 대해 이들의 곱의 기댓값 $E[u(X) \cdot v(Y)]=E[u(X)] \cdot E[v(Y)]$.

예 7.24 두 확률변수 X, Y가 $x=1,2,3$, $y=1,2,3$을 취하고, 모든 가능한 x, y에 대해 $f_{X,Y}(x,y)=1/9$이라 하자. 이때 각 주변분포는 모든 가능한 출현값에 대해 $f_X(x)=f_Y(y)=1/3$, 그리고 $f_{X,Y}(x,y)=f_X(x)\cdot f_Y(y)$이므로 서로 독립이다. 그리고

$$E(X)=E(Y)=1\cdot 1/3+2\cdot 1/3+3\cdot 1/3=2,$$
$$E(3XY-2)=3E(X)\cdot E(Y)-2=3\cdot 2\cdot 2-2=10$$

이 된다. 한편 결합확률함수로부터 직접 $E(XY)$를 구해보면 $E(XY)=36/9=4$로서 이는 $E(X)\cdot E(Y)$가 됨을 확인할 수 있다.

예 7.25 <예 7.23>에서 $f_X(1)=2/3$, $f_Y(2)=1/3$이다. 그러나 $f_{X,Y}(1,3)=1/3\neq f_X(1)\cdot f_Y(3)$이므로 이들 두 변수 X, Y는 서로 독립적이 아니다.

7.4 확률분포

관심을 가지고 있는 현실적 상황이 임의실험에서와 같이 불확정적인 반응을 보이는 경우 이 현상은 확률분포를 통해 정형화함으로서 체계적으로 잘 묘사될 수 있다. 이 절에서는 몇 가지 기본적인 확률분포들을 이산적인 경우와 연속적인 경우로 나누어 살펴보기로 한다.

7.4.1 이산적 확률분포

앞서 4장에서 이산적 확률변수에 대한 분포로서 베르누이 분포와 이항분포를 다룬 바 있다. 여기에서는 이 두 분포에 초기하분포와 포아송 분포를 추가하고, 이들 간의 관계를 정리한다.

베르누이 분포

우리가 만나는 현상이 성공/실패, 태어나는 아이의 성으로 남자/여자, 생산품의 양호/불량, 동전던지기에서의 앞면/뒷면, 미혼/기혼 등과 같이 둘 중의 어느 하나로 분류

할 수 있는 경우(二分的, dichotomous)가 많다. 이 때 둘 중의 어느 하나를 '0'으로, 그리고 다른 하나를 '1'으로 놓는 확률변수를 생각하자. 이런 간단한 이분적인 확률상황을 모형으로 정형화하기 위한 것으로 다음과 같은 베르누이[12] 확률분포를 고려할 수 있다.

> **베르누이 확률분포**(Bernoulli probability distribution) :
>
> {0, 1} 둘 중의 한 값을 취하는 이산적 확률변수 X의 분포로서 그의 확률분포함수는 $f_X(x) = P(X=x) = p^x(1-p)^{1-x}$, $x=0, 1$이다.
>
> 즉, 확률 $P[X=1]=p$, $P[X=0]=1-p$, $0<p<1$을 가지며, 이를 $X \sim B(1,p)$, $0<p<1$로 표기한다.

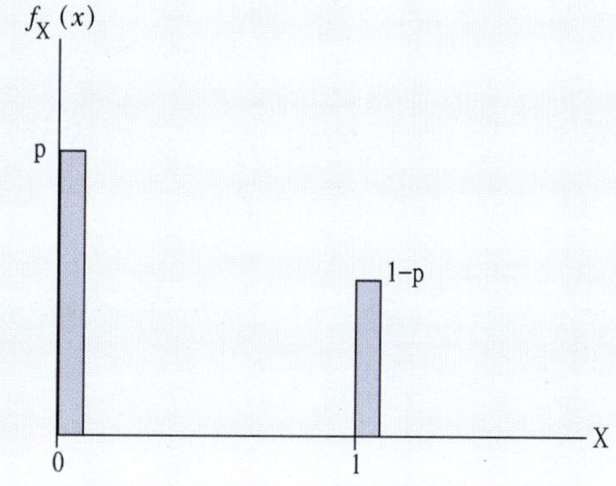

그림 7.9 ▸ 베르누이 확률함수 $B(1,p)$

베르누이 확률변수 X의 분포함수 $f_X(x)$는 흔히 사건 $\{X=1\}$을 '성공'으로, 그리고 사건 $\{X=0\}$을 '실패'라 하여 전형적인 이분적 상황을 묘사하는 용어를 쓰기도 한다. 이와 같이 정의되는 베르누이 분포함수가 확률함수이기 위한 모든 조건을 만족하는지는 쉽게 확인할 수 있다. 이 때 X의 기댓값은 정의에 따라 $E(X)=p$이고, $Var(X)=p(1-p)$임을 볼 수 있다.

12) 많은 수학자를 배출한 베르누이 가계의 장손으로 스위스에서 태어난 James Bernoulli(1654-1705)는 베르누이 수, 순열과 조합에 관한 이론, 대수의 법칙 등 근대확률 및 수학이론의 기초를 세우는 데 큰 공헌을 하였다. 적분(integral)이란 용어도 미분의 역개념으로 그에 의해 처음으로 사용되었다.

예 7.26 제1장의 언론사 세무조사에 관한 <예 1.1>에서 i번째로 조사된 응답자로부터 얻게 되는 이분적인 반응을 확률변수 X_i로 표시하고, 만약 그가 '그렇다'라고 할 때 $X_i = 1$ 그리고 '그렇지 않다'라 할 때 $X_i = 0$으로 놓으면, 이 X_i는 베르누이 분포를 가진다.

이항분포

언론사 세무조사의 예에서 전체 1055명(=n) 중 591명이 '그렇다'고 반응을 했었는데 이런 결과를 얻게 되는 확률을 생각해보자. 우선 1055명의 조사대상자는 SRS로 뽑혔기 때문에 서로 독립이라고 할 수 있고, 여기서 '성공'의 확률 p는 2001년 6월말 현재 전국의 어느 한 성인으로부터 '그렇다'라는 반응을 얻게 될 확률이 될 것이다. 이때 i번째로 조사된 성인에 대한 베르누이 확률변수를 X_i라 하면 이들의 합인 확률변수 $X = X_1 + X_2 + \cdots + X_n = \sum_{i=1}^{n} X_i$가 현실화된 값이 곧 591이라 생각할 수 있다. 이런 확률변수 X가 가지는 분포를 이항분포라 하고 다음과 같이 정의된다.

> **이항분포**(二項分布, binomial distribution) :
>
> n개의 서로 독립적이고, 모두 동일한 베르누이 성공확률 p를 가지는 확률변수를 $X_i,\ i = 1, 2, \cdots, n$ 라 하고 이들의 합을 X라 하자(즉, $X = \sum_{i=1}^{n} X_i$.) 이때 X는 다음과 같은 이항분포함수를 가지며, $f_X(x) = P[X = x] = \binom{n}{x} p^x (1-p)^{n-x},\ x = 0, 1, 2, \cdots, n$ 이를 $X \sim B(n, p)$로 표기한다.

여기서 X는 총 n회의 독립적인 베르누이 실행에서의 성공의 횟수를, 그리고 p는 성공의 확률을 나타내므로, 위에서 살펴본 베르누이 확률분포는 곧 이항분포에서 $n = 1$인 경우에 해당한다. 따라서 베르누이 분포는 $B(1, p)$로 표시할 수 있다.

예 7.27 **언론사 세무조사 – 계속**

$f_X(591) = P[X=591] = \binom{1055}{591} p^{591}(1-p)^{464}$ 이고, 만일 $p=0.6$이라면 이런 결과를 얻게 될 확률은 $\binom{1055}{591}(0.6)^{591}(1-0.6)^{464}$ 이다.

예 7.28 어느 TV 드라마의 시청률이 적어도 30%가 된다는 주장이 있다. 실제 30명을 임의로 뽑아 조사한 결과 오직 3명만이 그 프로그램을 시청한다는 결과를 얻었다고 하자. 이 주장이 사실일 경우 이 조사에서 총 시청자의 수를 나타내는 확률변수 $X \sim B(30,0.3)$에 따른다. 그러므로 30명 중 3명 이하가 시청할 확률 $P(X \leq 3) = \sum_{x=0}^{3} \binom{30}{x}(0.3)^x \ (0.7)^{30-x} \doteq 0.002$ 이므로 시청률이 30%라는 주장은 그리 믿을 바가 못 된다.

예 7.29 납품받은 자동차 부품에서 발견되는 불량제품의 비율은 0.3($=p$)인 것으로 알려져 있다. 이 자동차 부품 중에서 4개($=n$)를 임의로 선정, 불량여부를 검사한 결과, 발견된 불량품의 개수 X에 대한 확률은 $X \sim B(4, 0.3)$에 의해 다음과 같이 주어진다.

$$f_X(0) = 0.7^4 = 0.24,\ f_X(1) = 4 \cdot 0.3 \cdot 0.7^3 = 0.41,\ \cdots,\ f_X(4) = 0.3^4$$

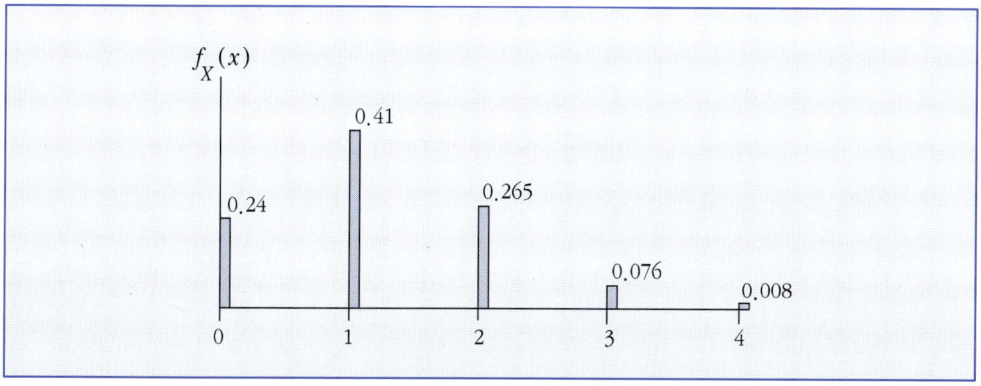

그림 7.10 ▸ 이항분포 $B(n=4, p=0.3)$

이항분포를 가지는 확률변수의 기댓값은 기댓값의 기본성질과 독립적 베르누이 분포와의 관계를 통해 다음과 같이 주어짐을 쉽게 알 수 있다.

이항분포 $X \sim B(n, p)$의 기댓값과 분산

$$E(X) = n\,p,\ Var(X) = np(1-p)$$

예 7.30 위의 <예 7.28>의 경우 $E(X) = 30 \cdot 0.3 = 9$이므로 30명을 조사했다면 평균적으로 대략 9명 정도는 시청했다는 결과가 나와야 그 주장이 일리가 있을 터인데 고작 3명이 시청했다는 결과는 지나치게 작은 수로 보인다.

예 7.31 <예 7.19 – 계속> n장의 카드를 뽑을 때 Z장에서 우연의 일치가 일어나는 경우 $Z \sim B(n, p = 1/n)$이므로 $E(Z) = n \cdot (1/n) = 1$, 즉 한번 정도의 우연의 일치를 기대할 수 있다.

초기하분포

어느 섬에 서식하고 있는 괭이갈매기의 총수에 관한 정보는 어떻게 얻을 수 있을까? 다음과 같은 실험을 수행하는 것이 한 가지 방법이 될 수 있다. 이는 괭이갈매기를 2차로 나누어 포획/재포획(capture/recapture)하는데, 우선 큰 그물을 1차로 투척하여 포획한 괭이갈매기 모두에게 포획되지 않은 갈매기와 구분할 수 있도록 특정 꼬리표를 붙여 일단 날려 보낸 후, 2차 투척을 통해 잡은 것들 중 꼬리표가 부착된 것들의 수를 세는 방식이다. 여기서 두 포획 사이에 괭이갈매기 총수의 변화나 기타 생태환경적인 변화는 없었다고 가정한다. 다음과 같은 기호를 사용하여 보자.

N(미지의 수)를 그 섬에 서식하는 괭이갈매기의 총개체수, A를 1차 포획 총수, n을 2차 포획 총수, 그리고 재포획에서 X 마리에 꼬리표가 부착되어 있었다고 하자. 그러면 서식하는 모든 괭이갈매기는 1차 포획으로부터 꼬리표가 붙어있는 A마리와 그렇지 않은 $(N-A)$ 두 집단 중의 하나로 이분화되고, 2차 포획에서의 n마리는 꼬리표가 붙은 X마리와 그렇지 않은 $(n-X)$로 구분된다.

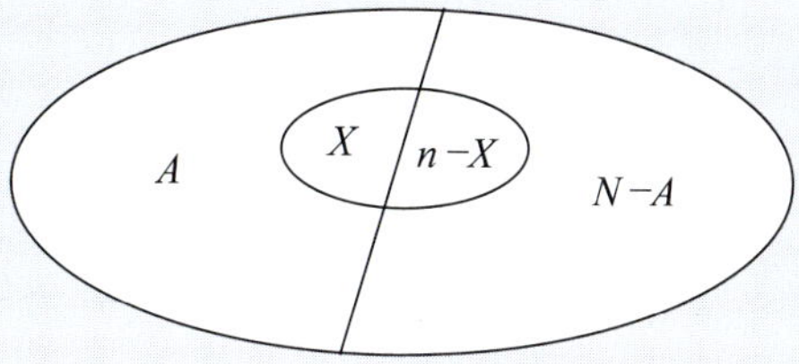

그림 7.11 ▸ 초기하분포 $H(N, n, A)$

따라서 다음과 같은 비례관계 $N : n = A : X$를 설정할 수 있을 것이다. 그리하여 이 실험을 수행한 결과 $A = 160$, $n = 180$, $X = 3$인 것으로 나타났다면, 이 정보를 근거로 서식하는 괭이갈매기의 총 개체수는 $\hat{N} = n \cdot A/X = 180 \cdot 160/3 = 9{,}600$으로 추측할 수 있겠다.[13)]

이와 같은 상황에서 확률변수 X는 초기하분포를 가진다고 하며, 확률함수는 다음과 같이 주어진다.

초기하분포(超幾何分布, hyper-geometric distribution) :

전체 N개의 개체를 가지는 (유한)모집단에서 각 개체는 '성공' 혹은 '실패'와 같이 이분적으로 나누어진다. 이 집단이 A개의 '성공'과 나머지 (N−A)개의 '실패'로 구성되었을 때 이로부터 비복원 추출방법으로 뽑은 n개의 개체 중 '성공'인 것들의 개수를 X라 하면, 확률변수 X는 다음과 같은 초기하분포, $H(N, A, n)$를 가진다.

$$f_X(x) = \frac{\binom{A}{x} \cdot \binom{N-A}{n-x}}{\binom{N}{n}}, \quad x = 0, 1, 2, \cdots, \min(n, A)$$

예 7.32 어느 회사에 납품되는 부품에 대한 검사에서 검사대상인 한 상자에 들어있는 부품은 전체 50개($= N$)인데, 이 중 35개가 양호한 부품이고, 나머지 15개($= A$)가 불량 부품이라고 하자. 이 상자에서 4개($= n$)를 검사한 결과 1개가 불량품

13) 총 개체수를 계산하는데 이용할 수 있는 이 관계식은 최대우도 추정법으로 알려진 추정원리를 통해 유도되는 결과와 동일하다. 참고로 '독도 자연생태계 정밀조사결과'(2006, 환경부/국립환경과학원)에 의하면 독도에는 2006월 5월 현재 약 10,000마리의 괭이갈매기가 서식하는 것으로 추정하고 있다.

으로 밝혀졌다.

이런 사건이 일어날 확률은 $H(50, 15, 4)$로부터

$$f_X(1) = P[X=1] = \frac{\binom{15}{1} \cdot \binom{35}{3}}{\binom{50}{4}} = 0.426\text{이다.}$$

초기하분포의 기댓값과 분산

$$E(X) = n\,p^*$$

$$Var(X) = np^*(1-p^*) \cdot \left(\frac{N-n}{N-1}\right),\quad \text{단, } p^* = A/N$$

예 7.33 불량 공산품 부품의 예 – 계속

4개의 부품을 검사할 때 발견되는 불량품의 개수를 X라 할 때 평균 $E(X) = 4 \cdot \frac{15}{50} = 1.2$가 불량품이 될 것으로 기대되고, 불량품 수의 변이정도는 $Var(X) = 4 \cdot \frac{15}{50}\left(1 - \frac{15}{50}\right) \cdot \frac{46}{49} \doteq 0.79$가 된다.

초기하분포는 연구대상 모집단의 크기(N)가 유한인 경우 이로부터 비복원 추출방식으로 추출한 표본(크기 n) 중 발견되는 특정 속성을 가진 개체의 수를 모형화 하는데 이용된다. 여기서 표본추출이 비복원 방식으로 이뤄지므로 이로부터 얻어지는 매번 추출에서의 결과는 서로 독립적이 아닐 뿐 아니라 특정 속성에 대한 성공의 확률도 변하게 됨을 알 수 있다. 이는 이항분포에서는 표본추출이 복원 방식이고 이에 따라 각 추출은 서로 독립이며 매번마다 성공의 확률은 변하지 않은 채 그대로 유지되는 것과 대조되는 것으로 생각할 수 있다. 사실 비복원 추출의 경우라 하더라도 표본의 크기에 비해 모집단의 크기가 상대적으로 매우 크다면 각 표본추출 결과가 서로 독립적이고 성공확률 또한 변하지 않는 복원추출의 경우로 생각하여도 크게 틀리지 않을 것이다. 즉, 초기하분포에 대한 확률은 (통상) $n \le N \cdot 5\%$인 경우 이항분포의 확률과 상당히 비슷할 수 있다. 이에 따라 (유한)모집단에서의 특정 속성을 가진 개체들의 비율 $p^* = A/N$의 항목으로 표현하면 초기하분포의 확률함수 $H(N, A = Np^*, n)$

는 $f_X(x) = \dfrac{\binom{Np^*}{x} \cdot \binom{N(1-p^*)}{n-x}}{\binom{N}{n}}$ 이 될 것인데, 이때 만일 $n \le N \cdot 5\%$라면 이 확률은 이항분포, $B(n, p^*)$, 즉 $\binom{n}{x}(p^*)^x(1-p^*)^{n-x}$로 근사시킬 수 있다.

예 7.34 불량 공산품 부품의 예 – 계속

조사대상 상자에 들어있는 부품의 수 $N=500$이라 하고 이 상자에서 비복원으로 $n=4$의 표본을 조사한 경우를 상정해보자. 이때 $n/N=0.8\%$이므로 다음 각 $X=0,1,2,3,4$ 경우에 대한 초기하분포와 이항분포로부터의 확률은 매우 비슷할 것을 기대할 수 있다. 여기서 이 모집단에 대한 불량비율은 앞에서와 같이 $p^*=30\%$라 가정한다.

	초기하분포 $H(500, 150, 4)$	이항분포 $B(4, 0.3)$
$X=x$	$\binom{150}{x} \cdot \binom{350}{4-x} / \binom{500}{4}$	$\binom{4}{x} 0.3^x\, 0.7^{4-x}$
0	0.2389	0.2401
1	0.4130	0.4116
2	0.2653	0.2646
3	0.075	0.0756
4	0.0079	0.0081

포아송 분포

K대학병원의 응급실에 새벽 1–2시 사이에 들어오는 응급환자의 수에 대한 확률은 어떻게 구할 수 있을까? 또 전쟁이 일어나면 면적 1000평당 평균 1발의 포탄공격을 받는다고 상정할 때 2000평의 땅을 가진 농부가 그의 땅에 2발 이상의 포탄공격을 받을 확률은 어떠한가? 포아송[14]은 이런 확률을 구하는데 이용할 수 있는 다음과 같은 확률분포함수를 생각했다.

14) Simeon D. Poisson(1781-1840) 프랑스의 수학자, 물리학자

포아송 분포(Poisson distribution)

포아송 확률함수는 다음과 같은 분포함수를 가지며, 이를 $Poi(\mu)$로 표기하자.

$$f_X(x) = P[X=x] = e^{-\mu}\mu^x / x!,\ \ x = 0,\ 1,\ 2,\ \cdots,\ \infty$$

여기서 e는 자연대수의 밑으로 상수 2.71828⋯ 이고, $x! = 1 \cdot 2 \cdot \cdots \cdot x$이다 (단, $0! = 1$로 정의함).

모수 μ는 다음과 같이 포아송 확률변수 X의 기댓값인 동시에 그의 분산이 된다.

즉, $E(X) = Var(X) = \mu$

이와 같은 포아송 확률분포는 관심대상의 사건이 특정 시/공간에서 발생할 빈도수를 모형화 하는데 유용하게 쓰일 수 있다. 이때 관찰되는 자료는 빈도수가 되므로 0, 1, 2, ⋯와 같이 이산적인 값을 가지며, 이론적으로 무한대(∞)까지 취할 수 있다. 그래서 모든 가능한 확률변수의 값에 대한 확률들을 표로 작성할 수는 없을 것이다.

예 7.35 K대학병원의 응급실에 새벽 1-2시 사이에 들어오는 응급환자는 평균($=\mu$) 6명 정도로 10분에 한명 꼴로 도착한다고 하자. 이에 따라 X를 새벽 1-2시 사이에 도착하는 응급환자의 수라 할 때 이 확률변수에 대한 포아송 확률함수 $Poi(6)$는 $f_X(x) = e^{-6}6^x / x!,\quad x = 0,1,2,3,\cdots$ 가 된다. 모든 가능한 X 중 0부터 5까지의 값에 해당하는 확률을 구해보면 다음과 같다.

X	0	1	2	3	4	5
포아송확률	0.0025	0.0149	0.0446	0.0892	0.1339	0.1606

이에 따라 어느 날 새벽 1-2시 사이에 3명의 응급환자가 올 확률은 $P(X=3) = 0.0892$, 그리고 2명 이하일 경우는 $P(X \leq 2) = 0.0025 + 0.0149 + 0.0446 = 0.062$가 된다.

앞에서 본 이항분포 $B(n, p)$에서 독립적 베르누이 시행의 수(n)가 아주 크고, 각 시행에서 성공확률(p)이 매우 작은 경우에 대한 확률은 모수 $\mu = np$를 가진 포아송 확률로 근사시킬 수 있음이 알려져 있다. 이 관계를 응급환자의 수를 예로 설명해 보자. 우선 새벽 1-2 사이의 시간을 n등분할 때 $n=60$이면 분단위로 나눈 것이고, $n=3600$은 초단위로 나눈 것이 된다. 이와 같은 등분수 n을 아주 크게 잡아 시간구간을 충분히 작게 하면 각 구간에서 응급환자의 수는 한 명도 없거나 한 명만 있지 2명 이상이 되지는 않게 되므로 마치 베르누이 시행이 된 것으로 생각해도 될 것이다. 이때 각 시간구간에서 성공(즉, 한 명의 응급환자가 도착)의 확률은 구간의 크기에 비례한다고 할 수 있으므로 1시간에 평균 6명이 도착한다 함은 어느 한 1분 단위에 대한 성공의 확률은 $6/60=1/10$이 됨을, 그리고 어느 한 초단위에 대한 성공확률은 $6/3600=1/600$임을 나타낸다. 여기서 서로 다른 시간구간에서 사건의 발생이 상호 독립적이라면 전 구간(새벽 1-2 사이)에서 도착한 응급환자의 총수는 곧 이항분포에 따르게 된다. 즉, 새벽 1시부터 분단위로 나누어 응급환자의 도착여부를 조사한 경우는 $B(n=60, p=1/10)$, 그리고 초단위의 경우는 $B(n=3600, p=1/600)$가 된다. 이런 의미에서 포아송 확률함수는 희귀한 사건(발생확률 p가 작은)에 대한 확률모형과 연관지을 수 있다. 실제 n이 클 경우 이항확률은 포아송 확률함수를 이용하여 근사값을 구하는 것이 편리할 수 있는데, 두 확률함수는 이항분포에서 $n \geq 100$, $np \leq 10$일 경우 $\mu=np$로 놓고 구한 포아송 확률에 의해 잘 근사시킬 수 있다.

예 7.36 응급환자 예 – 계속

초단위로 베르누이 사건의 발생 여부를 관찰한 경우 전체 도착하는 응급환자의 수(X)의 확률함수는 $f_X(x)=\binom{3600}{x}(1/600)^x(599/600)^{3600-x}$, $x=0,1,\cdots,3600$이고, 분단위로 관찰한 경우는 $f_X(x)=\binom{60}{x}(1/10)^x(9/10)^{60-x}$, $x=0,1,\cdots,60$이 된다. 아래 표는 이 두 경우에 대하여 계산한 확률인데 초단위의 경우(큰 n)에 대한 이항분포의 확률이 분단위의 경우(보다 작은 n) 보다 포아송 확률에 더 가까움을 볼 수 있다.

X	0	1	2	3	4	5
포아송확률	0.0025	0.0149	0.0446	0.0892	0.1339	0.1606

이항분포 (초단위)	0.0025	0.0148	0.0445	0.0892	0.1339	0.1606
이항분포 (분단위)	0.0018	0.0120	0.0399	0.0844	0.1336	0.1662

이 예 이외에도 백과사전 한 쪽에서 발견되는 오자의 수, 전화교환원이 하루에 받는 잘못 걸려온 전화의 수, 주어진 시간에 은행창구에 들어서는 손님의 수, 대법원의 일 년 중 휴정일의 수, 고속도로의 특정구간에서 자동차 사고 사망신고의 건수, 천체 망원경을 통해 관찰되는 혜성의 개수 등 많은 현실적 확률상황이 포아송 확률분포를 통하여 잘 묘사된다.

7.4.2 연속적 확률분포

연속적 확률분포로 가장 널리 이용되고 있는 분포함수는 정규분포일 것이다. 정규분포에 관한 기본적인 내용은 중심극한이론을 포함하여 이미 제 4장에서 설명한 바 있다. 정규분포 말고도 현실에서 연속적인 확률상황을 묘사하기 위한 많은 분포함수가 있으나 여기에서는 기초적인 연속형 확률분포로서 균일분포와 지수분포를 설명하고, 정규모집단에서 얻은 임의표본의 평균에 관련된 분포로서 스튜던트의 t 분포를 소개한다.

균일분포

이는 확률변수가 취할 수 있는 전체구간에 걸쳐 밀도함수가 같은(상수) 값을 가지는 경우에 대한 분포이다. 따라서 동일한 길이를 가지는 구간에 대한 확률은 언제나 동일하게 된다. 예를 들어 룰렛(roulette) 도박게임에서 룰렛판은 돈을 거는 각 칸의 폭이 같은 한 이에 연관된 승패의 확률도 같도록 만들어져 있다. 그러므로 판의 중심에서 특정 부채꼴이 가지는 사이각을 확률변수로 할 때 이 사이각이 취할 수 있는 가능한 구간은 [0, 360]이고, 판에 구르는 공이 어느 특정 칸에 멈출 확률은 모두 동일하므로 이런 확률상황은 균일분포로 모형화할 수 있을 것이다. 균일분포는 다음과 같이 정의된다.

균일분포(均一分布, uniform distribution)
확률변수 X가 그의 표본공간 $[a, b]$ 전체에 걸쳐 균일한 밀도함수값을 가진다면 X는 다음과 같은 확률밀도함수를 가지며, 이를 균일분포 $U(a, b)$라 부른다.

$$f_X(x) = \frac{1}{b-a},\ a \le x \le b,\ b > a$$

균일확률변수의 기대값과 분산은 각각 $E(X) = \frac{a+b}{2}$, $Var(X) = \frac{(b-a)^2}{12}$이다.

위와 같은 균일분포는 아래 그림에서와 같이 균일분포 확률함수가 취할 수 있는 구간 $[a, b]$에 걸쳐 상수의 값을 가지기 때문에 확률변수가 특정 구간 $[c, d]$에 있을 확률은 단순히 밑변이 $(d-c)$이고 높이가 $1/(b-a)$인 직사각형의 면적이므로 $P(c < X < d) = \frac{d-c}{b-a} = \int_c^d \frac{1}{b-a}dx$, $a \le c \le d \le b$와 같이 쉽게 구할 수 있다.

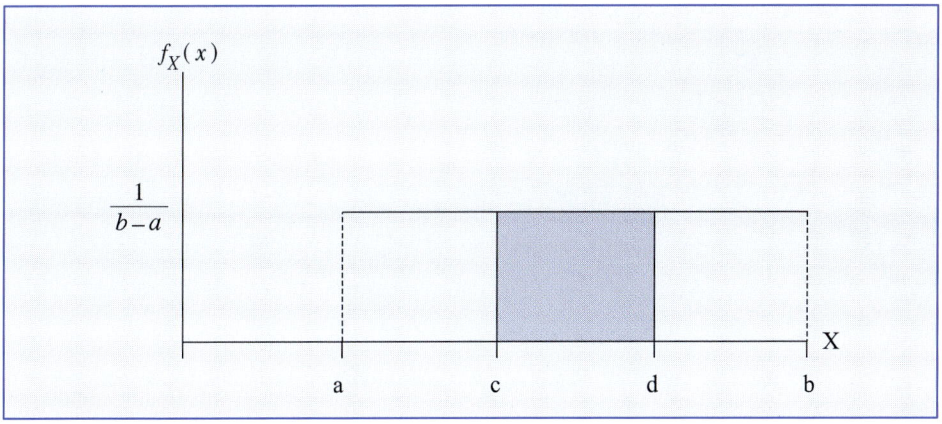

그림 7.12 ▸ 균일분포함수 $U(a, b)$

여기서 특히 $a=0, b=1$인 경우, 즉 $U(0,1)$을 표준균일분포(standard uniform distribution)라 부르는데, 앞에서 고려했던 컴퓨터나 계산기에서의 난수 생성기는 $U(0,1)$에 따르는 확률변수를 시뮬레이션(simulation)한 것으로 생각하면 된다. 따라서 $[0,1]$ 구간에 속하는 모든 난수는 동등한 확률로 생성되었다고 생각하는 것이다.

예 7.37 K대학 앞 지하철역의 첫 발차는 새벽 5:30에 있고 그 후 매 8분 간격으로 열차가 출발한다. 즉, 열차출발시각은 오전 5:30, 5:38, 5:46, 5:54 …이다. 어느 승객은 5:30 am부터 5:50 am 사이에 균일한 확률로 지하철역 탑승지점에 도착한다고 하자. 이 경우 그 승객이 지하철을 타기 위해 기다리는 시간이 5분 미만일 확률을 구해보자. 먼저 5:30 am 이후 그 승객이 지하철역에 도착할 때까지 걸리는 시간(X)는 $U(0, 20)$에 따르고, 이에 대한 확률함수 $f_X(x) = 1/20$이다. 그 승객의 기다리는 시간이 5분 이하가 되려면 그는 5:33-5:38 am 사이 (즉, $3 \le X \le 8$)나 5:41-5:46 am 사이($11 \le X \le 16$), 또는 5:49-5:50 am 사이($19 \le X \le 20$) 에 도착해야한다. 따라서 구하려는 확률은

$$P(3 \le X \le 8) + P(11 \le X \le 16) + P(19 \le X \le 20)$$
$$= \int_3^8 \frac{1}{20} dx + \int_{11}^{16} \frac{1}{20} dx + \int_{19}^{20} \frac{1}{20} = \frac{5+5+1}{20} = 11/20.$$

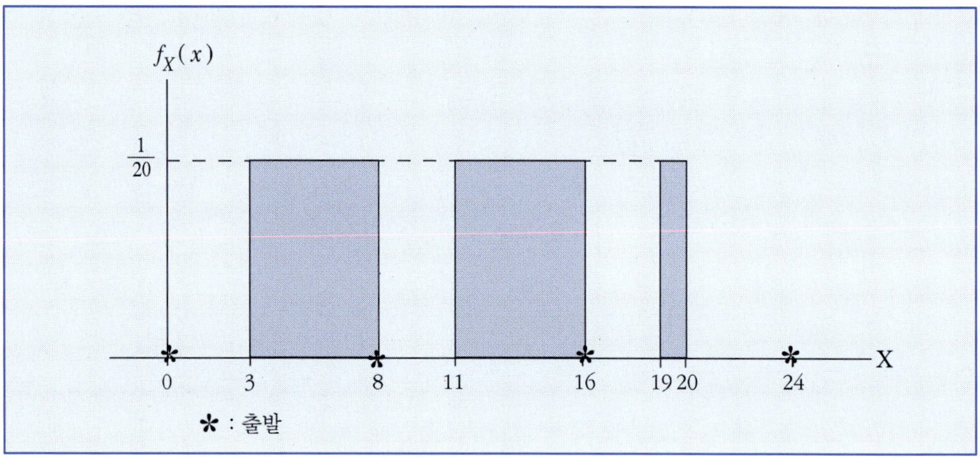

그림 7.13 ▸ 균일분포 $U(0,20)$

지수분포

지수분포는 어떤 사건의 발생빈도가 포아송 확률에 따를 경우 첫 번째 사건이 발생할 때까지 기다리는 시간을 모형화하는 데에 이용할 수 있는 분포이다. 예를 들어 K 증권사를 방문하는 고객의 수가 시간당 평균 20명이라 할 때 방문고객수라는 확률변수는 앞에서 설명한 바와 같이 평균 μ(=20명/시간)를 가진 포아송

분포를 가진다고 해도 좋은 것이다. 이때 창구에 있는 회사직원이 첫 고객을 맞이하기 위해 대기하는 시간 W 는 다음과 같은 확률분포함수를 가지며, 이를 지수분포라 부른다.

지수분포(指數分布, exponential distribution)
단위구간에서 변화(사건발생)의 빈도수가 평균 μ를 가진 포아송 분포에 따를 경우 첫 변화가 일어날 때까지의 대기시간 W는 아래의 지수분포 $\text{Exp}(\mu)$를 가진다.

$$f_W(w) = \mu e^{-\mu w}, \quad w > 0$$

이때 W의 기대값과 분산은 각각 $E(W) = 1/\mu$, $Var(W) = 1/\mu^2$이다.

예 7.38 K 증권사의 창구직원이 첫 고객을 맞는데 5분 이상 걸릴 확률을 구해보자. 위의 설명에서 '단위구간'을 "분단위", 그리고 '변화'를 "고객의 도착"으로 놓을 때 이 증권사에는 평균 분당 20명/60분, 따라서 $\mu = \dfrac{1}{3}$이 되므로 회사직원의 대기시간 W는 $f_W(w) = \dfrac{1}{3}e^{-w/3}$, $w > 0$에 따른다.

따라서 구하고자 하는 확률은 $\int_a^b e^{-x}dx = e^{-a} - e^{-b}$ 임을 이용하여 $P(W > 5)$ $= \int_5^\infty \dfrac{1}{3}e^{-w/3}dw = e^{-5/3} - e^{-\infty} = e^{-5/3} - 0 = 0.189$임을 알 수 있다.

지수분포 곡선은 아래 그림에서와 같이 구간 $[0, \infty)$에 걸쳐 지수적으로 감소하기 때문에 '지수'분포라는 이름을 가졌다. 이와 같은 지수분포에 따르는 확률변수가 특정 구간 $[c, d]$에 있을 확률은 단순히 이 구간에서 지수분포곡선 아래의 면적이므로 $P(c < W < d) = \int_c^d f_W(w)\,dw$ 와 같이 구할 수 있다.

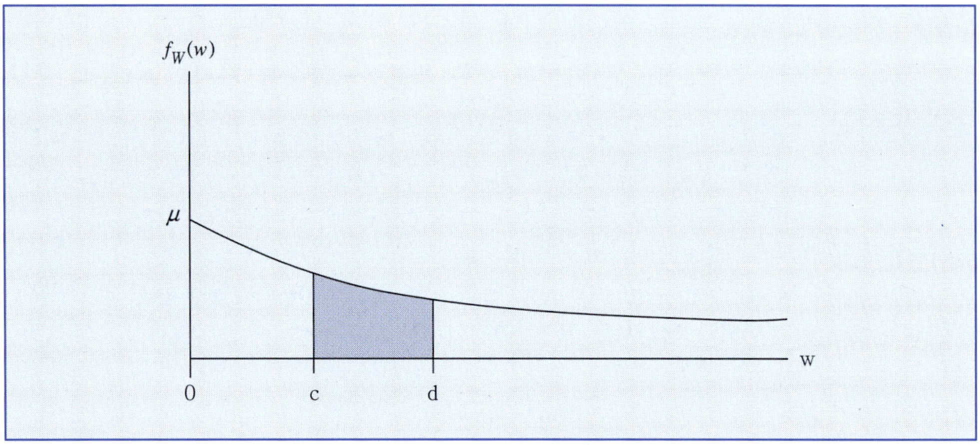

그림 7.14 ▸ 지수분포함수 $\mathrm{Exp}(\mu)$

이와 같은 지수분포의 내용을 더 확장해서 포아송 사건발생에서 k번째 사건이 발생할 때까지 기다리는 시간은 감마분포(gamma distribution)를 가진다. 앞의 예에서 시간당 평균 20(=μ)명의 방문객을 가지는 K 증권사에 5번째 고객이 도착할 때까지의 대기시간이 가지는 확률분포는 감마분포를 통해 모형화할 수 있다.

T 분포(t-distribution)

정규분포 $N(\mu, \sigma^2)$로부터 얻은 크기 n의 임의표본 $X_1, X_2, \cdots, X_n$에서 $\overline{X}$를 (표본) 평균, S를 (표본)표준편차라 하자. 이때 표본평균에 대한 표준화 점수(標準化 點數, standardized score) $Z = \dfrac{\overline{X} - \mu}{\sigma / \sqrt{n}}$는 표준정규분포 $N(0,1)$에 따른다는 사실은 앞에서(4장) 설명한 바 있다. 그러나 일반적으로 모집단 표준편차 σ는 알려져 있지 않은 경우가 대부분이므로 이를 S로 대치한 것인 $T = \dfrac{\overline{X} - \mu}{S / \sqrt{n}}$ 를 표본평균의 스튜던트 점수(studentized score)라 부른다. 여기서 표본크기 n이 클 때($n \geq 30$)에는 S와 σ가 충분히 가까워져 T는 $N(0,1)$에 근사하는 분포를 가지지만 n이 크지 않은 경우 T는 $N(0,1)$이 아닌 t 분포[15]에 따르는 것으로 알려져 있다.

---

15) 영국 캔터베리(Canterbury) 출신의 William S. Gosset(1876-1937)은 1908년 t 분포에 관한 논문을 학술지에 발표함으로서 통계적 추론에 중요한 역할을 하는 소표본 이론의 기초를 마련하였다. 그는 본명

T 분포곡선은 <그림 7.15>에서 보는 바와 같이 표준정규분포 $N(0,1)$처럼 원점을 중심으로 이로부터 멀어짐에 따라 대칭적으로 감소하여 엎어놓은 종 모양을 취하며, +/- 양방향의 모든 가능한 실수값에 대한 t 분포곡선 아래의 면적은 1이 된다. T 분포함수는 자유도(自由度, degrees of freedom : df)라 부르는 값에 따라 분포곡선의 모습이 달라지는데 표본평균에 대한 스튜던트 점수 t의 경우 자유도 $df=n-1$이 된다.[16] 일반적으로 T는 Z에 비해 두꺼운 꼬리의 분포함수를 가지나, n이 커짐에 따라 df도 커지고 이 경우 T는 Z의 분포에 점점 접근하다가 급기야 $df=\infty$가 되면 Z와 T의 분포는 완전히 일치한다. <표 7.1의 음영부분> 실제 $n \geq 30$인 경우 T와 Z는 그의 분포의 측면에서 구분할 필요가 거의 없을 정도로 근사됨을 볼 수 있다. T 분포는 제 8장에서 모평균에 관한 통계적 추론에서 구체적인 응용 예를 살펴보게 될 것이다.

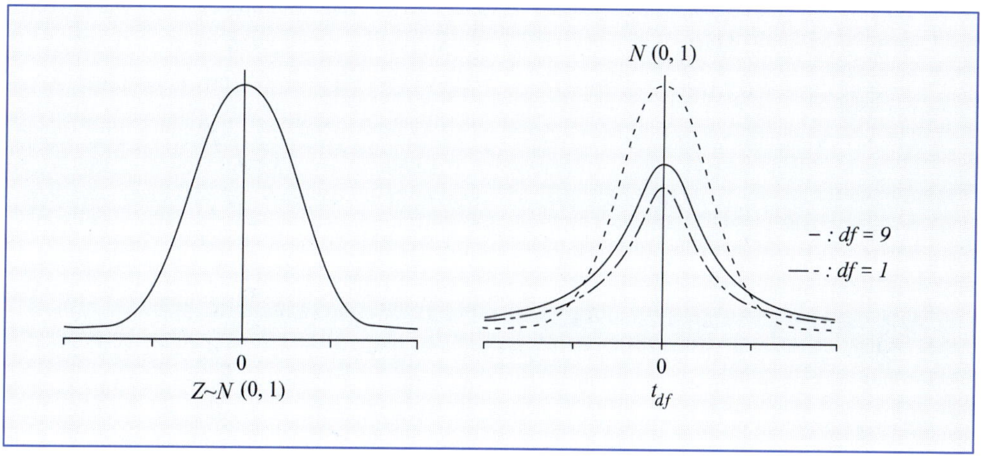

그림 7.15 ▸ 표준정규분포와 자유도 df의 t 분포

<표 7.1>은 선택한 몇 가지 자유도에 대한 t 분포표의 일부이다. 예를 들어 표본평균에 관한 스튜던트 t 점수의 경우, $n=10$이라면 $df=9$가 되고, "양쪽 꼬리부분 면적의 합"$=0.100$에 해당하는 표의 값은 1.833이 된다. <음영부분> 즉, 자유도 9인 t

---

대신 스튜던트(Student)라는 필명(筆名)을 사용하였다.

16) 자유도는 주어진 여건 하에서 독립적인 차원의 개수를 나타내는 개념이다. T분포의 경우 자유도는 S^2의 분포와 연계되어 있는데 S^2은 n개의 자유롭게 변화할 수 있는 (평균으로부터의) 편차 $X_i-\overline{X}$, $i=1,2,\cdots,n$들의 함수로 이뤄져 있다. 그러나 이들 편차들의 합은 영이 되는 하나의 제약조건을 가지고 있으므로 독립적 차원의 개수인 자유도 $df=n-1$이 된다.

분포, $t_{df=9}$를 나타내는 분포곡선 <그림 7.16> 아래의 구간 [-1.833, +1.833]에 속하는 면적의 합이 90%임을 말한다. 다시 말해 $P\{-1.833 < t_{df=9} < +1.833\} = 0.9$가 됨을 나타낸다. 아래 그림에서 분포곡선 $t_{df=9}$ 아래 빗금 친 구간 $(-\infty, -2.262]$의 면적은 2.5%, 구간 $(-\infty, -1.833]$은 5%가 되고, 구간 $[+2.262, \infty)$와 $[+1.833, \infty)$에 대한 면적은 각각 2.5%와 5%이다. 그리고 t분포는 원점을 중심으로 대칭이므로 구간 $[0, +1.833]$과 $[0, +2.262]$에 대한 면적은 각각 45%와 47.5%가 되며, 이는 각각 구간 $[-1.833, 0]$과 $[-2.262, 0]$에 대한 것과 동일하다.

표 7.1 ▸ t 분포표 (일부)

자유도	양쪽 꼬리부분 면적의 합				
(df)	0.5	0.2	0.1	0.05	0.01
1	1.000	3.078	6.314	12.706	63.657
4	0.741	1.533	2.132	2.776	4.604
.	.	.	.	.	.
8	0.706	1.397	1.860	2.306	3.355
9	0.703	1.383	1.833	2.262	3.250
10	0.700	1.372	1.812	2.228	3.169
.	.	.	.	.	.
∞	.6745	1.2816	1.6448	1.9600	2.5758

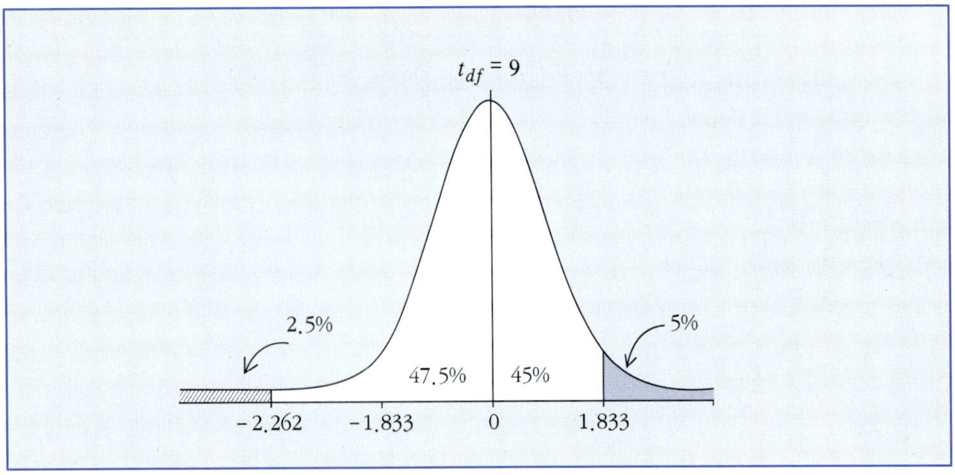

그림 7.16 ▸ 자유도 9의 t 분포 : $t_{df=9}$

예 7.39 어느 고등학교 학생의 체중이 $\mu = 60\,kg$, $\sigma = 6\,kg$인 정규분포 $N(\mu = 60,\ \sigma^2 = 36)$를 가진다고 할 때 이 (정규)모집단으로부터 임의로 뽑은 한 학생의 체중(X)이 $72\,kg$ 이상일 확률을 구해보자. 우선 표준점수 $Z = \dfrac{X-60}{6}$은 $N(0,1)$을 가지므로 제 4장에서 본 정규분포표를 이용하거나 혹은 위에서 본 t 분포표에서 $df = \infty$에 해당 하는 행을 따라 $P(X \geq 72) = P(\dfrac{X-60}{6} \geq \dfrac{72-60}{6}) = P(Z \geq 2) = 0.025$가 된다.

만일 $\sigma = 7.3\,kg$이라면 $P(X \geq 72) = P(\dfrac{X-60}{7.3} \geq \dfrac{72-60}{7.3}) = P(Z \geq 1.64) = 0.05$, 즉, 약 5% 정도이다.

한편 이 정규모집단으로부터 9명($=n$)의 학생을 임의로 뽑아 평균체중을 계산할 때 그 값이 $64\,kg$ 이하로 나올 확률을 구하려면, 이때 $Z = \dfrac{\overline{X}-60}{6/\sqrt{9}}$가 $N(0,1)$이므로 $P(\overline{X} \leq 64) = P(\dfrac{\overline{X}-60}{6/\sqrt{9}} \leq \dfrac{64-60}{6/\sqrt{9}}) = P(Z \leq 2) = 97.5\%$이다.

만약 모집단 표준편차인 σ를 모를 경우 표본으로부터 계산한 (표본)표준편차 $S = 3.58$ 이였다면 $\overline{X}$의 스튜던트 점수 $T = \dfrac{\overline{X}-60}{3.58/\sqrt{9}}$가 되고 이는 자유도 $df = 8$의 t분포에 따르므로 확률 $P(\overline{X} \leq 64) = P(T \leq \dfrac{64-60}{3.58/3}) = P(T \leq 3.35) = 0.995$로 계산된다.

연습문제

7.1 주사위를 다음과 같이 던져서 홀수가 나오는 경우에 대한 상대도수를 구하여 그래프로 만들어보아라. [7.1절]

1회, 2회, 6회, 10회, 20회, 50회, 100회, 200회

7.2 두 개의 주사위를 동시에 던졌을 때 나타나는 눈의 수를 관찰한다.

(1) 가능한 출현치로서 총 36개의 짝으로 이루어진 표본공간을 묘사하여라.
(2) 두 주사위 눈의 합이 10되는 사건을 E를 구하여라.
(3) 주사위를 던진 결과 (6,4)가 나타났다면 '사건 E가 일어났다'고 하겠는가?
(4) 만약 (2,3)이 나타났다면 어떠한가? [7.1절]

7.3 동전을 던지는 실험에서 처음으로 앞면을 얻는데 필요한 던지기 회수를 관찰한다고 하자.

(1) 이 실험에 대한 표본공간을 구하여라.
(2) 동전의 앞면을 H, 그리고 뒷면을 T라 하고, 실험에서 나타나는 결과가 TTHTTTTH 이라면 이에 대응하는 던지기 회수는 각각 얼마가 되는가?
(3) 3번째나 5번째에 처음으로 앞면을 얻게 될 사건을 표본공간의 부분집합으로 표현하여 보아라. [7.1절]

7.4 어떤 금광체굴 업자가 광산에서 금을 발견할 확률이 0.1이라 한다. 5번 채굴하여 금을 발견 못하면 그 업자는 파산하게 된다고 할 때 그 업자가 파산할 확률은 얼마인가? (시뮬레이션을 통하여 구하여라) [7.1절]

7.5 가능성을 나타내는 아래 확률을 각 사건과 대응시켜보아라. [7.1절]

0, 0.01, 0.3, 0.6, 0.99, 1

(1) 이 사건은 결코 일어나지 않는다.
(2) 이 사건은 반드시 발생한다.

(3) 이 사건은 일어날 것 같지는 않다. 하지만 많은 시행을 하는 동안 한번은 일어난다.

(4) 이 사건은 빈번하게 일어난다.

7.6 우리나라 기상관측에 의하면 강원도 내륙에는 눈이 많이 내린다. 겨울철 기상 자료에 의하면 눈이 온 다음날 또다시 눈이 올 확률은 30%이고, 눈이 오지 않은 다음날 눈이 올 확률은 10%이다. 오늘 눈이 왔다면 모레 눈이 올 확률은 얼마인가? [7.2절]

7.7 100명의 20대 여성 중에 50명은 주말에 영화관을 찾고 20명은 쇼핑을 한다고 하고 10명은 쇼핑과 영화감상을 함께 한다고 한다. 영화관을 찾는 사건 A와 사건 B는 서로 독립적인가? [7.2절]

7.8 붉은색 주사위(R)와 흰색 주사위(W)를 같이 던지는 실험에서 다음 두 사건 : A={두 주사위 눈의 합 = 6}, B={검은색 주사위에서의 눈이 4}은 서로 독립인가? [7.2절]

7.9 52장으로 구성된 서양카드에서 한 장을 임의로 뽑을 때 다음 두 사건 A={ace}, B'={spade}는 서로 독립인가? [7.2절]

7.10 한 공장에서 생산하는 생산품 중 불량률이 5%라고 한다. 이들 부품 가운데 20%는 기계 A가 생산한다고 한다. 기계 A가 생산하는 생산품의 불량률이 7%라고한다. 만일 검사한 부품이 불량이라 할 때 이를 기계 A가 생산하였을 확률은 얼마인가? [7.2절]

7.11 조사에 따르면 초등학교 학생의 15%가 비만이라고 한다. 그리고 비만인 학생 중에서 어머니가 비만인 경우는 70%이고 비만이 아닌 학생 중에서 어머니가 비만인 경우는 10%라 한다. 어머니가 비만일 경우 그 자녀가 비만일 확률은 얼마인가? [7.2절]

7.12 우리나라 헌혈비율은 3%이며 헌혈자 중 B형은 27% 조사 되었다. 그렇다면 B형인 자로서 헌혈한 사람은 전체 인구 중에 몇 %인가? [7.2절]

7.13 붉은 공 5개, 흰색 공 3개, 검은색 공 2개가 들어 있는 항아리로부터 2개의 공을 임의로 꺼내는 실험을 생각한다.

(1) 이 실험에 대한 표본공간은 무엇인가?

(2) X를 검은색 공의 개수라 할 때 이 확률변수의 표본공간을 구하여라.

(3) $X=0$가 될 확률을 계산하여라. [7.3절]

7.14 정상적인 동전을 3번 던질 때 A={첫 번 던짐에서 T}, B={2번째, 3번째 던짐에서 적어도 한번 H}이라 하자.

(1) 이 실험의 표본공간을 구하여라.

(2) 확률 $P(A)$, $P(B)$, $P(A \cap B)$를 구하여라.

(3) 사건 A와 B는 서로 독립인가? [7.3절]

7.15 숫자도박(number racket)은 미국 대도시의 빈민가에 널리 퍼져 있는 불법 도박이다. 뉴욕시에서는 다음과 같은 숫자도박이 성행한다. 000에서 999까지 1,000개의 세 자리 숫자 중에서 하나를 택하고 50센트를 낸다. 그리고 매일 하나의 세자리 숫자가 랜덤하게 뽑혀지는데 숫자가 맞아떨어지면 300달러의 상금을 받는다. 어느 날 이 도박을 시도한 사람이 가지는 기대금액을 구하여라. [7.3절]

7.16 윷을 던져서 상금을 주고받는 게임을 한다. ‘도’가 나오면 1000원을 ‘개’가 나오면 400원을 잃고 ‘걸’, ‘윷’, ‘모’가 나오면 각각 100원, 500원, 1300원을 받는다고 하자. 이러한 게임을 반복할 경우에 이득인가? 손해인가? (단, 윷이 엎어지거나 뒤집어지는 확률은 1/2이라고 가정하자.) [7.3절]

7.17 주사위를 반복하여 던질 때 처음으로 짝수가 나오는 임의실험에서 기대 시행 횟수는 얼마인가? (시뮬레이션을 30회 반복하여 추정치를 구하여라.) [7.3절]

7.18 한 생명보험회사는 피보험자가 5년 내에 사망하면 1억원을 지급하는 상품을 판매하고 있다. 피보험자의 연령은 30세의 남자이며 각 연령에서 남자들이 사망하는 비율을 적어놓은 생명표에서 피보험자가 5년 이내 사망 할 확률을 알고 있다. 보험회사는 매년 5만원의 보험료를 받으므로 피보험자가 사망했을 때 지불하는 총 보험금은 1억 원에서 보험료를 뺀 액수가 된다.

결 과	확 률	보 험 금
31세 사망	0.0018	99,950,000
32세 사망	0.0018	99,900,000
33세 사망	0.0019	99,850,000
34세 사망	0.0019	99,800,000
35세 사망	0.0020	99,750,000
35세 까지 사망하지 않음	0.9906	0

이 보험회사의 보험금의 기댓값은 얼마인가? [7.3절]

7.19 앞의 <예 7.14>에서와 같이 두 개의 동전 중 하나는 정상인 동전(앞, 뒷면의 출현확률이 같은: fair)이고, 다른 하나는 비정상 동전(두 면 모두 앞면인 : unfair) 이라고 하자. 이들 중 하나를 임의로 선정하여 n번 반복하여 던진 결과 계속해서 앞면(head)이 나왔다고 하자. 이때 던진 그 동전이 정상동전일 확률을 구하여라. <예 7.14>는 $n=1$인 경우에 해당한다. [7.3절]

7.20 두 독립적인 확률변수 X, Y에 대해 다음을 보여라. [7.3절]

(1) $\sigma^2 = Var(X) = E(X^2) - E(X)^2$

(2) $Var(X \pm Y) = Var(X) + Var(Y)$

7.21 주사위 하나를 던지는 경우 홀수가 나오는 사건 A라 하고, 3 이하의 수가 나오는 사건을 B라 하자. 주사위를 던져 3 이하의 수(사건 B)가 꼭 나올 것이라는 사실을 알고 있을 때 홀수(사건 A)가 나올 확률은 얼마인가? [7.3절]

7.22 7개의 흰 공과 5개의 검은 공이 들어 있는 항아리에서 비복원으로 2개의 공을 뽑을 때 두 개 모두 검은 공일 확률은 얼마인가? [7.3절]

7.23 확률변수 X가 이항분포 $B(n=4, p=1/2)$에 따를 때 X의 가장 그럴듯한 출현값은 $X=2$ 임을 보여라. [7.4절]

7.24 초기하분포 $H(N, n, A)$에서 N이 매우 크고 이에 비해 n이 작을 때, '성공'의 회수를 나타내는 확률변수 X는 이항분포에 근사할 것으로 기대된다. 그 이유를 설명하여 보아라. [7.4절]

7.25 전쟁이 일어나면 어느 지역은 면적 1000평당 평균 1발의 포탄공격을 받는다고 상정하자.

(1) 이때 2000평의 땅을 소유한 어느 농부가 그의 농토에 공격을 받은 포탄의 수에 대한 확률을 포아송 분포를 통해 묘사하여라.

(2) 이 농부의 땅에 2발의 포탄공격을 받을 확률을 (1)에 근거하여 계산하여라.

(3) 2000평의 농토를 4평을 한 단위로 전체를 500단위로 세분하고, 각 단위면적에서의 포탄공격 여부를 관찰할 경우 전체 농토에서 2발의 공격을 받을 확률을 이항분포를 통해 구하여라.

(4) (2)와 (3)에서 구한 확률을 비교하여라. [7.4절]

7.26 동전던지기 실험을 독립적으로 2회 반복 수행하였을 때 나타나는 앞면의 수와 뒷면의 수의 차이를 X라 할 때 X의 표본공간과 각 표본점에 대한 확률을 구하여라. [7.4절]

7.27 총 1095명의 종업원을 가진 회사에서 새해 첫날에 태어난 종업원의 수(X)를 고려한다.

(1) 어느 한 종업원의 생일날이 새해 첫날이 될 확률을 1/365 라고 할 수 있으므로 X는 이항분포 $B(n=1095, p=1/365)$에 따른다. 이 확률적

상황은 어떤 과정을 통해 포아송 분포를 통해 근사시킬 수 있는지를 설명하여라.

(2) (1)의 경우를 포아송 분포로 근사시킬 때 포아송 모수 μ를 구하고, 포아송 확률함수를 구체적으로 써라.

(3) $X=0, 1, 2, \cdots, 5$에 대한 확률을 위의 두 경우 각각에 대하여 구하고, 그 결과를 비교하여라. [7.4절]

7.28 다음 각 경우에서 이항분포에 대한 확률과 포아송 분포를 이용한 근사확률을 서로 비교하여라. [7.4절]

(1) $n=10,\ p=0.1, P(X=3)$

(2) $n=100,\ p=0.01, P(X=3)$

(3) $n=10,\ p=0.4, P(X=5)$

(4) $n=100,\ p=0.04, P(X=5)$

7.29 어느 청정호수 보호지역에서 호수물 1리터에서 발견되는 물방개 유충은 평균 2마리인 것으로 밝혀졌다. 이 유충이 군집을 이루고 있지 않다는 가정하에서

(1) 3리터의 호수물에 5마리 이상의 유충이 발견될 확률을 포아송 확률을 통해구하여라.

(2) 1리터의 호수물을 1cc 단위로 나눠 유충의 수를 관찰할 경우 (1)에서의 확률을 이항분포를 통해 구하여라.

(3) 위의 두 경우에 대한 확률을 비교하여라. [7.4절]

7.30 어느 학생이 받는 휴대폰 문자 메시지의 수는 시간당 평균 3통으로 포아송 확률에 따라 발생한다. 이 학생이 첫 메시지를 30분 이내에 수신하게 될 확률을 구하여라. 3번째 메시지를 받을 때까지 소요되는 시간은 어떤 분포를 가지는가? [7.4절]

7.31 어느 청소년 남자집단의 신장이 $\mu = 170cm$, $\sigma = 5cm$인 정규분포를 가진다고 할때 이 모집단으로부터 임의로 추출한 한 남자의 키가 180cm 이상일 확률은 얼마인가? 만일 $\sigma = 6.1\,cm$이면 어떠한가? [7.4절]

7.32 앞의 문제에서 10명$(= n)$의 표본을 임의로 뽑아 계산한 평균체중이 63.2cm이상으로 나올 확률을 구하여라. 정확히 알려진 σ가 없어 표준편차 S를 대신 사용하려고 한다. 표본으로부터 계산한 $S = 5.52$ 일 때 63.2cm 이상의 표본평균값을 얻게 될 확률을 구하여라. [7.4절]

8장. 통계적 추론

어떤 현상에 대한 관심은 곧 그에 대한 자료를 구하는 직접적인 동기가 되고, 얻어진 자료는 임의실험에서의 출현치로서 확률변수가 현실화된 값으로 생각할 수 있다. 따라서 현상에 대한 관심은 바로 그 자료의 원천이 되는 모집단에 있고, 구체적으로는 그 모집단을 특징짓는 모수에 대한, 그리고 한걸음 더 나아가 해당 확률변수의 분포에 관한 관심으로 간주할 수 있다. 이 장에서 다루려는 통계적 추론(統計的 推論, statistical inference)[17]은 '자료에서 얻은 경험적 사실을 바탕으로 그 자료가 얻어진 모집단에 관한 어떤 결론을 이끌어 내는' 과정을 일컫는다. 그러나 자료란 통상 모집단에서 추출한 일부분의 정보에 불과하고, 또한 자료 스스로가 불확정성을 내포하고 있기 때문에 이로부터 도출한 모집단에 관한 결론에는 불확정적인 요소를 회피할 수 없다. 그러므로 통계적 추론에는 그 결론이 얼마나 신뢰할 수 있는지의 정도를 제시해야만 비로소 과학적인 결론으로서 의미를 가지게 된다. 이 장에서는 통계적 추론에서 주요한 두 가지 과제인 추정과 가설검정을 다룬다. 즉, 모수를 어떻게 추정하고, 그 추정된 값을 어느 정도 신뢰할 수 있겠는가에 관한 부분[추정]과 모수 혹은 분포에 대한 어떤 주장이 현실의 자료에 의해 얼마나 지지되는지를 평가함으로서 그 주장의 진위여부에 관한 통계적 증거를 파악하는 것[가설검정]이다.

8.1 추정

제 1장의 <예 1.1>(여론조사)에서 전국 성인남녀(모집단) 중 언론사 세무조사를 언론탄압으로 보는 사람들의 비율은 이 모집단을 특징짓는 모수(미지의 상수, p)로서 추정

17) 추론은 추측(推測)해서 논한다는 뜻으로 이때 推는 '직접적 경험'을, 그리고 測은 '이성적 짐작'과 관련되어 있다. 이에 따라 '통계적 추론'이라 하면 경험적으로 얻은 자료가 제공하는 사실에 미루어 이성적으로 짐작한다는 의미를 가진다.

의 대상이다. 이 경우 모수는 $0 \leq p \leq 1$ 사이에 있는 어떤 값이 될 것이다. 한국 갤럽은 이 모수에 관한 정보를 얻기 위해 1055명에 대해 여론조사를 실시하였고, 이 조사에서 얻은 표본정보를 바탕으로 값 p를 구체적으로 알아내려는 추정을 시도하였다.

점추정

표본으로부터 추정량을 어떻게 구성하면 될까? 우리가 구하고자 하는 모수는 모집단에서의 비율이므로 이에 대응되는 표본에서의 비율을 직관적으로 생각할 수 있을 것이다. 이 상황은 확률변수 X_i를 i번째 피조사자로부터의 반응이라 놓고 다음과 같이 정식화해보자. 즉,

$$X_i = \begin{cases} 1, \text{ 만약 그가 '그렇다'라고 응답하면} \\ 0, \text{ 만약 그가 '그렇지 않다'라고 응답하면} \end{cases}, \quad i = 1, 2, \cdots, 1055\,(=n).$$

이때 표본값들의 합인 $\sum_{i=1}^{1055} X_i$은 전체 1055명 중 '그렇다'라고 응답한 사람들의 총수를 나타내므로 표본평균 $\overline{X} = \sum_{i=1}^{1055} X_i / 1055$은 곧 표본에서의 '그렇다'라고 응답한 사람들의 비율이 된다. 이렇게 만든 표본비율 $\overline{X}$은 표본자료 $X_1, X_2, \cdots, X_{1055}$의 함수로서 통계량이라 할 수 있고, 이 통계량은 모수 p의 가능한 추정량 중의 하나가 될 수 있다.

> **통계량**(統計量, statistic)
>
> 모수에 관한 통계적 추론을 하기 위해 사용되는 표본자료의 적절한 함수이다. 이 함수는 표본자료가 얻어지면 즉시 구체적인 값으로 계산될 수 있어야 한다. 특히 통계량이 모수를 추정하기 위해서 만들어진 것이라면 이를 추정통계량 혹은 간단히 추정량(推定量, estimator)이라 부른다.

이와 같이 추정량은 모수에 대한 구체적인 추정값을 계산하기 위해 사용되는 일종의 공식이라고 할 수 있는데, 이 추정량에 표본에서 얻은 자료값을 구체적으로 대입하면 모수를 추정한 값인 추정치를 얻게 될 것이다.

점추정(点推定, point estimation)

추정하고자 하는 모수의 값을 모수가 취할 수 있는 공간상의 하나의 점으로 나타내는 것을 점추정한다고 말한다. 이는 추정량에 표본에서 얻은 값을 대입하여 얻게 되는데 이와 같이 추정량의 구체화된 값을 추정치(推定値, estimate)라 한다. 따라서 추정량은 추정을 위해 사용되는 공식으로 확률분포를 가지지만, 추정치는 얻어진 특정 표본으로부터 계산한 하나의 값이므로 고정된 수치이다.

i번째 피조사자로부터의 반응을 나타내는 확률변수 X_i가 실제 표본조사에서 나타난 값을 x_i라 표기해보자. 이 경우 한국 갤럽은 1055명 중 591명($=\sum_{i=1}^{1055} x_i$)으로부터 '그렇다' 라는 반응을 얻었고, 이때 표본값 x_i, $i=1, 2, \cdots, 1055$으로부터 계산한 표본평균은 본평균은 591/1055 = 0.5602가 된다. 이에 따라 한국 갤럽은 이 표본자료를 바탕으로 모수 p의 점추정치로서 $\hat{p}$=0.5602라고 발표하게 된다. 즉, 표본구성원의 약 56%가 동의했다는 사실을 근거로 3천여만 명으로 구성된 모집단에서의 동의율(p)이 56%라고 추정한다는 것이다. 이때 추정치 0.5602는 모수 p가 취할 수 있는 공간, $0 \le p \le 1$ 에서의 한 점이다.

구간추정

한국 갤럽의 이와 같은 발표는 어느 정도의 범위 내에서 믿을 수 있는 것일까? 동일한 여론조사를 반복해서 수행할 경우 매번 똑같은 결과가 나온다면 좋겠지만 그럴 가능성을 기대할 수는 없는 일이다. 다시 말해 한국 갤럽이든 다른 어떤 조사기관이든 총 1055명을 조사했을 때 그 중 정확하게 591명이 동의하지 않는 한 같은 표본동의율이 나올 수가 없는 것이다. 즉, 위에서 고려한 추정량은 표본의 함수인 통계량이므로 표본의 결과에 따라 다른 값을 가지게 된다. 이런 속성은 추출된 표본의 함수인 통계량의 분포라는 의미로 표본추출분포(標本抽出分布, sampling distribution)라는 용어를 통해 이미 설명한 바 있다.[제1장, 4장] 한국 갤럽에서 발표한 p의 점추정치인 56%는 추정량인 표본동의율의 한 현실화된 값일 뿐이어서 그의 신뢰성에 관한 서술을 보완하면 더 충실한 정보를 전달할 수 있을 것이다. 예컨대 모집단 동의율 p가 0.56이라고 하는 식의 점추정 방법 대신, 95%의 신뢰를 가지고 p가 0.56 ± 0.03 사이, 즉 구간 [0.53, 0.59] 사이에 있다는 식으로 일정 구간을 통해 모수의 위치를 규정하는 방법을 구간추정한다고 말한다. 이 내용의 대강은 제1장의 1.4절 [신뢰문]에서 이미 다룬 바 있다.

> **구간추정**(區間推定, interval estimation)
> 추정하고자 하는 모수의 위치를 점 대신 구간을 통해서 나타내는 추정방법으로, 여기에는 지정된 구간이 모수를 포함하는 신뢰성 정도에 관한 서술이 포함된다.

구간추정에서 중요한 항목이 되는 구간의 상한(上限, upper limit)과 하한(下限, lower limit), 그리고 신뢰도는 다음과 같은 방법으로 구할 수 있다. 우선 동일한 조건 하에서 크기가 1055인 표본을 수천 번 반복하여 얻은 점추정치의 분포를 묘사하는 히스토그램을 그렸을 때 이는 근사적으로 평균이 0.56이고, 표준편차가 0.0153임을 알 수 있었다. 제 4장에서 본 방법에 따라 $\hat{p}$ 의 약 95%가 구간 $0.56 \pm 1.96 \times 0.0153 = [0.53, 0.59]$ 에 있게 된다. <그림 8.1>은 이 관계를 그림으로 나타낸 것이다.

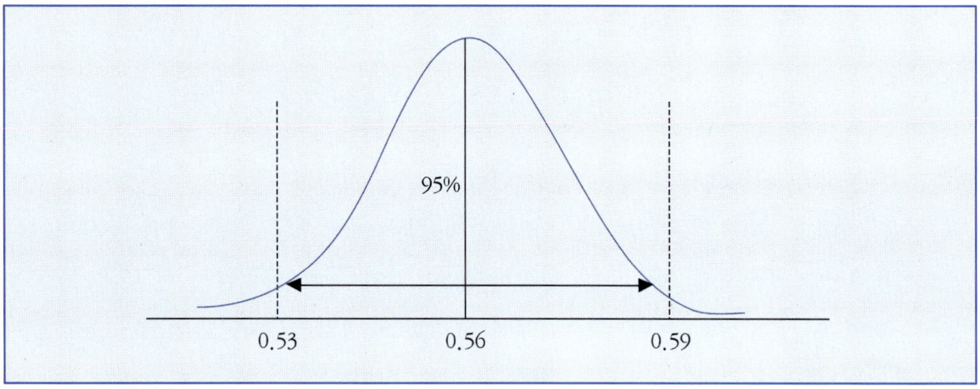

그림 8.1 ▶ 표본크기가 1055인 $\hat{p}$ 의 표본추출분포

여기서 신뢰구간의 상·하한과 신뢰도는 해당 모수에 대한 점추정량의 표본추출분포에 의존한다.[18] 실제로 이런 신뢰구간을 구하기 위해 앞에서와 같이 매번 크기 1055

18) 추정하고자 하는 모수에 대해 어떤 점추정량을 사용하느냐에 따라 신뢰구간이 달라진다. 이는 서로 다른 점추정량은 서로 다른 확률분포를 가지기 때문이며 신뢰구간의 상, 하한과 신뢰도도 이에 따라 변하게 된다.

단위의 표본을 수천 번 추출할 수는 없는 일이다. 사실 위에서와 같은 히스토그램을 그린다는 것은 $\hat{p}$ 의 확률분포를 경험적인 방법으로 구하는 작업이라고 할 수 있다. 그러나 이렇게 하지 않고도 추정량의 표본추출분포를 구하는 방법으로서 중심극한정리에 기초한 다음과 같은 이론이 있다.

표본비율의 표본추출분포 - 중심극한정리

크기가 n 인 단순임의추출(SRS)에서 표본비율 $\hat{p}$ 의 표본추출분포는 n 이 충분히 클 때 근사적으로 모평균 p 와 모분산 $\frac{p(1-p)}{n}$ 인 정규분포에 따른다. 따라서 $\frac{\hat{p}-p}{\sqrt{p(1-p)/n}}$ 는 근사적으로 $N(0,1)$를 가진다.

n이 충분히 클 때 $\hat{p}$는 p에 근접하므로 $\hat{p}$의 모분산을 $\hat{p}(1-\hat{p})/n$이라 해도 무방하다. 따라서 $\left|\frac{\hat{p}-p}{\sqrt{\hat{p}(1-\hat{p})/n}}\right| < 1.96$일 확률이 (근사적으로) 95%이므로, 이 부등식을 모수 p에 관해 풀면 $\hat{p}-1.96\times\sqrt{\hat{p}(1-\hat{p})/n} < p < \hat{p}+1.96\times\sqrt{\hat{p}(1-\hat{p})/n}$ 을 얻게 된다. 여기서 $1.96\times\sqrt{\hat{p}(1-\hat{p})/n}$ 을 95% 신뢰수준에 대한 오차한계라 하는데, 이를 구성하는 두 부분 중 숫자 1.96은 신뢰도 95%에 연관되어 있는 상수값이고 $\sqrt{\hat{p}(1-\hat{p})/n}$ 는 추정량 $\hat{p}$의 표준편차(흔히 표준오차<標準誤差, standard error>라 부른다)이다. 이때 신뢰구간은 점추정치$(=0.56)$을 중심으로 $\pm$오차한계$(1.96\times 0.0153=0.03)$의 구간을 의미한다.

다른 신뢰수준을 가진 신뢰구간을 구하려면 오차한계에서의 신뢰도에 해당하는 값을 변화시키면 될 것이다. 예컨대 68% 신뢰수준에 대한 신뢰구간은 $\hat{p}\pm 1\cdot\sqrt{\hat{p}(1-\hat{p})/n}$ 이 되고, 신뢰수준 99.7%의 신뢰구간은 $\hat{p}\pm 3\cdot\sqrt{\hat{p}(1-\hat{p})/n}$ 이 된다. 이와 같이 서로 다른 신뢰수준에 대한 신뢰구간을 구하기 위해 표준오차에 곱해지는 계수는 표준정규분포로부터 구한 것이다. 이 관계를 일반화하면 다음과 같이 정리할 수 있다.

모비율의 신뢰구간

모비율 p 의 근사적인 $100(1-\alpha)\%$ 신뢰구간은

$$\hat{p} \pm z_{\alpha/2}\sqrt{\frac{\hat{p}(1-\hat{p})}{n}}$$

이다. 여기에서 $z_{\alpha/2} = P[Z \le z_{\alpha/2}] = 1-\alpha/2$ 를 만족하는 값으로, Z는 표준정규분포 $N(0,1)$에 따르는 확률변수로서, $z_{\alpha/2}$는 표준정규분포의 상위 $\alpha/2$ 백분위수를 말한다.

신뢰구간의 의미

앞에서는 모비율의 경우를 예로 들어 구간추정을 하는 과정을 설명하였지만 일반적으로는 신뢰구간은 구하려는 모수(또는 모수의 함수)가 포함되는 구간에 대한 다음과 같은 확률적 서술과 연관되어 있다. 즉, 모수 θ가 표본자료 $(X_1, X_2, \cdots, X_n)$의 함수인 두 개의 통계량 $l(X_1, X_2, \cdots, X_n)$과 $u(X_1, X_2, \cdots, X_n)$에 대해 확률 $P[l(X_1, X_2, \cdots, X_n) \le \theta \le u(X_1, X_2, \cdots, X_n)] \ge 1-\alpha$를 가진다고 하자. 이는 모수 θ가 $[l(X_1, X_2, \cdots, X_n),\ u(X_1, X_2, \cdots, X_n)]$ 사이에 끼어있을 확률이 최소한 $(1-\alpha)$이 되는 구간을 의미한다. 따라서 $\alpha = 0.05$라면, 예를 들어, 같은 크기의 표본을 동일한 조건하에서 100번 뽑아 얻은 각 100짝에 대한 상, 하한의 임의구간(任意區間, random interval)을 얻었을 때 이 구간에 의해 모수 θ가 포함될 가능성이 경험적으로 적어도 95회 이상이 된다는 것을 의미한다. 이때 신뢰구간은 다음과 같이 정의된다.

신뢰구간, 상한, 하한, 신뢰수준

실제 얻은 표본자료를 $(x_1, x_2, \cdots, x_n)$로 표시할 때 모수 θ의 $100(1-\alpha)\%$ 신뢰구간(信賴區間, confidence interval)은 구간 $l(x_1, x_2, \cdots, x_n) \le \theta \le u(x_1, x_2, \cdots, x_n)$을 말하며, 여기서 $l(x_1, x_2, \cdots, x_n)$를 하한(下限, lowerlimit), $u(x_1, x_2, \cdots, x_n)$를 상한(上限, upper limit), 그리고 $100(1-\alpha)\%$ 를 신뢰수준(信賴水準, confidence level)이라고 부른다.

이와 같이 신뢰구간 $[l(x_1, x_2, \cdots, x_n),\ u(x_1, x_2, \cdots, x_n)]$은 위에서 본 확률부등식에서의 구간$[l(X_1, X_2, \cdots, X_n),\ u(X_1, X_2, \cdots, X_n)]$이 구체적인 표본자료로부터 현실화된 값이라 할 수 있다. 그러나 모수는 미지의 상수이므로 모수의 위치는 계산된 신뢰구간의 상, 하한인 두 실수값 사이의 구간에 포함되거나, 그렇지 않거나 할 것이다. 즉, 신뢰구간이 모수를 포함할 확률은 0이나 1 둘중의 하나가 된다. 이런 의미에서 임의구간이 모수를 포함할 확률을 나타내는 신뢰수준은 현실의 자료로부터 계산된 신뢰구간이 모수를 포함하는 경험적 신뢰의 정도로 해석할 수 있을 것이다. 여기서 '경험적'이란 말은 제7장에서 설명한 확률의 '경험적' 정의에서의 것과 동일한 의미를 가진다. 따라서 앞의 예에서 모집단 동의율 p는 신뢰수준 95%에서 신뢰구간이 $[0.53, 0.59]$라는 서술은 동일한 여론조사를 무한히 반복적으로 실시하였을 때 구간 $[0.53, 0.59]$이 p의 참값을 포함할 가능성을 경험적으로 95% 정도 신뢰할 수 있다는 뜻이다.

신뢰구간, 신뢰수준, 표본크기의 관계

위의 예에서 $\hat{p}=0.56$이고 $n=1055$이므로 앞에서 주어진 공식에 따라 모비율의 95% 신뢰구간은 다음과 같게 된다.

$$\hat{p}\pm 1.96\cdot\sqrt{\frac{\hat{p}(1-\hat{p})}{n}}=0.56\pm 1.96\cdot\sqrt{\frac{0.56\cdot(1-0.56)}{1055}}$$
$$=0.56\pm 1.96\cdot 0.015=[0.53,\ 0.59].$$

좀 더 신중한 판단을 하기 위해 신뢰수준 99.7%의 신뢰구간을 구해보면 $0.56\pm 3\cdot 0.015=[0.52, 0.61]$이 된다. 즉, 같은 크기의 $n=1055$에서 모비율에 대한 신뢰구간은 신뢰수준을 높임으로써 더 넓어지게 됨을 알 수 있다. 다시 말해서 주어진 표본정보 하에서 높은 신뢰도를 가지고 모수의 위치에 관한 서술을 하려면 그 모수가 포함되는 구간을 넓게 잡을 수밖에 없는 일이다.

한편 $\hat{p}$의 표준오차는 $\sqrt{\frac{\hat{p}(1-\hat{p})}{n}}$로서 표본의 크기 n이 증가하면 줄어들게 된다. 이들 관계를 정리하면 다음과 같다.

신뢰구간의 폭과 표본크기

모비율 p에 대한 신뢰구간은 신뢰수준이 클수록 넓어지며 표본의 크기가 클수록 줄어든다.

모평균에 대한 신뢰구간

어린이의 연령별 평균키와 평균허리둘레 등 아동의류제작에 필요한 정보를 알고 싶어 한다고 하자. 모비율 p에 대한 좋은 추정량으로 표본비율 $\hat{p}$를 이용하였듯이 어린이의 모집단의 평균키(μ)를 추정하기 위해 μ의 좋은 추정량으로 표본평균키 $\overline{X}$를 이용할 수 있을 것이다. 또한 모비율 p의 신뢰구간을 구하기 위해 $\hat{p}$의 표본추출분포를 이용하였듯이, 모평균 μ의 신뢰구간을 구하기 위해 제7장에서 본 다음과 같은 $\overline{X}$의 표본추출분포를 이용하면 될 것이다.

> **표본평균의 표본추출분포 - 중심극한정리**
>
> 모평균이 μ이고 모분산이 σ^2인 모집단에서 크기가 n인 단순임의표본(SRS)의 평균을 $\overline{X}$라고 하자. 이때 n이 충분히 크면($n \geq 30$) 중심극한정리에 의해 $\overline{X}$는 근사적으로 평균이 μ이고 분산이 σ^2/n인 정규분포를 따른다. 즉 $\overline{X} \approx N(\mu, \sigma^2/n)$. 이때 만약 σ^2이 알려져 있지 않다면 σ^2 대신 (표본)표준편차 S^2을 사용해도 무방하다.[19)]

이와 같은 표본평균의 분포를 이용하여 구한 모평균 μ에 대한 $100(1-\alpha)\%$ 신뢰구간은 다음과 같다.

> **모평균의 신뢰구간**
>
> 모평균이 μ이고 모분산 σ^2이 유한($< \infty$)인 모집단에서 크기 n개의 임의표본을 뽑았다고 하자. 만약 n이 충분히 크면 μ에 대한 $100(1-\alpha)\%$ 신뢰구간은 $\overline{X} \pm z_{\alpha/2}\dfrac{S}{\sqrt{n}}$이다.[20)] 여기에서 $z_{\alpha/2}$는 표준정규 확률변수 Z에 대해 $P[Z \leq z_{\alpha/2}] = 1-\alpha/2$를 만족하는 표준정규분포 $N(0,1)$표의 값이다.

---

19) 만약 여기서 규정한 모집단이 정규분포 $N(\mu, \sigma^2)$라고 가정하면 $\overline{X}$의 표본추출분포는 (근사적이 아니라) 정확히 정규분포, $N(\mu, \sigma^2/n)$에 따르게 된다. 이는 표본의 크기 n이 작더라도 항상 성립한다.

20) 모집단 표준편차가 알려져 있다면 이 식에서 S 대신 σ를 대입하면 된다.

예 8.1 모평균의 신뢰구간

어떤 어린이 집단의 평균키에 대한 95% 신뢰구간을 구하고자 한다. 여기서 어린이 키(X)의 모평균을 μ라 표시하고 모분산은 일단 $\sigma^2 = 1600 = 40^2$으로 알려져 있다고 가정하자. 추론을 위해 이 모집단으로부터 100($= n$)명의 어린이를 임의표본으로 뽑기로 할 때 이로부터 얻어지는 표본평균 $\overline{X}$는 (중심극한정리에 의해) 근사적으로 정규분포 $N(\mu, \sigma^2/n = 40^2/100)$에 따른다고 할 수 있다. 이에 따라 μ의 95% 신뢰구간은 $[\overline{X} \pm 1.96 \cdot 4] = [\overline{X} \pm 7.84]$, 즉 표본평균을 중심으로 ± 7.84의 구간이므로 이때 $P[\overline{X} - 7.84 \le \mu \le \overline{X} + 7.84] = 0.95$.

구체적인 신뢰구간을 구하기 위해 연구자 I 이 뽑은 100명의 어린이로부터 구한 표본평균 $\overline{X_I} = 97$일 때 그의 95% 신뢰구간은 $[97 \pm 7.84] = [89.16, 104.84]$이다. 다른 연구자 II가 뽑은 다른 100명의 어린이로부터의 표본평균이 $\overline{X_{II}} = 103$이라면 연구자 II의 95% 신뢰구간은 $[103 \pm 7.84] = [95.16, 110.84]$가 된다. 이와 같이 신뢰구간은 그 길이가 $2 \times 7.84 = 15.68$로 모두 같지만 표본평균에 따라 달라짐을 알 수 있다. 앞서 설명한 바와 같이 어떤 모수에 관한 95% 신뢰구간이라 함은 임의의 확률적 구간이 그 모수를 포함할 확률이 0.95란 뜻이다.

이것이 가지는 의미를 좀 더 상세히 살펴보자. 우선 다음 표에 주어진 표본평균은 컴퓨터 시뮬레이션 방법으로 모평균을 $\mu = 104$로 놓고 정규모집단 $N(\mu = 104, \sigma^2 = 40^2)$으로부터 100개의 난수를 얻어 계산한 것으로서, 전체 시뮬레이션 과정은 20회 반복되었다. 여기서 반복번호는 연구자 번호로 표기하였으며, 각 반복에서 모평균에 관한 95% 신뢰구간을 구하고 이 구간이 $\mu = 104$를 포함하는지의 여부를 기록하였다.

표 8.1 ▸ 모의실험 – 모평균에 관한 신뢰구간

연구자	평균	95%신뢰구간	$\mu = 104$의 포함여부	$\mu = 104$
I	97	[89.16, 104.84]	포함	-------x----|-
II	103	[95.16, 110.84]	포함	-------x|------
.	.	.	포함	-------x---|----
.	.	.	포함	------|x-------
IX	115	[107.16, 122.84]	불포함	| -------x-------
.	.	.	포함	------|-x-------
XX	105	[97.16, 112.84]	포함	-------|x-------

위의 표에서 9번째 연구자(음영부분)를 제외한 나머지 모든 연구자가 얻은 μ의 95% 신뢰구간은 모두 시뮬레이션에서 가정한 모평균 $\mu = 104$를 포함하고 있다. 이 경우 전체 20회의 실험에서 19회인 19/20=95%의 비율로 $\overline{X} \pm 7.84$의 임의구간이 모평균 μ를 포함하고 있음을 볼 수 있다.

한편 모집단 분산을 모른다고 할 때에는 σ를 표본 표준편차 S로 바꾸어 처리하면 된다. 예를 들어, 연구자 I의 경우 $\overline{X} = 97$, $S^2 = 36^2$이라면 7세 어린이 전체에 대한 모집단 평균키의 95% 신뢰구간은 다음과 같다.

$$[97 \pm 1.96 \cdot \frac{36}{\sqrt{100}}] = [97 \pm 7.056] = [89.944,\ 104.056]$$

표본 크기의 결정

지금까지는 표본의 크기 n이 주어졌다는 가정에서 모비율 p나 모평균 μ에 대한 신뢰구간을 구하는 과정을 설명하였다. 앞에서 본 바와 같이 n이 클수록 고정된 신뢰수준에서의 신뢰구간의 폭이 줄어들게 되므로 표본의 크기는 가능한 한 크게 하는 게 좋다고 할 수 있을 것이다. 그러나 표본의 크기는 해당 연구에서의 조사비용과 소요시간에 직접 관련되어 있어 현실적으로 제약된 상황 하에서 진행되는 대부분의 연구에서 무작정 표본크기를 크게 할 수만은 없는 일이다. 그러면 어떤 기준에서 어떻게 표본의 크기를 정하면 될까?

여러분은 방송매체나 신문 등에서 여론조사 결과를 발표하는 것을 자주 보았을 것이다. 예를 들어, 조선일보 2001년 12월 2일자에 따르면, 지난 9월 미국의 뉴욕테러 사건 이후 북한이 모든 형태의 테러와 테러지원도 반대한다고 밝힌 것에 대해 '신뢰하지 않는다.'라는 반응이 62%로 이 때 최대허용 표본오차는 95% 신뢰수준에서 ±4%라고 발표한 바 있다. 그리고 이 때 사용한 표본의 크기는 전국의 20세 이상 500명이라고 밝히고 있다. 이는 전국의 20세 이상의 모든 국민을 조사할 때 '신뢰하지 않는다.'는 모집단 참 반응비율과 500명의 표본으로부터 구한 표본비율 62%의 오차가 신뢰수준 95%에서 ±4% 라는 의미이다.

최대허용 표본오차

모수와 이 모수에 대한 (표본)추정량의 최대 오차를 최대허용 표본오차 (또는 간략하게 허용오차)라고 한다. 이 최대허용 표본오차는 앞에서 설명한 신뢰구간에서 허용하는 ± 오차한계의 최대값을 의미한다.

표본의 크기는 최대허용 표본오차와 신뢰수준이 주어졌을 때 이 두 개의 조건을 만족하는 최소한의 값으로 결정된다. 이 두 조건은 연구자나 연구의뢰자에 의해 주어진다. 다시 제 1장의 <예 1.1>(여론조사)에서의 경우를 고려하여 보자. 연구자는 모비율 p를 추정하되, 추정량 $\hat{p}$와 p와의 차이가 ±5% 이내에 있고 이에 대한 신뢰수준이 95%이기를 원했다고 하자. 이러한 목표를 위해서 최소한으로 필요한 표본의 크기를 결정하고자 한다.

앞에서 본 바와 같이 모비율 p에 대한 95% 신뢰구간은 $\hat{p} \pm 1.96 \cdot \sqrt{\frac{p(1-p)}{n}}$로 표본비율 $\hat{p}$의 오차한계는 $\pm 1.96 \cdot \sqrt{\frac{p(1-p)}{n}}$이고, 여기서 연구자가 원하는 최대 허용 표본오차가 ±5%이므로 $1.96 \cdot \sqrt{\frac{p(1-p)}{n}} \leqq 0.05$의 부등관계식으로부터 n은 $n \geqq 1.96^2\ p(1-p)/(0.05)^2$가 됨을 알 수 있다. 그러나 아직 문제가 끝난 것이 아니다. 이 부등식을 만족하는 n의 최소값은 p를 알고 있어야만 하기 때문이다. 다행스럽게도 만약 연구자가 과거에 비슷한 여론조사를 통해 $p=0.6$이라고 알고 있으면 $n \geqq 1.96^2 \cdot 0.6(1-0.6)/(0.05)^2 = 368.79$에 의해 표본크기는 $n=369$으로 결정할 수 있다. 즉, 최소한 369명의 표본을 취하면 95% 신뢰수준에서 5% 이내의 오차를 가지고 모비율의 위치를 서술할 수 있다는 의미이다. 그러나 p에 대한 정보가 전혀 없으면 어떻게 할까? 오차가 $1.96 \cdot \sqrt{\frac{p(1-p)}{n}}$이므로 이 오차의 최대값은 $p(1-p)$가 최대일 때이다. 즉, $p=\frac{1}{2}$일 때 $1.96 \cdot \sqrt{\frac{p(1-p)}{n}}$가 최대값을 가지게 되므로 $1.96 \cdot \sqrt{\frac{0.5(1-0.5)}{n}} \leqq 0.05$를 만족하는 최소의 표본크기를 정하면 된다.

그러므로 p에 대한 사전정보가 없을 경우, $n \geqq 1.96^2 \cdot 0.5 \cdot 0.5/(0.05)^2 = 384.16$에 의해 필요한 표본크기 $n = 385$이 된다. 일반적으로 최대허용 표본오차와 신뢰수준이 주어져 있을 때 모비율 추정을 위한 표본의 크기는 다음과 같이 정리할 수 있다.

표본의 크기 : 모비율의 경우

모비율 p를 최대허용 표본오차가 $\pm d\%$이고 신뢰수준이 $100(1-\alpha)\%$가 되도록 하는 표본의 크기는

(1) p에 대한 사전 정보가 없을 때

$$n = \frac{z_{\alpha/2}^2}{4(d/100)^2}$$ 이고

(2) p에 대한 사전정보 p_0가 있을 때

$$n = \frac{z_{\alpha/2}^2 \cdot p_0(1-p_0)}{(d/100)^2}$$ 에 의해 계산된다.

단, $z_{\alpha/2}$는 $P[Z \leqq z_{\alpha/2}] = 1 - \alpha/2$ 이고, Z는 표준정규분포에 따르는 확률변수이다. 즉

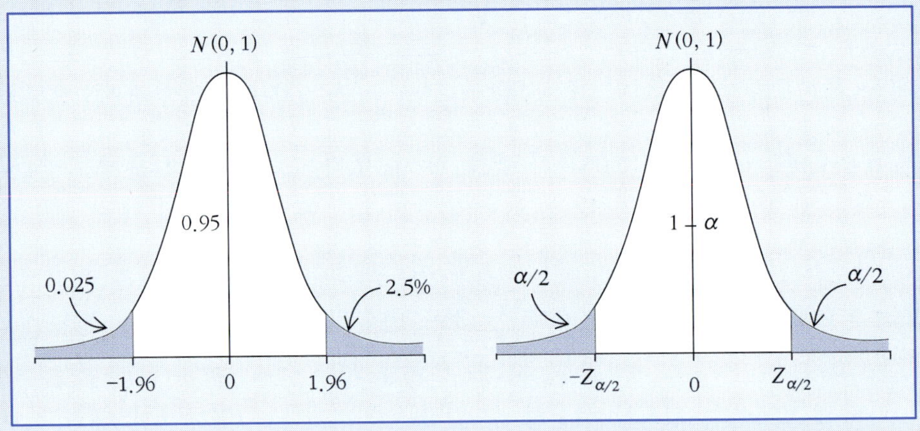

예 8.2 조선일보 2001년 12월 2일자에 따르면, 지난 9월 미국테러 사건 이후 북한이 모든 형태의 테러와 테러 지원도 반대한다고 밝힌 것에 대해 '신뢰하지 않는다.' 반응이 62%라고 발표하면서 최대허용 표본오차는 95% 신뢰수준에서 ±4%라고 발표한 바 있다. 이 두 조건을 만족하는 표본크기는 p에 대한 사전정보가 없기 때문

에 $p=1/2$를 사용하고 신뢰수준이 95%이므로 $z_{0.05/2}=1.96$이 된다. 그러므로 필요한 표본의 크기는 $n \geqq 1.96^2 \cdot 0.5 \cdot 0.5/(0.04)^2 = 600.25$이 되어 최소한 601명의 표본이 필요하다.

모평균 μ를 추정하기 위해 필요한 표본의 크기도 같은 과정을 통해 처리할 수 있다. 즉, 모평균과 그의 추정량인 표본평균 $\overline{X}$의 최대허용 표본오차가 $\pm d$로 주어져 있고 신뢰수준이 $100(1-\alpha)$%일 때 필요한 표본의 크기는 다음과 같이 결정하면 된다. 즉, 표본평균 $\overline{X}$에 의한 모평균 μ의 $100(1-\alpha)$% 신뢰구간은 $\overline{X} \pm z_{\alpha/2} \cdot \frac{\sigma}{\sqrt{n}}$이므로 $z_{\alpha/2} \cdot \frac{\sigma}{\sqrt{n}} \leqq d$의 관계식에 의해 n을 구하게 된다. 이를 정리하면 다음과 같다.

표본의 크기 : 모평균의 경우

모평균 μ를 한계 $\pm d$ 안에서 추정하되 신뢰수준이 $100(1-\alpha)$%가 되도록 하는 표본의 크기는 $n \geqq \left(\frac{z_{\alpha/2} \cdot \sigma}{d}\right)^2$를 만족하는 최소 정수값이다. 만약 σ가 알려져 있지 않으면 표본 표준편차 S를 대신 사용한다.

추정론의 내용

앞에서 고려한 추정량들은 모집단에서 모수가 가지는 의미를 표본의 경우에 대응시킬 때 얻어지는 것들만을 주로 고려하였다. 예컨대 모비율은 표본비율로, 그리고 모평균은 표본평균에 대응시키는 식의 직관적인 추정량을 사용한 바 있다. 그러나 우리가 만나는 상황은 늘 이렇게 단순하지만은 않을 것이 쉽게 예상된다. 다시 말해서 이렇게 직관적이고 직접적인 과정을 통해 추정량을 구하는 것만이 타당한 것인지, 만일 그렇지 않다면 다른 어떤 합리적인 추정과정을 생각할 수 있는지. 또 그렇게 구한 추정량이 유일하고 가장 좋은 것인지, 그리고 여기에서 가장 좋다는 것은 무엇을 뜻하는지 등 따지고 확인해 보아야 할 여러 가지 문제가 있을 것이다. 일반적으로 하나의 모수에 대해 직관적이든 아니든 여러 개의 가능한 추정량들을 상정할 수 있고, 만일 복수의 추정량이 예상된다면 그들을 서로 비교하는 과정이 반드시 필요한 것이 된다.

추정론에서는 모수나 모수의 함수에 관한 추정량을 구하는 합리적인 원리를 도출하기 위한 복수 개의 가능한 추정량이 존재할 경우 이들의 질적 수준을 비교, 평가하는 방법론과 이를 뒷받침하는 이론을 주요내용으로 한다.

8.2 가설검정

추정이 미지의 모수를 하나의 값이나 구간의 형식으로 추측하는 것이라고 하면, 검정(檢定, testing)은 모수(혹은 확률변수의 분포)에 관한 특정 주장을 표본에서 주어지는 정보를 검사하여 판정하는 일연의 의사결정과정을 일컫는다.[21] 시간과 돈을 들여가면서 왜 표본을 뽑느냐고 묻는다면, 기존에 늘 믿어온, 혹은 나 아닌 다른 이가 주장하는 바에 대한 강력한(표본을 뽑아 알아볼 만큼) 의심이 있기 때문이라고 말할 수 있다. 물론 단순하게 '관심되는 현상을 자료를 통해 확인'한다는 의미도 무시할 수 없겠지만 더 적극적인 표본추출의 동기는 역시 어떤 주장에 관한 연구자의 의심이 그 바탕이 된다. 예를 들어 '서울시장에 출마한 여당후보 K씨에 대한 서울시민의 (모)지지율 p는 얼마나 될까' 하는 질문이 동기가 되어 표본추출을 시도한다면 이를 '소극적'이라고 표현하자. 여기서 K씨와 경쟁관계에 있는 야권후보의 소속정당에서는 '$p=0.3$'이라고 주장하고 있다고 해보자. 이런 주장에 대해 연구자가 강한 의심을 가지고 표본추출을 시도했다면 연구자는 그가 믿고 있는 사실(예를 들어 '$p>0.5$')에 대한 현실의 상황을 파악하기 위해 표본을 추출한다는 의미에서 '적극적'이라고 표현할 수 있을 것이다. 이때 통계적 가설검정은 현실을 반영하는 자료에서 얻은 정보(예를 들어 $\hat{p}=0.65$)를 기초로 야당의 주장과 연구자의 주장에 대한 진위여부를 판가름하는 의사결정과정을 말한다. 다시 말해 두 가지 대립하는 주장이 자료에 의해 어느 정도 지지를 받는지를 평가하는 것을 말한다.

예 8.3 K씨는 서울시장 선거에 출마할 것인가?

K씨는 그의 참 지지율 p가 0.5이상이면 당연히 당선되므로 출마를 할 것이다. 표본

21) 검정은 '검(檢)사해서 결정(定)한다'는 의사결정론적인 측면과 더불어 검증(檢證), 즉 '검사해서 현실의 자료를 통해 증(證)거의 정도를 재본다'는 의미를 포함한다.

의 크기가 100이고, 참 지지율 $p = 0.5$ 일 때 표본비율 $\hat{p}$ 의 표본추출분포는 근사적으로 모평균이 0.5이고 모분산이 $0.5 \cdot 0.5/100$인 정규분포를 따르게 된다. 그러므로 표본비율 $\hat{p}$ 의 90% 신뢰구간은 $0.5 \pm 1.645\sqrt{\frac{0.5 \times 0.5}{100}} = [0.418, 0.582]$ 사이에 있게 된다.

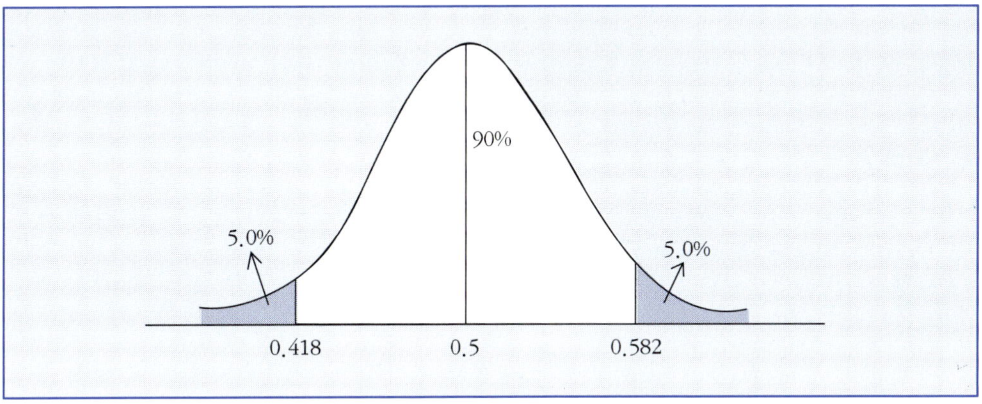

그림 8.2 ▸ $p = 0.5$ 일 때 $\hat{p}$ 의 표본분포(표본크기=100)

따라서 $\hat{p}$ 가 0.582보다 크면 이 값은 그의 표본분포에서 상위 5%에 해당하는 값보다 큰 값이 얻어졌고, 이런 상황은 참 지지율 $p = 0.5$ 이라는 가정에서 일어나기 어려운 $\hat{p}$ 값이라는 것을 의미한다.(실제로 $\hat{p} = 0.67$ 은 상위 0.03%에 해당하는 값임). 그러므로 K씨는 시장선거에 후보로 출마할 충분한 근거가 있다고 할 수 있다.

통계적 가설 : 귀무가설과 대립가설

가설이란 옳고 그름의 판단대상이 되는 주장, 서술, 명제, 혹은 그로부터 가정된 조건을 뜻한다. 그러나 여기에서 설명하는 통계적 가설은 관심을 가지고 있는 모집단을 특징짓는 모수나 모집단의 분포 등에 관한 주장이나 서술로서 그 범위가 제한된 가설을 말한다.

통계적 가설(統計的 假說, statistical hypothesis)
모수나 확률분포에 관한 가설(혹은 명제)를 말한다.

예컨대 '새로이 개발된 콜레라 예방접종약 A나 기존의 약 B나 약효의 차이가 없다.'라는 B제약회사의 주장이나, '올해 C대학 신입생들의 지능은 평균 100을 가진 정규분포에 따른다.'라는 어느 대학신문사의 주장, 또는 '여당 측의 K 시장후보에 대한 참지지율 < 0.5.'라는 야당 측의 주장 등은 모두 통계적 가설이 될 수 있다. 여기서 가설검정을 수행하는 주체가 신약을 개발하는 A제약회사이거나, 신입생들의 평균지능이 100을 크게 상회한다고 생각하는 C대학, 또는 여당 측일 경우 위에서 서술한 가설들은 모두 나 아닌 상대방의 주장이거나, 기존에 믿어 왔던 바이나 연구주체의 입장에서는 인정할 수 없는, 따라서 강한 의심이 가는 가설이나 이론이라고 할 수 있는 것들이다.

이런 가설을 귀무가설(歸無假說, null hypothesis) 혹은 영가설(零假說)이라 부르며, H_0라는 기호로 표시한다. 이는 '무로(영으로) 돌아가는' 가설이라는 의미로서 자료를 분석한 결과 귀무가설이 사실이 아니라는 통계적 근거가 확보되면 '기꺼이' H_0를 기각하며, 만약 H_0을 기각할 충분한 증거를 가지지 못할 경우 이를 기각하지 못하고 '할 수 없이' H_0을 수용함으로서 연구주체로서는 모든 노력이 무로 돌아간다는 뜻을 함축하고 있다.

귀무가설이 연구자에 의해 증거만 확보되면 기각이라는 의사결정을 하게 되는 가설이라면, 이에 대항하는 다음 예와 같은 주장 : '새로이 개발된 콜레라 예방접종약 A는 기존의 약 B보다 더 효과적이다.'라는 A제약회사의 주장이나, '올해 C대학 신입생들의 지능은 평균 120을 가진 정규분포에 따른다.'라는 C대학 측의 주장, 또는 'K 시장후보에 대한 참지지율 ≥ 0.5.'라는 여당 측의 주장, 또한 통계적 가설로서 이들은 연구자가 묵시적으로 주장하고 싶은 가설이라 할 수 있을 것이다. 이런 유형의 가설을 귀무가설에 대립한다는 의미에서 대립가설(對立假說, alternative hypothesis), 혹은 연구자가 주장 내지 입증하고자 하는 내용을 반영하는 가설이란 의미에서 연구가설(research hypothesis)이라 부르며, H_1로 표시한다.

예 8.4 언론사 세무조사에 관한 여론조사

제 1장의 예 1.1(여론조사)에서 다루었던 전국 성인남녀(모집단) 중 언론사 세무조사를 언론탄압으로 보는 사람들의 모비율(p)을 다시 생각해보자. 정부당국은 모집단의 30% 정도가 이에 동의할 것이라고 주장하고 있다. 이런 주장에 대해 의심을 가지

고 있는 어떤 언론단체는 모집단 동의율이 60%일 것으로 생각하고 있다. 이 경우 정부당국의 견해에 대한 언론단체의 회의심은 그로 하여금 현실의 정보를 파악해보도록 유도하는 자료수집의 적극적인 동기가 될 것이다. 이때 귀무가설은 정부당국이 주장하는 바를 나타내는 $H_0 : p = 0.3$이 되고, 이에 대립하는 가설은 연구자의 견해를 나타내는 연구가설로서 $H_1 : p = 0.6$이 된다.

가설검정의 결과 : 의사결정

통계적 가설검정은 이와 같은 모수나 모집단 분포에 관한 서로 대항하는 두 개의 배타적 가설 : H_0와 H_1을 세워 놓고 현실의 상황이 반영된 통계자료를 바탕으로 그의 진위여부를 판단하는 과정이다. 이때 가설검정의 결과는 귀무가설을 기각(棄却, rejection)하거나, 아니면 귀무가설을 기각하지 못하는 두 가지 중 하나를 취하는 형식으로 의사결정이 이루어진다. 물론 설정된 통계적 가설 중의 어느 하나를 택하는 의사결정의 입장에서 보면 H_0을 기각하는 행위가 곧 H_1을 수용하는 것과 같고, 반대로 H_0을 기각하지 못하는 것이 H_0을 받아들이라고 묵시적으로 해석할 수도 있다. 그러나 엄격한 의미에서 가설검정의 결과는 다만 귀무가설의 기각과 기각하지 못하는 의사결정 행위를 말할 뿐이다.

만약 수집된 현실에서의 자료가 귀무가설을 지지하지 않는 상황을 보이면, 예를 들어, 연구자인 언론단체는 이를 근거로 귀무가설이 사실이 아니라고 기각함으로서 묵시적으로 대립가설인 언론단체의 견해가 정당한 것으로, 따라서 연구의 노력이 결실을 얻은 것으로 생각할 수 있을지도 모른다. 이때 귀무가설을 기각하는 이런 의사결정은 통계자료를 근거로 연구자에 의해 '기꺼이' 취하게 되는 행동이 될 것이다. 이와 반대로 자료를 검토해보아도 도저히 귀무가설이 틀렸다고 주장할만한 충분한 근거를 확보하지 못할 경우 연구자는 '할 수 없이' 귀무가설을 기각하지 못할 수밖에, 따라서 현실의 자료에 의존하는 한 묵시적으로 귀무가설을 수용할 수밖에 없게 될 것이다. 이와 같은 의사결정은 연구자의 입장에서는 연구의 실패로 비칠 수도 있을 것이다. 이것이 귀무가설이 영가설이라는 의미이다.

가설검정에서의 오류

가설검정의 결과로 귀무가설을 '기각하느냐', '기각하지 않느냐'하는 두 가지 행동

중 어느 쪽으로 결정을 내리던 간에 연구자가 설정된 통계적 가설에 대한 참(眞)상태를 알 수 없을 뿐 아니라 판단의 근거는 전적으로 모집단 전체 정보의 일부분에 불과한 통계자료에 의존하기 때문에 오류의 개입은 필연적이다. 여기서 말하는 오류란 옳은 주장을 잘못 기각하는 오류와 잘못된 주장을 기각하지 못하고 수용하는 오류가 바로 그것이다. 다음과 같은 두 가지 유형을 생각할 수 있다.

제 1종의 오류(type I error) : 참인 귀무가설을 잘못 기각하는 오류
제 2종의 오류(type II error) : 참이 아닌 귀무가설을 기각하지 않을 오류

이를 가설의 상태와 의사결정의 상황에 따라 나타낸 것이 아래 <표 8.2>이다.

표 8.2 ▸ 가설검정에서의 오류

가설의 상태 / 의사결정 행위	H_0가 참임(H_1이 거짓)	H_0가 거짓임(H_1이 참)
H_0를 기각함 (H_1을 수용)	제 1종의 오류	옳은 결정
H_0를 기각하지 않음(H_0을 수용)	옳은 결정	제 2종의 오류

여기서 제 1종의 오류를 저지르게 될 확률을 α(알파, alpha), 그리고 제 2종의 오류에 대한 확률을 β(베타, beta), 즉

$$\alpha = \Pr[H_0 \text{기각} \mid H_0 \text{가 참}],$$
$$\beta = \Pr[H_0 \text{기각 못함} \mid H_0 \text{가 거짓}]$$

라 표시하며, 특히 제 1종의 오류확률인 α의 최대값을 유의수준(有意水準, significance level)이라 부른다.

통계적 가설검정에서 크던 작던 이런 오류를 저지르는 것이 불가피하다면 설정된 가설을 검정하는데 α와 β를 다 같이 작게 하는 것이 최선일 것이다. 불행하게도 우리가 다루려는 오류들은 그 어느 하나를 줄이려 하면 다른 하나가 증가하는, 그래서 그 크기가 서로 반대방향으로 작용하는 성질을 가지고 있다. 오류가 가지는 이런 속성에 대한 대처방안으로 통계적 가설검정에서는 α를 1%, 5% 등 일정수준에 제한시켜 놓은 상태에서 다른 오류의 확률인 β를 최소화시키는 조건부적인 검정절차가 있다면

이를 최적방법으로 생각한다.

통상적으로 유의수준 α는 1%, 5% 등의 값을 취하지만 이는 100번에 한번이나 다섯 번 이상 제 1종의 오류를 저지르지 않는 정도의 작은 수준을 말할 뿐이다. 현실상황이나 연구영역에 대한 선험적 지식수준에 따라 사용하는 유의수준의 크기는 다양할 수 있다. 1%, 5%, 혹은 10% 등에 대한 일반적인 선호는 마치 100점 만점에서 1점, 5점, 10점 등의 성적을 매우 낮은 것으로, 그리고 99점, 95점, 90점 등을 매우 우수한 것으로 보는 견해와 크게 다르지 않다.

왜 α를 고정시키는가? 앞서 정의하였듯 α는 참인 귀무가설을 잘못 기각할 확률이다. 연구자의 입장에서 보면 의사결정의 기초가 되는 통계자료에 귀무가설을 기각할 만한 근거가 확보되면 기꺼이 그 귀무가설을 기각하려고 하기 때문에 이를 일정수준에 통제하지 않으면 연구가설에 대한 묵시적 지지가 설득력을 가질 수 없다. 이런 의미에서 α는 귀무가설은 통계자료가 확률적으로 지지하지 않는 가설이라고 소리 지를 때 그 목소리의 강도를 나타내는 지표라고 할 수 있으며, 동시에 수용하려는 연구가설에 대한 자기 방어벽의 두께라고 말할 수 있다. 따라서 α는 작을수록 연구가설에 대한 지지가 높은 신뢰와 강도를 가지게 되는 것이다.

예 8.5 언론탄압에 대한 여론조사 – 계속

다음 두 가설, $H_0 : p = 0.3$ 대 $H_1 : p = 0.6$에 대해 α는 $H_0 : p = 0.3$이라는 정부당국의 주장이 참인데도 불구하고 어떤 불충분하거나 우발적인 이유로 극단적인 통계자료가 얻어짐으로 인해 연구자인 언론단체로 하여금 이를 거짓으로 결정짓는 오류를 저지르게 될 확률을 뜻한다. 그러므로 $\alpha = 5\%$라면 이는 확률의 경험적 정의에 의해 동일한 상황을 100번 반복할 때 5회 정도의 제 1종의 오류를 저지를 가능성이 있다는 의미이다. 이에 대해 β는 $H_0 : p = 0.3$이 사실이 아닌 데에도 불구하고 위에서와 같은 이유 등으로 이를 기각시키지 못하는 오류를 저지르게 될 확률을 나타낸다.

여기서 제 2종의 오류확률인 β를 0으로 하려면 연구자인 언론단체가 통계자료를 살펴볼 필요도 없이 무조건 전국 성인 남녀의 60%는 언론사 세무조사를 언론탄압으로 본다고 결정내림으로서 귀무가설을 기각해버리면 된다. 그러면 제 1종의 오류확률인 α는 1이 된다. 이와 반대로 언론단체에서 정부당국의 주장을 무조건 받아드리는 결정을 내린다면 $\alpha = 0$, 그리고 $\beta = 1$이 된다. 이와 같이 α와 β는 서로 반대방향으로 작용한다.

예 8.6 초등학생의 몸무게 조사

1995년 우리나라 초등학교 3학년 학생의 평균 몸무게는 20*kg*이였다고 한다. 2001년 우리나라 초등학교 3학년 학생의 평균 몸무게가 1995년 그것보다 증가하였는지에 관심이 있으면

$$H_0: \ \mu = 20kg \quad 대 \quad H_1: \ \mu > 20kg$$

이다. 여기에서 μ는 2001년 우리나라 초등학교 3학년 학생의 평균 몸무게이다. 만약 1995년의 평균 몸무게보다 감소하였는지에 관심이 있다면

$$H_0: \ \mu = 20kg \quad 대 \quad H_1: \ \mu < 20kg$$

이다. 한편, 1995년 평균 몸무게와는 다른지에 관심이 있으면

$$H_0: \ \mu = 20kg \quad 대 \quad H_1: \ \mu \neq 20kg$$

이다. 이 가설은 μ가 20*kg*보다 크거나 혹은 작거나 하는 모수의 양방향 모두에 관심이 있으므로 이러한 가설을 양측가설(兩側假說, two-sided hypothesis)이라고 한다. 반면, 앞의 두 대립가설은 오직 모수의 한 방향에만 관심이 있으므로 단측가설(單側假說, one-sided hypothesis)이라고 한다. 또한 이런 가설들에 대한 가설검정을 각각 양측검정, 단측검정이라 부른다.

검정절차

통계적 가설검정은 귀무가설이 옳은지, 혹은 그렇지 않은지의 여부를 확률을 통해 제시하며, 이를 근거로 의사결정을 하게 된다. 만약 표본자료를 통해 얻어진 모수에 관한 정보가 귀무가설이 사실인 상태 하에서는 일어나기 힘든 것이지만, 대립가설이 사실인 상태 하에서는 충분히 관찰될 수 있는 경우라면 우리는 귀무가설을 기각하는 행동을 취함으로서 귀무가설에 대한 대안 역할을 하는 대립가설을 묵시적으로 수용(채택)하게 될 것이다. 그래서 검정을 한다는 말은 곧 표본자료가 어떤 상황에 있을 때 귀무가설을 기각하느냐 하는 것을 결정하는 것과 같다고 할 수 있다. 다시 말해 표본자료가 취하는 모든 가능한 영역을 귀무가설을 기각할 수 있는 영역이란 의미에서 기각역(棄却域, critical<혹은 rejection> region)과 그렇지 못하는 영역으로 채택역

(採擇域, acceptance region)과 같이 둘로 쪼개어서 실제로 얻어진 표본자료가 기각역에 속하면 귀무가설을 기각하고, 그 반대의 영역에 떨어지면 귀무가설을 기각하지 않는 식으로 의사결정을 내린다.

예를 들어 언론사 세무조사에 관한 여론조사의 경우 모비율의 추정값 $\hat{p} \geq 0.5$이면 귀무가설을 기각한다는 의사결정을 할 경우 기각역은 표본공간에서 $\hat{p} \geq 0.5$에 해당하는 영역이 된다. 또한 초등학생의 몸무게의 경우 모평균 μ의 좋은 추정량으로서 표본평균 $\overline{X}$를 사용할 때 기각역으로서 $\overline{X} \geq 30$을 잡을 수 있을 것이다. 이와 같이 기각역의 한계를 규정하는 값을 임계(臨界)값(critical value)이라 부른다.

가설검정의 기준으로서 사용하는 표본정보의 함수를 검정통계량(檢定統計量, test statistic)이라 부르는데 이는 위의 예에서 표본비율이나 표본평균이 그 역할을 담당하게 된다. 좋은 검정을 하기 위해서는 무엇보다 검정의 기준이 되는 검정통계량이 가설의 상황을 민감하게 잘 반영해야 할 것이다. 직관적으로 생각해도 가설에 규정된 모수의 상황을 잘 나타내는 추정량을 검정통계량으로 사용하면 좋은 검정을 할 수 있을 것이다. 따라서 검정방법이 얼마나 질적으로 우수한지는 얼마나 좋은 검정통계량을 기준으로 하고 있으며, 검정통계량의 표본분포를 고려하여 기각역을 어떻게 합리적으로 선택하였는지에 달려있다고 할 수 있다. 이런 의미에서 앞의 예에서 모비율과 모평균에 관한 가설은 여러 측면에서 그의 좋은 추정량이 되는 표본비율과 표본평균을 검정통계량으로 택하면 될 것이다.

기각역은 앞에서 설명한 바와 같이 설정된 유의수준 하에서 β가 최소가 되도록 설정하는 것이 가장 좋은 검정절차라고 부른다. 따라서 구체적인 기각역의 결정은 귀무가설 하에서 표본자료가 기각역에 속할 (제 1종의 오류)확률이 유의수준의 값을 넘지 않도록 하면서, 동시에 대립가설 하에서 표본자료가 기각역의 반대 영역(채택역)에 속할 (제 2종의 오류)확률이 최소가 되게 하면 될 것이다.

이상에서 설명한 가설검정을 위한 절차를 정리하면 다음과 같다.

가설검정 절차

(1) 귀무가설(H_0)과 대립가설(H_1)을 세운다.

(2) 유의수준(α)을 규정한다.

(3) 검정통계량의 값을 계산한다.

(4) 임계값을 계산해서 기각역을 결정한다.

(5) 검정통계량 값이 기각역에 속하는지를 검토하여 H_0의 기각여부를 결정한다.

다음 두 예를 통해 이 과정을 살펴보기로 한다.

예 8.7 언론탄압에 대한 여론조사 – 계속

검정대상의 다음 두 가설, $H_0 : p = 0.3$ 대 $H_1 : p = 0.6$에 대해 표본비율 $\hat{p}$의 값이 가설에 대한 표본의 지지정도를 잘 반영한다고 할 수 있다. 즉, 표본비율이 크면 클수록 귀무가설 대신 대립가설을 더 지지하게 됨을 나타내므로 기각역을 어떤 상수 c에 대해 $\hat{p} \geq c$ 와 같이 잡는 것이 직관적으로 타당할 것이다.[22] 이때 상수 c는 이 검정의 유의수준에 따라 다음과 같이 결정하면 된다. 예컨대 $\alpha = 5\%$인 경우 다음 확률 $P[\hat{p} \geq c \mid p = 0.3] = \alpha = 5\%$를 만족하는 임계값 c를 구하면 이에 따라 기각역이 확정되고, 실제 표본으로부터 계산한 $\hat{p}$가 어느 영역에 속하는가를 판단하면 검정은 끝나게 되는 것이다. 이때 위의 조건을 만족하는 c는 $\hat{p}$의 표본추출분포에 의존한다. 앞서 서술한 바와 같이 귀무가설이 사실일 때, $Z = \dfrac{\hat{p} - 0.3}{\sqrt{0.3 \times 0.7/1055}}$는 근사적으로 표준정규분포 $N(0,1)$에 따르고, 이때 기각역 $\hat{p} \geq c \Leftrightarrow Z \geq \dfrac{c - 0.3}{\sqrt{0.3 \times 0.7/1055}}$와 같게 된다. 따라서 귀무가설 하에서 사건 $\hat{p} \geq c$가 발생할 확률이 5%가 되기 위해서는 $\dfrac{c - 0.3}{\sqrt{0.3 \times 0.7/1055}} = 1.645$이므로 임계값 $c = 1.645 \times 0.0141 + 0.3 = 0.323$ 이 된다. 즉, 5% 유의수준에서의 기각역은 $\hat{p} \geq 0.323$이므로, 만약 표본자료로부터 계산된 검정통계량 $\hat{p}$의 값이 0.323보다 크면 귀무가설을 기각할 수 있다. 이 예의 경우

22) 검정론에 따르면 이 가설의 경우 기각역을 이와 같이 $\hat{p}$ 분포의 오른쪽 꼬리부분 으로 선택하는 것이 최량검정(最良檢定, best test)임을 증명할 수 있다.

실제 표본으로부터 얻어진 표본비율 $\hat{p}=0.56$ 이므로 최대 5%의 제 1종의 오류위험을 안고 귀무가설을 기각할 수 있다. 이런 결과는 통상 다음과 같이 서술된다.

> **귀무가설의 기각**
> '유의수준 5%에서 귀무가설은 기각되었다.' 또는
> '유의수준 5%에서 유의적(有意的, significant)[23]이다.' 또는 좀 더 길게 서술해서
> '유의수준 5%에서 자료에는 귀무가설이 사실이 아니라는 충분한 근거가 있었다.'

위의 경우와 반대로 만약 1055명 중 310명이 동의하였다면 $\hat{p}=310/1055=0.2938$ 이 된다. 이 값은 기각역에 포함되지 않으므로 귀무가설을 기각할 수 없게 되며 이 경우는 다음과 같이 서술된다.

> **귀무가설의 채택**
> '유의수준 5%에서 귀무가설은 기각할 수 없었다.' 또는
> '유의수준 5%에서 비유의적이다(not significant).' 또는 좀 더 길게 서술해서
> '유의수준 5%에서 자료에는 귀무가설이 사실이 아니라는 근거가 발견되지 않았다.'

예 8.8 초등학생의 몸무게 조사 – 계속

앞의 초등학생의 몸무게 자료의 예에서 고려된 가설은 $H_0:\ \mu=20kg$ 대 $H_a:\ \mu>20kg$ 이였다. 이 경우 검정통계량으로 표본평균($\overline{X}$)을 고려할 때 기각역은 직관적으로 $\overline{X}\geq c$와 같이 택하는 것이 합리적일 것이다. 측정된 $n(=100)$명 초등학생들의 몸무게가 정규모집단 $N(\mu,\sigma^2)$으로부터의 임의표본이라 할 때 표본평균 $\overline{X}$과 표본분산 S^2는 각각 대응하는 모수 μ와 σ^2에 대한 좋은 추정량이라 할 수 있다. 그러므로 귀무가설이 사실일 때 $Z=\dfrac{\overline{X}-\mu}{\sigma/\sqrt{n}}=\dfrac{\overline{X}-20}{\sigma/\sqrt{100}}$는 표준정규분포에 따른다. 따라서 σ를 알고 있을 경우

23) '유의'는 '유의미(有意味)'를 뜻한다. 즉, 귀무가설이 기각되고 연구가설이 '의미가 있다' 혹은 '중요하다'라는 통계적 근거를 가졌다는 것이다.

$$\overline{X} \geq c \iff Z \geq \frac{c-20}{\sigma/10}$$

이므로 유의수준 α에 대한 $c = 20 + z_{\alpha} \times \sigma/10$이 된다. 그러므로 기각역은 $\overline{X} \geq 20 + z_{\alpha} \times \sigma/10$이 된다. 만약 $\alpha = 5\%$, $\sigma = 70$이라면 $z_{\alpha=5\%} = 1.645$이므로 $\overline{X} \geq 31.52$가 기각역이 된다. 실제로 2001년 우리나라 초등학교 3학년 학생 100명을 임의로 뽑아 평균을 구해보니 $\overline{X} = 40\,kg$이었다고 하면, 연구자는 5% 유의수준에서 유의적인 결과를 얻게 된다.

$p-$ 값(유의확률)

앞에서 설명한 검정절차는 주어진 유의수준 하에서 검정통계량의 표본추출분포로부터 기각역을 구한 후 실제 표본자료가 그 기각역에 속하는지의 여부를 통해 의사결정을 하는 방식이었다. 그러므로 연구자가 유의수준을 달리해서 검정하려면 그 유의수준에 상응하는 기각역을 일일이 구해야 하는 번거로움이 있다. 앞서 본 예의 경우 각 α에 대응하는 z_{α}를 기각역을 구하는 공식에 대입해야 한다는 것이다. 때로는 당해 연구자에 의해 규정한 유의수준이 그 문제에 관심을 가지고 연구결과를 검토하는 다른 연구자들도 일반적으로 널리 받아들이는 것일 수 있는 한편, 어떤 경우는 그렇지 못한 경우도 상정할 수 있을 것이다. 예컨대 특정 문제에 대해 당해 연구자는 유의수준 5%로 검정한 결과를 제공한다고 하자. 이때 그 검정결과에 관심을 가지고 있는 다른 연구자는 그 문제에 대해 더 엄격하고 보수적인 입장을 가진다면 그의 유의수준은 1%일 수도 있고, 또한 그 반대의 입장을 가진 연구자도 생각할 수 있을 것이다. 다시 말해 5% 유의수준에서는 유의적이지만 1% 유의수준에서는 유의적이 아닐 경우도 있을 수 있고, 또 5% 유의수준에서 비유의적이였지만 유의수준을 10%로 바꾸면 유의적이 될 경우도 생각할 수 있는 일이다. 이와 같은 전통적인 가설검정절차 대신 이 문제에 관심을 가지는 연구자들이 각기 자기 나름대로의 유의수준을 가지고 의사결정을 내릴 수 있으면 좋을 것이다. 즉, 당해 연구자는 그만의 특정 유의수준에 매이지 않고 그 연구결과를 검토하는 연구자들이 개별적으로 자유스러운 판단을 할 수 있도록 확률적인 근거만을 제공하자는 뜻이다. 이는 여기에서 설명하는 $p-$값을 이용하면 된다.

$p-$값이란 간단히 말해 표본자료로부터 계산된 검정통계량의 값이 귀무가설이 사

실일 때 얼마나 있음직할(혹은 있을 법하지 않은) 일인가를 나타내는 수치라 할 수 있다. 그래서 $p-$값이 아주 작다면 이는 귀무가설이 사실인 상태에서 그와 같은 표본 결과를 가지게 될 가능성이 별로 없다는 것을 나타낸다고 하겠다. 이런 의미에서 $p-$값을 관찰된 유의수준(observed significance level) 혹은 유의확률(有意確率)이라고 부른다. $p-$값은 다음과 같이 정의된다.

> **$p-$값(유의확률)**
>
> 귀무가설이 참이라는 조건 하에서 표본을 통해 관찰된 값과 같거나 혹은 이보다 더 귀무가설에 배치되는 사건이 발생할 확률을 $p-$값 이라고 한다. 따라서 작은 $p-$값은 귀무가설에 반하는 증거가 되고, 큰 $p-$값은 그 반대의 경우를 나타내므로, $p-$값은 작으면 작을수록 H_0를 기각할 증거가 크게 된다.

이와 같이 정의되는 $p-$값은 귀무가설이 사실일 때 표본자료로부터 관찰된 바와 같거나 혹은 이보다 더 귀무가설에 배치되는 검정통계량의 값을 관찰하게 될 확률을 검정통계량의 표본추출분포로부터 계산하면 된다. 다음 예를 살펴보자.

예 8.9 언론탄압에 대한 여론조사 - 계속

검정대상의 두 가설, $H_0 : p=0.3$ 대 $H_1 : p=0.6$에 대해 검정통계량의 관찰된 값(0.56)과 같거나 혹은 이보다 더 귀무가설에 배치되는 사건은 곧 $\{\hat{p} \geq 0.56\}$이 된다. 따라서 $p-$값은 귀무가설하 에서 $P[\hat{p} \geq 0.56]$에 대한 값이다.[24] 여기서 $Z=\frac{\hat{p}-0.3}{\sqrt{0.3\times0.7/1055}}$는 근사적으로 표준정규분포 $N(0,1)$에 따르므로 $p-$값$=P[Z \geq \frac{0.56-0.3}{\sqrt{0.3\times0.7/1055}}]=\Pr[Z\geq 18.43]=0.000$. 따라서 자료에는 귀무가설에 반하는 매우 강한 증거가 있음을 알 수 있다.

24) 정확한 $p-$값은 이항분포 $B(n=1055, p=0.3)$의 오른쪽 꼬리부분의 면적이 되는 $P[X \geq 591 \mid p=0.3]=\sum_{x=591}^{1055}\binom{1055}{x}(0.3)^x(0.7)^{1055-x}$와 같다.

예 8.10 초등학생의 몸무게 조사 – 계속

초등학생의 몸무게 조사에서 고려한 가설 H_0: $\mu = 20\,kg$ 대 H_1: $\mu > 20\,kg$을 살펴보자. 이 경우 표본평균을 검정통계량으로 선택하는 것이 자연스럽고 합리적이라 할 수 있다.[25] 표본자료로부터 계산된 표본평균 $\overline{X} = 40\,kg$이라면 이는 H_0: $\mu = 20\,kg$에서는 상당히 큰 값으로 보이지만 H_1: $\mu > 20\,kg$ 라는 주장은 설득력이 있어 보인다. 그러나 만약 $\overline{X} = 20.5\,kg$으로 관찰되었다면 어떨까? 이는 분명히 $20\,kg$보다는 큰 값이긴 하나 그렇다고 귀무가설을 기각하고 대립가설의 내용을 묵시적으로 받아드린다는 결정을 할 경우 감내해야할 제 1종 오류는 얼마나 될 것인가?

이 질문에 대한 대답은 H_0: $\mu = 20\,kg$이 사실이라는 가정 하에서 자료로부터 계산한 표본평균 $\overline{X} = 20.5kg$이 얼마나 큰 값인가를 확률적으로 계산함으로써 가능하다. 여기서 $\overline{X}$의 표본추출분포는 평균이 μ이고 분산이 $\dfrac{\sigma^2}{n}$인 정규분포에 근사적으로 따르게 되므로, 이 때 $p-$값은 $\overline{X} = 20.5\,kg$이 H_0: $\mu = 20\,kg$ 하에서 상위 몇 %에 속하는지를 나타내는 값이 된다. 만약 $\overline{X} = 20.5\,kg$이 $\overline{X}$의 표본추출분포에서, 예를 들어 상위 1%에 속하는 값이라면 $\overline{X} = 20.5\,kg$은 H_0: $\mu = 20\,kg$의 가정 하에서 확률적으로 매우 큰 값에 해당하기 때문에 H_0: $\mu = 20kg$의 가설을 기각할 충분한 증거를 갖게 되는 셈이다. H_0: $\mu = 20\,kg$ 대 H_1: $\mu < 20\,kg$의 가설을 검정하고자 할 때는 $\overline{X}$의 값을 구해 이것이 $\overline{X}$의 표본추출분포에서 하위 몇 %인지를 계산하여 그 값이 귀무가설을 기각할 만큼 충분히 작은 값인가를 판정하게 된다. 동일한 방법으로 H_0: $\mu = 20\,kg$ 대 H_1: $\mu \neq 20\,kg$이면 $\overline{X}$의 값이 충분히 작거나 충분히 크면 H_0를 기각하게 된다. 이처럼 통계적 가설검정은 통계량의 표본추출분포와 설정된 대립가설의 상태에 따라 결정하게 된다.

25) 검정론에 따르면 이와 같은 가설의 경우 표본평균 $\overline{X}$이 좋은 검정통계량이 되고, 설정된 단측 대립가설에 대한 기각역으로는 $\overline{X}$의 표본추출분포의 오른쪽 꼬리부분을 택하는 것이 최량검정임을 증명할 수 있다. 이는 계산된 표본평균의 값이 크면 클수록 이는 귀무가설에 반하는 상황이 되는 것과 직관적으로 부합됨을 알 수 있다.

모비율과 모평균 검정

8.1절에서 논의하였듯이 모비율 p 와 모평균 μ는 각각 표본비율 $\hat{p}$ 과 표본평균 $\overline{X}$으로 잘 추정될 수 있다. 추정에서와 마찬가지로 통계적 가설검정에서도 귀무가설을 기각하는 확률적 증거의 강약은 이들 추정량들의 표본추출분포에 의해 결정된다.

$H_0 : p = p_0$가 참일 때 (p_0는 주어진 상수값), $\hat{p}$는 근사적으로 평균이 p_0이고 분산이 $\dfrac{p_0(1-p_0)}{n}$ 이므로 $Z = \dfrac{\hat{p} - p_0}{\sqrt{\dfrac{p_0(1-p_0)}{n}}}$ 은 근사적으로 표준정규분포 $N(0,1)$에 따르게 된다. 같은 방법으로, $H_0 : \mu = \mu_0$가 참일 때(μ_0는 주어진 상수값), $\overline{X}$는 근사적으로 평균이 μ_0이고 분산이 $\dfrac{\sigma^2}{n}$ 이므로 $Z = \dfrac{\overline{X} - \mu_0}{\sigma / \sqrt{n}}$ 은 근사적으로 $N(0,1)$에 따르게 된다. 검정통계량으로서 이와 같은 Z를 이용할 때 각각에 대응하는 $p-$값은 대립가설이 어떻게 설정되었는가에 따라 달라진다. 우선 모비율에 대한 가설검정 절차를 정리하면 다음과 같다.

모비율 p의 검정

(1) 모집단으로부터 n 개의 단순임의표본을 뽑아 표본비율 $\hat{p}$ 를 계산한다.

(2) $H_0 : p = p_0$가 참이라는 가정 하에서 검정통계량의 값

$$z = \frac{\hat{p} - p_0}{\sqrt{\dfrac{p_0(1-p_0)}{n}}}$$ 을 계산한다.

(3) 다음과 같은 3가지 유형의 대립가설에 대해 아래의 표준정규곡선에서 음영한 부분이 $p-$값이 된다.

$H_1 : p > p_0$ 의 경우 <단측가설> : 표본정규분포표로부터 $p-$값$= P[Z \geq z]$

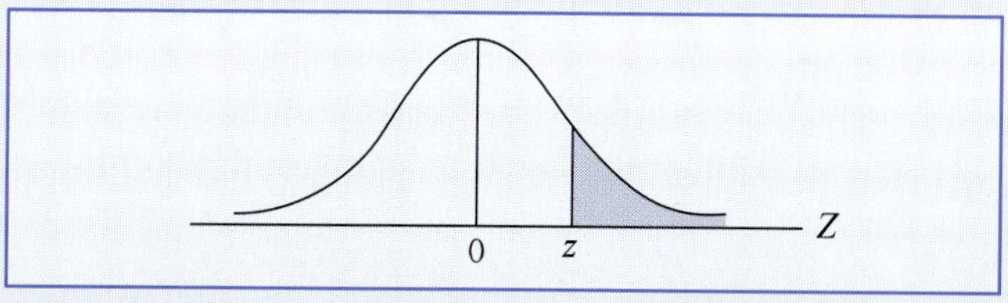

$H_1 : p < p_0$ 의 경우 <단측가설> : $p-$값 = $P[Z < z]$

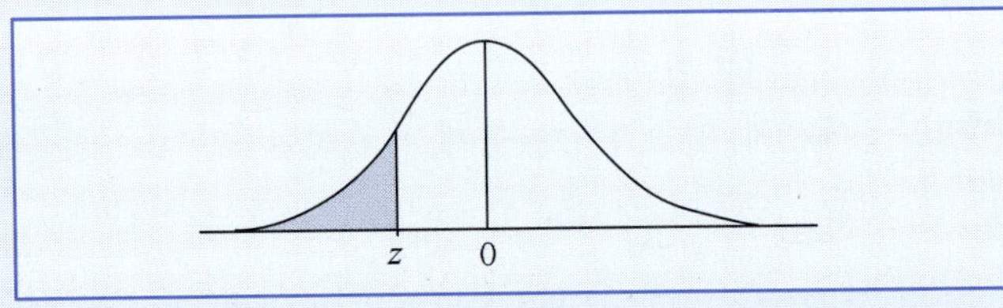

$H_1 : p \neq p_0$ 의 경우 <양측가설> : $p-$값 = $P[|Z| > z] = P[Z < -z] + P[Z > z]$

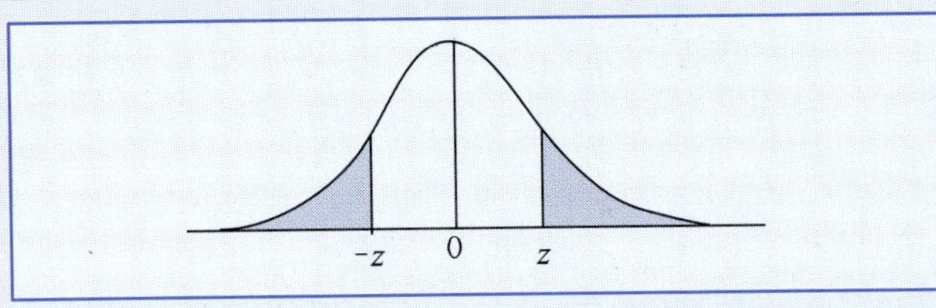

예 8.11 비율의 속임수

두 제약회사 A와 B는 최근 새로운 두통약을 개발하였다고 발표하였다. 기존의 두통약은 복용 후 한 시간 내에 60%의 치료효과를 가지고 있는 것으로 판명되었는데, 이에 대해 A회사의 두통약은 80%, 그리고 B회사의 두통약은 70%의 치료효과가 있다는 임상실험 결과를 발표하였다. 이때 A회사 임상실험의 대상이 된 환자는 10명인 한편, B회사는 100명에 의한 임상실험의 결과라고 한다. 두 회사 제품 모두 치료효과가 기존의 두통약보다 좋다고 할 수 있는가?

이 문제에 대한 가설은 p를 두통이 치료될 확률이라 할 때 $H_0 : p = 0.6$ 이고 $H_1 : p > 0.6$ 이다. 이때 A, B 두 회사에 대한 검정통계량의 값은 각각 $z_A = \dfrac{0.8-0.6}{\sqrt{\dfrac{0.6 \cdot 0.4}{10}}} = 1.29$ 와 $z_B = \dfrac{0.7-0.6}{\sqrt{\dfrac{0.6 \cdot 0.4}{100}}} = 2.04$ 이므로 이 값에 대한 $p-$값은 표준정규분포표로부터 각각 p_A-값 $= P(Z > 1.29) = 0.0985$ 와 p_B-값 $= P(Z > 2.04) = 0.0207$ 이다. 이때 유의수준을 5%로 잡으면 A회사에 대한 $p-$값은 0.0985이므로 $\hat{p} = 0.8$ 은 $H_0 p = 0.6$ 을 기각하기에 충분한 증거를 가지지 못하지만, B회사에 대한 $p-$값은 0.0207로 $\hat{p} = 0.7$ 은 $H_0 : p = 0.6$ 을 기각할 수 있음을 알 수 있다.

사실 위에서 구한 $p-$값들은 중심극한이론에 의한 근사공식을 통해 얻어진 값들이다. 이 근사적 결과는 B회사의 경우 표본의 크기가 충분히 크다고 할 수 있으므로 큰 문제가 없겠지만, A회사의 경우는 표본수가 10개 정도이므로 근사적 $p-$값이 정확한 $p-$값과 상당한 차이가 발생할 가능성도 있을 것이다. 각 회사별 정확한 $p-$값은 제7장에서 설명한 이항분포를 통해 구할 수 있다. 그 결과를 살펴보자.

우선 X를 n명의 임상실험 대상자 중 치료효과를 본 사람의 수라고 할 때 이는 귀무가설 하에서 이항분포 $B(n, p=0.6)$를 가지므로 A회사의 경우 $p-$값은 p_A-값$=$ $P[X \geq 8 | p=0.6] = \binom{10}{8}(0.6)^8(0.4)^2 + \binom{10}{9}(0.6)^9(0.4)^1 + \binom{10}{10}(0.6)^{10}(0.4)^0 = 0.1673$ 가 된다.[26] 즉, A회사 두통약의 치료효과는 기존의 것과 비교하여 크게 다르지 않다고 해석할 수 있다. 한편 B회사의 $p-$값은 p_B-값$= P[X \geq 70 | p=0.6] = \binom{100}{70}(0.6)^{70}(0.4)^{30} + \binom{100}{71}(0.6)^{71}(0.4)^{29} + \cdots + \binom{100}{100}(0.6)^{100}(0.4)^0 = 0.0248$ 이 되어 정확한 $p-$값에 의해서도 근사공식에서 얻은 바와 같은 결론을 내릴 수 있다.

같은 방법으로 모평균에 관한 가설검정절차는 다음과 같다.

모평균 μ의 검정

(1) 모집단으로부터 n개의 단순임의표본을 뽑아 $\overline{X}$를 계산한다.

(2) $H_0: \mu = \mu_0$ (μ_0는 주어진 값)이 참이라는 가정 하에서 검정통계량의 값

$$Z = \frac{\overline{X} - \mu_0}{\sigma / \sqrt{n}}$$ 을 계산한다.

만약 σ가 알려져 있지 않을 경우라도 n이 충분히 크다면 σ 대신

$$S = \sqrt{\frac{1}{n-1}\sum_{i=1}^{n}(X_i - \overline{X})^2}$$ 을 사용할 수 있다.

(3) 다음과 같은 3가지 유형의 대립가설에 대해 아래의 표준정규곡선에서 음영한 부분이 $p-$값이 된다.

26) 정규근사에 따른 $p-$값은 0.0985였다. 이와 같이 모비율의 검정에서 표본의 크기가 작을 경우 근사적 정규분포를 이용한 $p-$값은 매우 부정확할 가능성이 있다..

$H_1 : \mu > \mu_0$ 의 경우 <단측가설> : 표본정규분포표로부터 $p-$값$=P[Z \geq z]$

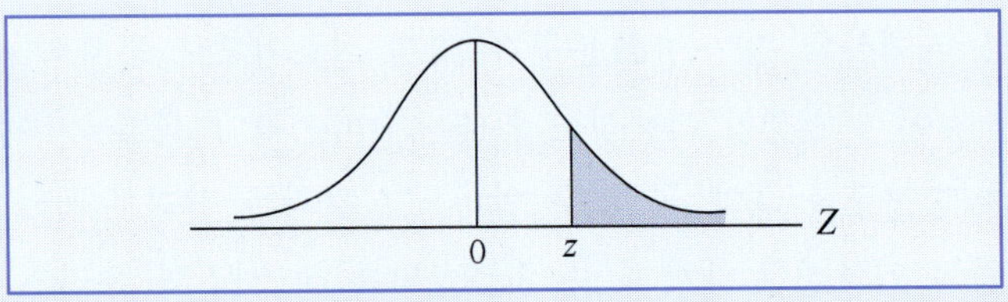

$H_1 : \mu < \mu_0$ 의 경우 <단측가설> : $p-$값 $= P[Z < z]$

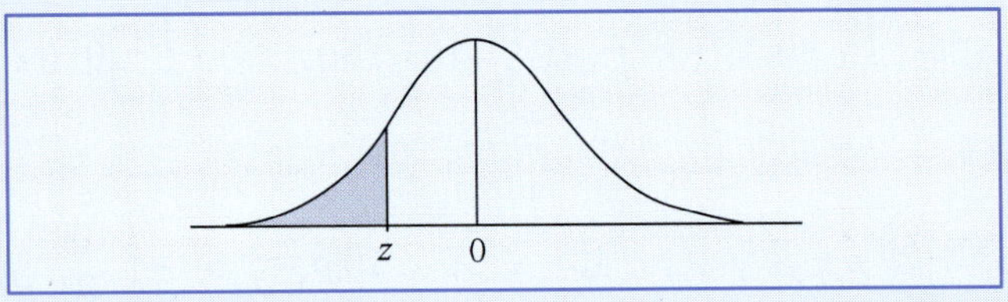

$H_1 : \mu \neq \mu_0$ 의 경우 <양측가설> : $p-$값 $= P[|Z| > z] = P[Z < -z] + P[Z > z]$

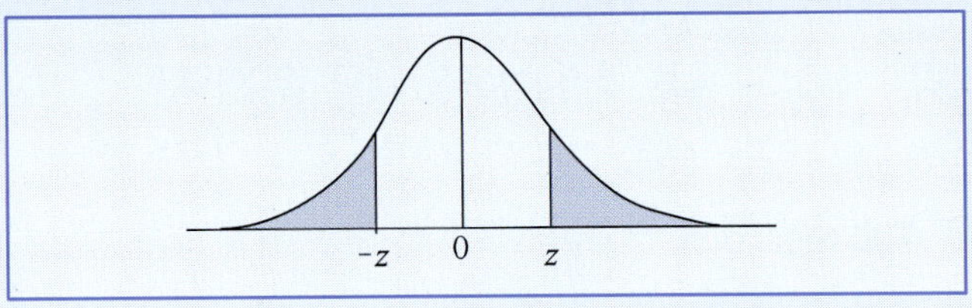

예 8.12 **모평균 검정**

어떤 공장은 생산성 향상을 위해 작업장에 록음악을 틀어준다고 한다. 록음악을 틀어주기 이전에는 이 공장의 일일생산량은 평균이 50개이고 표준편차가 2개로 알려져 있다고 하자. 록음악을 1개월(25일로 가정) 동안 틀어주고 난 후 평균 일일생산량을 알아보니 평균 51개가 나왔다고 한다. 이 자료를 토대로 록음악이 생산량 향상에 도움이 되었다고 할 수 있겠는가?

록음악을 틀어준 이후의 일일 평균생산량의 참값을 μ라고 할 때, 록음악을 들려주는 것이 생산량의 향상에 도움이 되었다는 것은 μ>50과 같다. 이 경우 $H_0 : \mu = 50$이고 $H_1 : \mu > 50$이다. 그러므로 검정통계량 $z = \dfrac{51-50}{2/\sqrt{25}} = 2.5$, 이에 따라 $p-$값은 $P[Z > 2.5]$

$= 0.0062$가 되어 이는 $H_0 : \mu = 50$을 기각할 수 있는 충분한 증거를 제시하고 있다고 할 수 있다.

통계적 가설검정에서 H_0를 기각하기 위한 근거로 통상 $p-$값을 사용하는데 이 값은 연구자에 의해 규정된 유의수준(α)을 기준으로 크냐 작으냐를 따지게 된다. 예를 들어 $H_1 : p > p_0$이고 α=0.05일 때, 검정통계량의 값 z가 표준정규분포의 상위 5%보다 크다면, 이는 $p-$값이 유의수준 보다 작다는 의미이므로 이를 근거로 $H_0 : p = p_0$를 기각할 수 있게 된다. 이것은 곧 표본자료가 'H_0 하에서는 일어날 가능성이 상당히 적다'는 것을 의미한다. 일반적으로 유의수준 α보다는 $p-$값이 좀 더 유용한 정보를 제공한다고 할 수 있다. 예컨대 어떤 귀무가설은 α=0.05에서는 기각될 수 있으나 α=0.01에서는 기각되지 않을 수 있기 때문이다. 앞서 설명한 바와 같이 유의확률 $p-$값은 관찰된 유의수준의 의미로 이는 귀무가설이 사실이 아니라는(즉, 유의적이라는) 결론을 내릴 경우 저질러질 수 있는 제1종의 오류확률의 관찰된 값이라는 뜻이다. 이는 관찰된 자료에 근거하여 귀무가설을 기각할 결정에 이르기 위한 최소한의 유의수준이 된다. 따라서 $p-$값에 해당하는 유의수준을 감내한다면 기꺼이 귀무가설을 기각시킬 수 있다고 할 수 있을 것이다. $p-$값을 이용한 가설검정에서는 계산된 $p-$값과 규정된 유의수준을 서로 비교하여 다음과 같이 의사결정을 하면 될 것이다.

> **$p-$값, 유의수준, 그리고 의사결정**
>
> 계산된 검정통계량에 대한 $p-$값이 규정된 유의수준 α보다 작으면 귀무가설을 기각하고, 유의수준 α에서 통계적으로 유의(statistically significant at level α)하다고 한다. 이와 반대로 $p-$값이 규정된 유의수준보다 크다면 귀무가설을 기각할 수 없다.

예 8.13 $H_0 : \mu = 100 \quad vs \quad H_1 : \mu = 120$과 같은 우측검정의 경우, 귀무가설 하에서 표준정규분포에 따르는 검정통계량 Z의 계산된 값을 $z = 1.88$이라고 하자. 이때 $p-$값은 $P[Z > z] = P(Z > 1.88) = 0.0301$이 된다. 유의수준 1%와 5%에 대한 임계값이 각각 2.33과 1.645이므로 유의수준 5%에서는 귀무가설을 기각할 수 있고, 1% 유의수준에서는 귀무가설을 기각할 수 없다. 그러나 유의수준을 최소 3.01%만 잡으면 귀무가설은 기각할 수 있다.

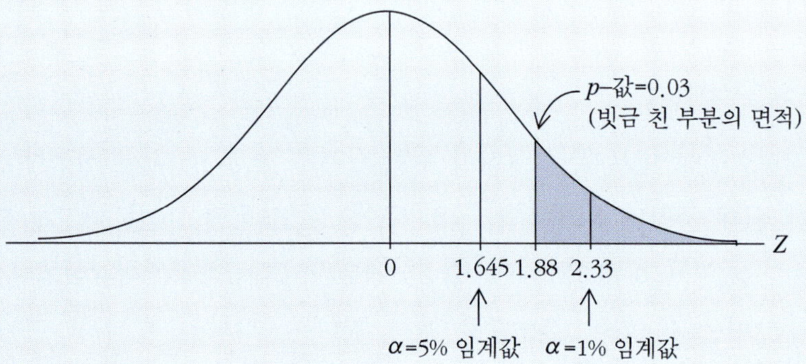

가설검정에 $p-$값을 이용하는 절차를 정리하면 다음과 같다.

$p-$값에 기초한 가설검정

(1) 귀무가설 대 대립가설 설정

(2) 유의수준 규정

(3) 검정통계량 계산

(4) $p-$값을 계산

(5) $p-$값 $\leq \alpha$이면 귀무가설을 기각, 그렇지 않으면 귀무가설을 기각하지 않음

그러나 많은 연구결과들은 앞서 설명한 방법처럼 검정통계량의 값을 기각영역의 임계값과 비교하던가, 혹은 $p-$값을 규정된 유의수준에 비교하는 식으로 가설검정을 하기 보다는 임계값이나 유의수준에 대한 언급 없이 단순히 $p-$값만을 보고하는 경우도 많다. 이는 $p-$값을 적극적으로 가설검정에 이용하기 보다는 단순히 귀무가설에 반하는 증거의 강도를 제시함으로서 이 보고에 관심을 가진 연구자로 하여금 그 내용을 스스로 평가하도록 한다는 것이다. 이와 같이 제시되는 $p-$값은 다음과 같은 일반적인 이용지침에 따라 해석하면 된다.

$p-$값	귀무가설에 반하는 증거의 정도
$10\% < p-$값	미약 / 없음
$5\% < p-$값 $\leq 10\%$	중간정도
$1\% < p-$값 $\leq 5\%$	강함
$p-$값 $\leq 1\%$	매우 강함

가설검정과 신뢰구간

지금까지는 특정 모수에 대한 가설을 검정하는 것과 그 모수에 대한 신뢰구간을 구하는 일을 구분해서 설명하였지만 실제로는 이 두 가지 추론과정이나 얻어진 결과는 밀접히 연관되어 있다. 예를 들어, 주어진 유의수준 α 하에서 $H_0: \mu=\mu_0$(주어진 값) 대 $H_1: \mu \neq \mu_0$와 같은 양측검정을 고려할 때, H_0을 기각하는 결정을 내린다함은 μ의 $100(1-\alpha)\%$ 신뢰구간이 귀무가설에서 주어진 값 μ_0를 포함하지 않는 경우에 해당하며, 반대로 신뢰구간이 귀무가설에서 규정한 모수의 값인 μ_0를 포함하면 H_0은 기각되지 않는 경우에 해당한다. 이는 절차상 양측검정을 수행하는 것이 곧 신뢰구간을 구하는 것과 동전의 앞뒷면과 같기 때문이고, 내용상으로도 μ_0가 표본에서 구한 μ의 $100(1-\alpha)\%$ 신뢰구간에 포함된다는 것은 곧 표본에는 α의 제1종 오류확률 하에서 귀무가설을 기각할 충분한 근거가 없다는 의미와 궤를 같이 하기 때문이다. 다음 예를 살펴본다.

예 8.14 어린이키 자료 – 가설검정과 신뢰구간

<예 8.1>에서 어린이 집단의 평균키 μ에 관한 95% 수준에서의 오차한계가 ± 7.84이었고, 100명의 어린이로부터 구한 표본평균이 115*cm*인 경우 μ의 95% 신뢰구간은 $115 \pm 7.84 = [107.16, 122.84]$로 계산되었다(표 8.1의 9번째 연구자의 결과). 한편 다음과 같은 양측가설 $H_0: \mu=104 \quad H_1: \mu \neq 104$를 검정하면, $Z=\dfrac{115-104}{40/\sqrt{100}}=2.75$이므로 귀무가설은 유의수준 5%에서 기각되며, 이 결과는 귀무가설에서 규정한 모평균값 $\mu=104$가 신뢰구간에 포함되지 않는 경우와 일치한다. 그러나 양측가설

$H_0 : \mu = 108,\ H_1 : \mu \neq 108$의 경우에는 $Z = \dfrac{115-108}{40/\sqrt{100}} = 1.75$로 귀무가설은 기각되지않고 동시에 귀무가설에서 주어진 값 108은 신뢰구간 내에 있음을 알 수 있다.

통계적 유의성과 실제적 유의성

유의수준 α에서 H_0를 기각한다면 우리는 가설검정 결과가 통계적으로 유의하다는 표현을 쓰며, 이것은 설정된 귀무가설이 사실과 차이가 있다는 결론을 내릴만한 충분한 근거가 자료에 있다는 의미를 가진다. 그러나 이런 통계적 유의성이 실제적 의미에서의 유의성과 반드시 일치할 필요는 없는 것이다. 다음 예를 살펴보자.

예 8.15 어느 자동차 제조회사는 새로이 개발한 가솔린 승용차의 평균연비가 리터당 18 km라고 주장하고 있다. 이 연비가 과장되어 있다고 생각하는 연구자가 $1000(=n)$대를 조사한 결과 평균값$(\overline{X})$으로 17.9 km/l를 얻었다고 하자.

이 승용차의 연비의 표준편차(σ)는 1.4임이 알려져 있다고 하자. 이 경우에 대한 가설은 $H_0 : \mu = 18$ 대 $H_1 : \mu < 18$이 될 것이다. 검정통계량의 값은 $Z = \dfrac{17.9-18}{1.4/\sqrt{1000}} = -2.26$이므로 5% 유의수준에서 유의적임을 알 수 있다 ($p-$값을 기준으로 보면 1.2%에서 유의적임). 따라서 제조사의 주장인 귀무가설은 기각된다. 그러나 실제적으로 표본이 1000개나 되므로 이로부터 계산한 표본평균 $\overline{X} = 17.9$나 귀무가설에서 주장하는 $\mu = 18$이나 거의 같아 차이가 없다고 할 수 있다. 그러나 가설검정의 입장에서는 $\mu = 17.9$가 아닌 $\mu = 18$이었기 때문에 귀무가설이 기각되었지만 그 차이인 $|17.9 - 18.0| = 0.1$은 실제적으로 아무런 의미를 가지지 못할 수도 있을 것이다.

검정론의 내용

검정론은 통계적 가설검정에서 좋은 검정을 수행하기 위한 절차와 이를 뒷받침하는 이론체계로 구성된다. 특히 주어진 가설에 대해 합리적인 검정통계량을 도출하는 원리와 검정통계량에 기초하여 검정절차를 수행하는 과정, 그리고 동일한 가설에 대해 적용할 수 있는 서로 다른 검정절차들이 가지는 속성들을 질적으로 비교, 평가하기 위한 여러 가지 기준들이 주요 관심과제가 된다.

이 장에서 고려한 검정통계량은 모두 해당 모수에 대한 좋은 추정량을 사용하였고, 대립가설의 상황에 대응하여 적정하다고 여겨지는 영역을 기각역으로 선정하는 식의 직관적인 방법에 의존하였다. 그러나 이와 같은 직관적 처리절차는 실제로 검정의 기본원리에 따라 유도한 것과 동일하며, 대부분 양질의 검정결과를 제공하고 있음을 증명할 수 있다.

8.3 두 독립 모집단의 비교

지금까지 우리는 하나의 모집단에 대한 모집단 비율이나 모집단 평균에 대한 통계적 추론을 다루었다. 이 절에서는 하나의 모집단에 대한 추론방법을 바탕으로 독립적인 모집단이 두 개 혹은 그 이상인 경우 이들을 어떻게 비교할 것인지를 설명하고자 한다. 예를 들어, 특정 질병치료를 위한 두 가지 의약품의 치료율(p_1과 p_2)이나, 성별 평균임금(μ_{male}과 μ_{female})의 비교 등이 통계적 추론의 대상일 경우이다. 여기에서 비교의 의미가 대상이 되는 집단별 모수의 차이를 나타낸다면 이는 $p_1 - p_2 > 0$ (혹은 $< 0, = 0, \neq 0$)과 $\mu_{male} - \mu_{female} > 0$ (혹은 $< 0, = 0, \neq 0$) 꼴이 주요 관심의 대상이 될 것이다.

이에 대한 통계적 추론은 앞 절에서 논의한 단일 모집단에서의 모비율 p나 모평균 μ를 각각 $(p_1 - p_2)$나 $(\mu_{male} - \mu_{female})$로 바꾸어 놓은 것 이외에 특별히 다른 것이 없으므로 이론상 동일한 문제라 해도 좋을 것이다. 여기서는 이와 같이 서로 독립적인 두 모집단을 특징화하는 두 모수 간 차이의 점추정량과 이 통계량의 표본추출분포를 고려하고, 이를 기초로 모수 차이를 구간추정하는 방법과 특정 가설을 검정하는 과정을 살펴보기로 한다.

두 모수 차이에 대한 점추정량

두$(j = 1,2)$ 독립 모집단으로부터 크기가 각각 n_1, n_2인 임의표본을 얻었다고 하자. 첫 집단$(j = 1)$에서 추출된 n_1 표본 중 i번째 관찰개체의 반응을 $X_i, i = 1, 2, \cdots, n_1$로 표시하고, 두 번째 집단$(j = 2)$에서 추출된 n_2 표본 중 i번째 관찰개체의 반응을

$Y_i, i=1,2,\cdots,n_2$라 놓자. 여기서 각 모집단에서 추출한 i번째 개체는 서로 별개의 개체이며, 따라서 이들로부터의 반응값 또한 서로 독립적인 관계에 있다. 다시 말해 우리는 다음과 같은 자료를 가지고 있다는 것이다.

$$\text{제 1 모집단에서의 표본}: X_1, X_2, \cdots, X_{n_1}$$

$$\text{제 2 모집단에서의 표본}: Y_1, Y_2, \cdots, Y_{n_2}$$

이 때 우리의 관심이 모비율 $p_j, j=1,2$에 있다면 각 모집단에서의 i번째 관찰개체의 반응값을 $X_i(\text{혹은 } Y_i)=\begin{cases}1, \text{만약 긍정이면}\\0, \text{만약 그렇지 않으면}\end{cases}$ 와 같이 놓고 이를 제 7장에서 고려한 베르누이 확률반응이라고 생각하면 된다. 따라서 $\overline{X}=\sum_{i=1}^{n_1}X_i/n_1=\hat{p}_1$이 된다. 즉, 제 1모집단에서 모비율 p_1의 점추정량은 그 집단에서의 표본비율 $\hat{p}_1$이 되고, 이는 그 집단으로부터의 표본평균이 된다. 같은 과정을 제 2모집단에 되풀이 하면 p_2의 점추정량 $\hat{p}_2=\overline{Y}=\sum_{i=1}^{n_2}Y_i/n_2$가 된다. 따라서 차이 p_1-p_2는 $\hat{p}_1-\hat{p}_2=\overline{X}-\overline{Y}$가 좋은 추정량이 된다.

다른 한편으로 우리의 관심이 연속적인 모집단에서의 모평균의 차이 $\mu_1-\mu_2$라면 이 경우도 자연스레 두 집단에 대한 표본평균의 차이 $\overline{X}-\overline{Y}$가 좋은 추정량이 된다. 이런 점에서 두 독립적 집단에 대한 모비율이나 모평균을 비교하는 문제는 기본적으로 그 추론의 틀이 같다고 할 수 있다.

예 8.16 구청장 후보자 지지율 자료

어느 구청장 선거의 입후보자는 자신에 대한 지지율이 성별로 다른지를 알아보기 위해 남자(제1 모집단)로부터 100명($=n_1$)을 임의로 뽑아 조사해 보니 60명($=\sum_{i=1}^{100}X_i$)이 그를 지지하는 것으로 나타났고, 80명($=n_2$)의 여자(제2 모집단)에서는 50명($=\sum_{i=1}^{80}Y_i$)의 지지자가 있는 것으로 나타났다. 이때 남성과 여성의 그 후보자에 대한 자에 대한 모집단 지지율을 각각 p_1과 p_2라 할 때, 모수들의 함수인 p_1-p_2의 추정량 $\hat{p}_1-\hat{p}_2=\overline{X}-\overline{Y}$가 되고, 표본으로부터 계산한 이 추정량의 값인 추정치는

60/100 − 50/80 = 0.6 − 0.625 = − 0.025가 된다. 여기서 모비율의 차이에 대한 추정치가 −2.5%로 음수이므로 이 후보자에 대한 남녀별 지지율이 같다고 하기 보다는 남성보다 여성의 지지율이 더 크지 않을까 하는 추측을 해볼 수도 있을 것이다.

예 8.17 체중조절 프로그램 자료

두 체중조절 프로그램 X, Y의 효과를 비교하기 위해 100명의 대상자를 임의로 뽑아 이 중 40명을 프로그램 X에, 프로그램 Y에 60명을 완전임의화설계(Completely Randomized Design – 제2장 참조)로 배치하고, 한 달 후 각 대상자별 체중의 감소량을 측정하였다. 프로그램 X를 처리 받은 집단의 평균체중감소량은 3.5kg($=\overline{X}$)이였고, 프로그램 Y의 평균체중감소량은 3.0kg($=\overline{Y}$)이였다면, 프로그램 X가 프로그램 Y보다 좀 더 효율적이라는 추측이 가능할 것이다.

위의 두 예에서 두 개의 모비율이나 모평균을 추정했을 때 그 차이값이 다소 크다고 하더라도, 이들은 단순히 어떤 절대수치에 불과하므로 그 값을 근거로 위에서와 같은 추측을 한다는 것은 그리 타당해 보이지 않는다. 표본에서 얻은 통계량의 값의 크고 작음은 그 통계량이 가지는 표본추출분포에서 그 값이 가지는 위치를 통해서 비로소 파악되는 것이다. 즉, 우리가 표본비율에서 차이인 −0.025와 표본평균의 차이인 0.5 kg이 모집단에서의 차이가 인정될 만큼 충분히 큰 값인가의 여부는 해당 통계량의 표본추출분포에서 차이값인 추정치가 어디에 놓여있는가를 살펴보아야 한다는 것이다.

점추정량의 표본추출분포

이제 우리는 위에서와 같은 문제에 대해 추정량 $\overline{X}-\overline{Y}$의 표본추출분포를 고려할 때이다. 비율의 차이나 평균의 차이 모두 동일한 추정량 $\overline{X}-\overline{Y}$의 문제로 귀속되지만 X와 Y의 평균을 구성하는 개별적 표본값들이 문제의 상황에 따라 서로 다른 분포를 가지므로 $\overline{X}-\overline{Y}$의 표본추출분포는 같지 않다. 그러나 각 모집단으로부터 뽑은 표본의 크기가 충분히 크다면 앞에서 고려한 중심극한정리에 의해 일단은 정규분포를 통해 근사시킬 수 있다. 이를 위해 정규분포가 가지는 다음 성질을 이용하기로 한다.

독립적 정규분포의 합과 차의 분포

두 독립적 확률변수 X, Y가 각각 정규분포 $N(\mu_X, \sigma_X^2)$와 $N(\mu_Y, \sigma_Y^2)$에 따를 경우, $X \pm Y$는 정규분포 $N(\mu_X \pm \mu_Y, \sigma_X^2 + \sigma_Y^2)$를 가진다.

이에 따라 표본평균의 차이인 $\overline{X} - \overline{Y}$의 표본추출분포는 각 모집단으로부터의 임의표본의 크기가 적어도 30 이상이면 근사적으로 정규분포에 따른다는 이론에 따라 비율의 차이나 평균의 차이 모두 각 경우에 해당하는 표본평균의 차이의 기댓값과 분산을 구하기만 하면 된다. 다음은 두 독립모집단에서 구한 표본비율의 차이와 두 연속적 독립모집단에서 구한 표본평균의 차이에 대한 표본추출분포이다.

$\hat{p}_1 - \hat{p}_2$의 표본추출분포

모비율이 각각 p_1, p_2인 두 독립모집단으로부터 n_1, n_2개의 임의표본을 뽑아 얻은 표본비율 $\hat{p}_1$, $\hat{p}_2$의 차이, $\hat{p}_1 - \hat{p}_2$는 근사적으로 모평균이 $p_1 - p_2$, 모분산이 $p_1(1-p_1)/n_1 + p_2(1-p_2)/n_2$인 정규분포에 따른다.

$\overline{X} - \overline{Y}$의 표본추출분포

모평균이 각각 μ_X, μ_Y이고 모분산이 σ_X^2, σ_Y^2인 두 독립모집단으로부터 n_X, n_Y개의 임의표본을 뽑아 구한 표본평균의 차이, $\overline{X} - \overline{Y}$는 근사적으로 모평균이 $\mu_X - \mu_Y$, 모분산인 $\sigma_X^2/n_X + \sigma_Y^2/n_Y$인 정규분포에 따른다.

두 독립모집단으로부터 모지지율의 차이나 모평균의 차이에 관한 가설검정을 하거나 신뢰구간을 구하는 과정 또한 앞 절에서 설명한 단일 모집단으로부터의 통계적 추론과 본질적으로 다른 것이 없다.

모비율의 차이와 모평균의 차이에 대한 신뢰구간

앞서 논의한 $\hat{p}_1 - \hat{p}_2$과 $\overline{X} - \overline{Y}$의 표본추출분포에 의해 $p_1 - p_2$와 $\mu_X - \mu_Y$의 $100(1-\alpha)\%$ 신뢰구간은 다음과 같이 정리할 수 있다.

$100(1-\alpha)\%$ **신뢰구간**

(1) $p_1 - p_2$의 $100(1-\alpha)\%$ (근사적) 신뢰구간은

$$(\hat{p}_1 - \hat{p}_2) \pm z_{\alpha/2}\sqrt{\frac{\hat{p}_1(1-\hat{p}_1)}{n_1} + \frac{\hat{p}_2(1-\hat{p}_2)}{n_2}}$$

(2) $\mu_X - \mu_Y$의 $100(1-\alpha)\%$ (근사적) 신뢰구간은

$$(\overline{X} - \overline{Y}) \pm z_{\alpha/2}\sqrt{\frac{\sigma_X^2}{n_1} + \frac{\sigma_Y^2}{n_2}}$$

단, 여기서 σ_X^2와 σ_Y^2이 주어져 있지 않으면 이를 각각의 표본분산 S_X^2, S_Y^2으로 대치할 수 있다.

예 8.18 구청장 후보 지지율 자료 - 신뢰구간

구청장 후보자에 대한 성별 지지율 자료의 경우

남 자	$\hat{p}_1 = 0.6$	$n_1 = 100$
여 자	$\hat{p}_2 = 0.625$	$n_2 = 80$

이에 기초한 $p_1 - p_2$에 관한 95% 신뢰구간은 $z_{0.025} = 1.96$이므로

$$(0.6 - 0.625) \pm 1.96 \times \sqrt{\frac{0.6 \times 0.4}{100} + \frac{0.625 \times 0.375}{80}}$$

$$= -0.025 \pm 1.96 \times 0.073 = [-0.168,\ 0.118]$$

이 된다. 여기서 주시할 점은 $p_1 - p_2$의 95% 신뢰구간이 $p_1 - p_2 = 0$이 되는 점을 포함하고 있으므로 후보자에 대한 성별 지지율이 다르다는 주장이 통계적인 충분한 증거를 가지고 있지 못함을 알 수 있다.

예 8.19 체중조절 프로그램 자료 - 신뢰구간

각 체중조절 프로그램에서의 모집단 표준편차와 표본자료로부터 계산한 정보는 다음과 같다.

프로그램 X	$\overline{X}=3.5\,kg$	$n_X=40$	$\sigma_X=0.7\,kg$
프로그램 Y	$\overline{Y}=3.0\,kg$	$n_Y=60$	$\sigma_Y=1.0\,kg$

따라서 $\mu_X-\mu_Y$에 관한 95% 신뢰구간은

$(3.5-3.0)\pm1.96\times\sqrt{0.7^2/40+1.0^2/60}=0.5\pm0.33=[0.17,\ 0.83]$이 된다. 이 구간은 $\mu_X-\mu_Y=0$이 되는 원점을 포함하지 않으므로 두 체중조절 프로그램의 평균체중 감소라는 관점에서 그 효과가 같다고는 할 수 없으며, 이 경우 $\overline{X}-\overline{Y}=0.5$(양수)이므로 프로그램 X가 더 효과적이라는 추측이 통계적 증거를 가진다고 할 수 있다.

모비율의 차이와 모평균의 차이에 대한 가설검정

두 독립 모집단에서 모비율이나 모평균의 차이에 관한 여러 가지 유형의 가설 또한 단일 모집단에서의 경우와 유사하게 $\hat{p}_1-\hat{p}_2$ 과 $\overline{X}-\overline{Y}$ 의 표본추출분포를 통해 검정할 수 있다.

(1) 모비율 차이에 대한 가설검정

모비율이 각각 p_1, p_2인 두 독립적인 모집단으로부터 n_1, n_2개의 임의표본을 뽑아 구한 표본비율을 $\hat{p}_1$, $\hat{p}_2$라 하면, $Z=\dfrac{(\hat{p}_1-\hat{p}_2)-(p_1-p_2)}{\sqrt{p_1(1-p_2)/n_1+p_2(1-p_2)/n_2}}$는 표본크기가 충분히 클 때 표준정규분포 $N(0,1)$에 따른다. 귀무가설로서 $H_0: p_1-p_2=0$을 고려할 경우 이 가설 하에서 공통 모비율 $p_0=p_1=p_2$은 $\hat{p}_0=\dfrac{n_1\hat{p}_1+n_2\hat{p}_2}{n_1+n_2}$로 추정될 것이다. 이때 검정통계량과 설정된 대립가설에 대한 $p-$값은 다음과 같이 계산된다.

모비율 차이의 검정

(1) 귀무가설 $H_0 : p_1 - p_2 = 0$

(2) 검정통계량 $Z = \dfrac{\hat{p_1} - \hat{p_2}}{\sqrt{\hat{p_0}(1-\hat{p_0})(1/n_1 + 1/n_2)}}$ 은 H_0 하에서 $N(0,1)$에 따른다.

(3) 표본으로부터 계산한 검정통계량의 값을 z라 표시할 때,

대립가설 $H_1 : p_1 > p_2$ 의 경우, $p-$값$= P[Z > z]$

$H_1 : p_1 < p_2$ 의 경우, $p-$값$= P[Z < z]$

$H_1 : p_1 \neq p_2$ 의 경우, $p-$값$= P[Z > |z|]$

예 8.20 제 2장 <예 2.7>은 검정쌀 추출물을 성분으로 하는 발모촉진제가 탈모치료에 대해 가지는 효능을 검증하기 위해 전체 51명의 탈모환자를 대상으로 한 비교실험에 관한 것이었다. 피실험자는 임의화 과정을 통해 선정된 34명을 처리집단 A(12주간 약제복용)에, 그리고 나머지 17명을 위약집단 B에 배정되었고, 각 환자의 탈모상태를 조사한 바 집단 A는 68%, 그리고 집단 B는 42% 정도의 탈락 모발의 감소가 관찰되었다. 여기서 $\hat{p_A}$와 $\hat{p_B}$를 두 집단에서의 탈락 모발 감소비율이라 할 때 관심의 대상이 되는 가설은 $H_0 : p_A = p_B$ 대 $H_1 : p_A > p_B$와 같을 수 있다. 이 때 공통 모비율의 추정치인

$$\hat{p_0} = \frac{34 \times 0.68 + 17 \times 0.42}{34 + 17} = 0.5933$$

이므로 검정통계량의 값은

$$z = \frac{0.68 - 0.42}{\sqrt{0.5933(1-0.5933)(1/34 + 1/17)}} = 1.782$$

이다. 따라서 $p-$값$=P(Z > 1.78) < 0.04$로 귀무가설은 기각된다.

(2) 모평균 차이에 대한 가설검정

모평균이 μ_1, μ_2, 그리고 모분산이 σ_1^2, σ_2^2인 두 독립적인 모집단으로부터 n_1, n_2개의

임의표본을 뽑아 구한 표본평균을 각각 $\overline{X_1}, \overline{X_2}$라 하면, $Z = \dfrac{(\overline{X_1} - \overline{X_2}) - (\mu_1 - \mu_2)}{\sqrt{\sigma_1^2/n_1 + \sigma_2^2/n_2}}$ 는 표본크기가 충분히 클 때 표준정규분포 $N(0,1)$에 따른다. 귀무가설 $H_0 : \mu_1 - \mu_2 = \mu_0$(단, μ_0는 주어진 값)을 고려할 경우 검정통계량과 설정된 대립가설에 대한 $p-$값은 다음과 같이 계산된다.

모평균 차이의 검정

(1) 귀무가설 $H_0 : \mu_1 - \mu_2 = \mu_0$ (많은 경우 $\mu_0 = 0$이다.)

(2) 검정통계량 $Z = \dfrac{(\overline{X_1} - \overline{X_2}) - \mu_0}{\sqrt{\sigma_1^2/n_1 + \sigma_2^2/n_2}}$은 H_0 하에서 $N(0,1)$에 따른다.

여기서 모분산 σ_1^2, σ_2^2는 알려져 있는 값이다. 만일 이들이 알려져 있으나 표본의 크기가 30 이상이면 이들의 좋은 추정치로 각각의 표본분산인 S_1^2과 S_2^2으로 대신한다.

(3) 표본으로부터 계산한 위의 검정통계량의 값을 z라 표시할 때,

대립가설 $H_1 : \mu_1 - \mu_2 > \mu_0$의 경우, $p-$값 $= P[Z > z]$
$H_1 : \mu_1 - \mu_2 < \mu_0$의 경우, $p-$값 $= P[Z < z]$
$H_1 : \mu_1 - \mu_2 \neq \mu_0$의 경우, $p-$값 $= P[Z > |z|]$

예 8.21 <예 8.19>에서 신뢰구간을 통해 체중조절 프로그램 X가 프로그램 Y 보다 더 효율적이라는 결론을 내린 바 있다. 이제 이 결과를 가설검정을 통해 살펴보기로 하자. 프로그램 X가 프로그램 Y보다 더 효율적인지가 연구의 목적이므로 가설은 $H_0 : \mu_1 - \mu_2 = 0$과 $H_1 : \mu_1 - \mu_2 > 0$으로서 위의 공식에서 $\mu_0 = 0$인 경우에 해당한다. 따라서 검정통계량의 값, $z = \dfrac{3.5 - 3.0}{\sqrt{0.7^2/40 + 1^2/60}} = 2.94$이므로 $p-$값 $= P[Z > 2.94] = 0.0016$이 되어 유의수준 1% 이하에서 귀무가설이 기각되고 대립가설이 묵시적으로로 하나의 대안일 수 있는 증거를 제시하고 있다.

짝지은 비교

이는 제 2장에서 설명한 짝짓기설계(2.3절)를 통해 얻어진 자료를 기초로 처리집단과 통제집단 간의 차이를 비교하는 방법으로, 비교대상의 집단들을 구성하는 단계에서 사전적으로 외적효과를 통제함으로서 가능한 교락요인이 처리효과에 미치는 체계적 영향(편향성)을 배제하고자 한다. 이때 짝짓기는 여러 가지 형태를 취할 수 있겠는데 처리집단의 한 실험단위와 유사한 개체를 통제집단의 한 대응짝으로 한다는 것이 기본 취지이며, 여기서 '유사한' 개체라 함은 '비슷한 외적 조건을 가진' 개체라는 의미이다. 앞에서 든 예의 경우 혈압에 대한 흡연(처리)과 비흡연(통제)집단의 비교에서 연령이나 고혈압 병력 등이 가지는 외적 교락요인의 효과를 없애기 위해 교락요인의 수준이 유사한 두 실험개체를 짝을 지워 관찰하여 자료를 얻는 방법이다. 만일 쌍둥이 중 어느 하나는 흡연자이고 나머지 하나가 비흡연자인 쌍둥이 실험개체로부터 혈압을 측정한 자료가 있다면 외적 요인의 측면에서 아주 높은 유사성을 가진 경우로 생각할 수 있을 것이다. 한걸음 더 나아가 한때 흡연을 하다가 나중에 비흡연자가 된 실험개체나 혹은 순서에서 그 반대인 실험개체로부터 흡연시와 비흡연시에 걸쳐 두 번 반복하여 혈압을 측정하였다면 여기서 말하는 유사성의 수준은 더 높다고 할 수 있겠다. 이와 같은 짝지은 자료에 대한 분석의 틀을 다음 예를 통해 공식화 해보자.

국산 신발과 외국산 신발이 가지는 내구성을 비교하여 어느 제품이 더 오래 신을 수 있는지를 알고자 한다. 여러 가지 방법을 생각할 수 있을 것이다. 예를 들어, 바로 앞에서 설명한 두 독립집단을 비교하는 방법은 n_X명을 임의로 뽑아 한 집단을 구성하고 이들에게는 외국산 신발을, 그리고 이와 독립적으로 구성된 다른 n_Y명에게는 국산 신발을 일정기간 착용시킨 후 마모정도를 측정하는 식으로 자료를 얻으면 될 것이다. 그런데 어떤 이유로 인해 국산 신발을 착용했던 사람들은 많이 걸어 다니는 외판원이었고, 이에 대해 외국산 신발의 착용자는 사무직에 종사하는 사람들이였다면 신발 착용자의 직업이라는 교락요인으로 인해 분석결과는 편향성을 가지게 될 것이다. 다른 한 가지 방법으로 이런 실험 외적인 요인을 없애기 위해 직업에 관계없이 임의로 n명을 뽑아 각 대상자에게 임의로 어느 한쪽 발에는 국산을 다른 쪽 발에는 외국산을 일정기간 착용시키고 난 후 얻은 마모정도에 관한 자료는 바로 여기에서 설명하려는 짝지은 표본이라고 할 수 있다.

이렇게 얻는 n개의 대응짝 (X_i, Y_i), $i=1, 2, \cdots, n$이라고 하자. 여기서 X_i를 i번

째 관찰개체의 국산 신발의 마모정도, 그리고 Y_i를 그의 외국산 신발의 마모정도라 하자. 이때 각 개체별 마모정도의 차이인 $d_i = X_i - Y_i$가 모평균 $\mu_D = \mu_X - \mu_Y$이고 모분산 σ_D^2인 정규분포 $N(\mu_D, \sigma_D^2)$에 따른다고 하자. 그러면 n개 d_i들의 표본평균인 $\bar{d}$는 앞에서 본 단일 정규모집단의 경우에서와 같이 $N(\mu_D, \sigma_D^2/n)$이 될 것이다.

이때 우리의 관심은 귀무가설로서 '국산 신발과 외국산 신발은 같은 수준의 마모율을 가진다.'가 될 것이고, 가능한 대립가설로서 '국산 신발이 외국산 보다 더 질기다.'를 생각할 수 있다. 이는 모수의 항목으로 다음과 같이 재표현할 수 있다.

$$H_0 : \mu_D = 0 \quad \text{대} \quad H_1 : \mu_D < 0$$

이와 같은 가설에 대한 검정은 이미 앞에서 설명한 바와 같이 검정통계량 $Z = \dfrac{\bar{d}}{S_d/\sqrt{n}}$은 충분히 큰 n에 대해 표준정규분포에 따르게 되며, 이때 $p-$값은 자료로부터 계산한 검정통계량의 값을 z라 할 때 $P[Z < z]$ 된다.

예 8.22 정규모집단 $N(\mu_d, \sigma_d^2)$로부터 $n=40$명을 임의로 뽑아 국산과 외국산 신발을 위에서와 같이 신게 하고 한 달 후 신발바닥의 두께에서 마모정도를 잰 결과 평균차이 $\bar{d} = -1cm$와 표준편차 $S_d = 3cm$를 얻었다. 이때 $z = \dfrac{-1}{3/\sqrt{40}} = -2.11$이므로 $p-$값$= P[Z < -2.11] = 0.017$이다. 이에 따라 H_0을 기각되므로 국산 신발의 마모율이 외국산 신발에 비교하여 유의적으로 작다고 할 수 있다.

소표본에서의 통계적 추론

표본의 크기가 충분히 크다면 단일 개체단위가 가지는 분포유형에 관계없이 많은 통계량들이 중심극한이론에 따라 점근적으로 정규분포에 접근하게 됨은 이미 앞서 여러 곳에서 설명한 바 있다. 이것이 정규분포가 통계적 추론에서 중심적인 역할을 하는 이유이며, 이 장에서 '근사적'이란 형용사를 붙여 다루었던 대부분의 내용이 바로 이 논리에 근거한 소위 대표본(大標本) 이론에 관한 것이었다. 그러나 추론을 위해 사용되는 통계자료의 개체수가 항상 대표본 이론을 수용할 만큼 크지도 않을뿐더러 표본의 크기를 통제하는 일은 많은 통계 외적인 요인과 관련해 있다. 표본이 충분히 크지 않음에도 불구하고 앞에서 설명한 대표본 이론을 사용하면 통계적 추론에 대한 신뢰도도 훼손되고, 때로는 잘못된 결론으로 이끄는 경우 또한 배제할 수 없다. 이런 문제에 대해 여러 가지 해결방법이 제안되어 있다. 그 중 가장 널리 알려진 것이 제7장에서 설명한 t 분포를 이용하는 방법이다. t 분포를 이용한 통계적 추론은 앞에서의 내용에서 표집되는 모집단의 분포가 정규분포에 따라야 한다는 조건을 제외하면 지금까지 근사적인 정규분포를 이용한 통계적 추론과 거의 일치한다.

예로서, 짝지은 비교에서와 같은 단일 정규모집단 $N(\mu_d, \sigma_d^2)$으로부터 얻은 크기 n의 표본자료 $d_1, d_2, \cdots, d_n$에서 다음 형식의 양측가설을 검정한다고 하자.

$$H_0 : \mu_d = \mu_{d0} \quad \text{대} \quad H_1 : \mu_d \neq \mu_{d0}$$ [27)]

이 때 σ_d^2를 알고 있으면 앞에서 본 바와 같이 계산된 검정통계량의 값 $z = \dfrac{\bar{d} - \mu_{d0}}{\sigma_d / \sqrt{n}}$에 대해 다음과 같이 표준정규분포의 양쪽 꼬리부분의 면적이 되는 $p-$값$= P[|Z| > z]$에 따라 검정하면 된다. 이 경우에는 표본크기 n에 대한 제약이 없다. 그러나 일반적으로 σ_d^2 를 안다고 할 수 있는 경우는 그리 많지 않을 것이다. 그러하더라도 만일 대표본이라면 σ_d는 확률적으로 표본 표준편차 S_d에 거의 일치하므로 위의 z를 계산할 때 σ_d 대신 S_d를 대입해서 이에 대한 $p-$값을 계산해도 이에 따른 추론의 결과는 타당하다. 만일 σ_d도 모르고, 표본도 충분히 크지 않다면 다음 통계량 $T = \dfrac{\bar{d} - \mu_{d0}}{S_d / \sqrt{n}}$는 H_0이 사실일 때 자유도 $df = n-1$의 t 분포에 따르는 것으로 알려져 있다. 따라서 이 경우에 대한 $p-$값 $= P[|T| > t]$가 되며, 여기서 t는 표본자료로부터 계산한 T의 값을 말한다. 또한 정규분포에 따르는 모집단의 모평균에 관한 신뢰구간도 표본크기가 충분하지 않고 모분산을 알지 못할 경우에 앞의 공식에서 모표준편차를 표본표준편차로, 동시에 표준정규분포의 상위 $100 \times \alpha/2\%$ 값인 $z_{\alpha/2}$는 자유도 df를 가진 t 분포의 상위 $100 \times \alpha/2\%$ 값을 나타내는 $t_{df:\alpha/2}$로 바꾸는 정도의 차이가 있을 뿐이다.

---

27) μ_{d0}는 주어진 숫자로 많은 경우 0이다.

예 8.23 신발 마모율 비교 자료

<예 8.22>에서 만약 표본의 크기 40명 대신 $n=10$ 이라면 여기에 대표본 이론을 사용한다는 것은 무리일 수 있다. 10명의 관찰개체로부터 잰 결과가 40명에서의 결과와 동일하게 평균차이 $\bar{d}=-1cm$와 표준편차 $S_d=3cm$를 얻었다고 하자. 이때 $t=\dfrac{-1}{3/\sqrt{10}}=-1.054$이고 자유도 9의 t 분포에서 $p-$값$=P[T<-1.054]=0.16$ 이므로 H_0을 기각되지 않으므로 이에 따라 국산 신발의 마모율이 외국산 신발과 유의적으로 다르다고 할 수 없다고 결론짓게 된다.

독립 모집단이 3개 이상일 경우

지금까지 우리는 모집단이 하나이거나 두 개인 경우에 대한 추정과 검정문제를 다루었다. 그러나 제 2장의 실험설계 부분에서 보았듯이 연구의 목적이 3개 이상의 집단이 가지는 여러 특성을 비교할 경우도 많다. 예를 들어, 4가지 가능한 교육방법을 생각할 수 있을 때 어떤 교육방법이 가장 좋은 학습효과를 가지는지는 교육학자들의 주요 관심과제라고 할 수 있으며, 특정 질병치료를 위해 여러 가지 의약품이 있을 경우 그들이 가지는 효과를 상호 비교하는 것은 의사나 병리학자들의 관심일 것이다.

통계학은 이와 같이 3개 이상의 모집단을 비교하기 위해 사용할 수 있는 기법으로 분산분석(分散分析, analysis of variance)을 포함한 여러 가지 분석방법들을 제안하고 있다. 그러나 이런 유형의 과제를 해결하기 위해 앞에서 논의한 2개의 모집단에 대해 고려한 추론방법으로도 포괄적인 서술은 곤란하지만 어느 정도 문제해결이 가능한 부분도 없지 않다. 예를 들어 3개의 모비율을 비교할 때 어느 두 개씩 짝을 지어 비교하고 나중에 이들 모두를 총괄하여 서술하는 식의 통계적 추론도 생각할 수 있는 것이다. 그러나 과연 이런 추론방법이 어느 정도의 타당성을 지니는지에 대한 추가적인 검토가 필요한 것은 물론이다.

연습문제

8.1 Z가 표준정규분포 $N(0,1)$에 따르는 확률변수라고 할 때

1) 다음 확률을 구하여라.

(i) $P[Z \leqq -1.26]$ (ii) $P[Z \leqq 1.26]$ (iii) $P[|Z| > 1.96]$

(iv) $P[|Z| < 1.96]$ (v) $P[|Z| \leqq 2.67]$

2) 다음의 확률을 만족하는 상수 c를 구하여라.

(i) $P[Z \leqq c] = 0.95$ (ii) $P[Z \leqq c] = 0.90$ (iii) $P[|Z| > c] = 0.90$

(iv) $P[|Z| \leqq c] = 0.95$ (v) $P[|Z| \leqq c] = 0.99$ [8.1절]

8.2 어떤 조사기관이 우리나라 성인 남녀 1000명에게 현재 우리나라에서 가장 중요 한 문제가 무엇인가를 질문하여 우리나라 전체 성인의 20%에서 22%까지 실업 문제가 가장 중요하다고 생각한다는 결과를 발표하였다고 한다. 이것의 신뢰수준이 95%라고 할 때, 이 결과를 해석하여라. [8.1절]

8.3 표본비율 $\hat{p}$=0.6일 때, 다음에 답하여라. [8.1절]

(1) 표본크기 n=100일 경우 모비율 p에 대한 60%, 80%, 90%, 99% 신뢰구간을 구하여라. 이를 통해 신뢰구간이 신뢰수준에 따라 어떻게 변하는지를 설명하여라.

(2) n=100, 200, 500, 1000일 경우에 대해 p의 95% 신뢰구간을 구하고, n이 신뢰구간에 어떤 영향을 주는지를 설명하여라.

8.4 갑돌이가 구청장선거에 후보로 출마하기 위해 여러분에게 여론조사를 의뢰했다고 하자. 100명의 표본을 임의로 뽑아 얻은 표본비율 $\hat{p}$=0.6이었다고 할 경우 모비율 p에 대한 95%와 99% 신뢰구간을 구하여라. 이 결과를 토대로 여러분은 갑돌이에게 구청장선거에 출마하라고 권유하겠는가? 그 이유를 말하여라. [8.1절]

8.5 모비율과 모평균에 관한 추론에서 표본크기를 결정하는 공식에 따라 다음 조

건을 충족하는 표본크기 n을 구하여라.

(1) 신뢰수준 90%에서 최대허용 표본오차가 ±3%이기 위해 필요한 표본의 크기

(2) 신뢰수준 90%에서 최대허용 표본오차가 ±2%이기 위해 필요한 표본의 크기

(3) 신뢰수준 90%에서 최대허용 표본오차가 ±1%이기 위해 필요한 표본의 최소 크기를 구해보고, 이 결과로부터 고정된 신뢰수준 하에서 최대 허용 표본오차를 줄이는 데에 표본의 크기가 어떤 영향을 주는지 설명하여라.

(4) 신뢰수준 90%에서 최대허용 표본오차가 ±3%이기 위해 필요한 표본의 크기

(5) 신뢰수준 95%에서 최대허용 표본오차가 ±3%이기 위해 필요한 표본의 크기

(6) 신뢰수준 99%에서 최대허용 표본오차가 ±3%이기 위해 필요한 표본의 최소 크기를 구하고, 이 결과로부터 고정된 최대허용 표본오차에서 신뢰수준을 증가시키는 데에 표본의 크기가 어떤 영향을 주는지 설명하여라. [8.1절]

8.6 아래 문제에서 모평균 μ에 대한 95% 신뢰구간을 구하고 어떤 신뢰구간이 가장 넓은지를 말하고 그 이유를 설명하여라. [8.1절]

(1) 32개의 가스오븐을 임의로 뽑아 가격을 알아보니 평균이 280,000원이고 표준편차가 123,000원이다.

(2) 어떤 특정 주식의 최근 36일 동안의 일일 주식종가는 평균이 24,000원이고 표준편차가 1,200원이다.

(3) 156개의 논을 임의로 뽑아 1000평당 평균 벼 수확량은 50가마이고 표준편차는 5가마이다.

(4) 5년 된 40대의 승용차의 1년 평균 수리비를 조사한 결과 평균이 250,000원이고 표준편차는 50,000원이다.

8.7 다음의 각 상황이 모평균 μ의 신뢰구간에 어떤 영향을 주는지를 설명하고

그 이유를 말하여라. [8.1절]

(1) 신뢰수준이 증가할 때

(2) 표본의 크기가 증가할 때

(3) 표준편차가 증가할 때

8.8 표본평균 $\overline{X}$가 모평균 μ를 중심으로 ± 2 구간에 속할 확률이 95%되는 표본크기를 구하여라. 단, $\sigma=1.4$이다. [8.1절]

8.9 다음 각 항목에서 주장되는 바를 의심하고 있는 연구자의 입장에서 귀무가설과 대립가설을 설정하여라. [8.2절]

(1) 어떤 전구제조회사는 그 회사제품의 평균수명이 750시간 이상이라고 주장하고 있다.

(2) 정부발표에 따르면 폐암에 걸린 사람 중 90%가 흡연자라고 한다.

(3) 어떤 자동차 회사는 자사 브랜드의 자동차를 사는 고객 중 최소한 24%는 다시 자사 브랜드의 자동차를 산다고 한다.

(4) 어떤 특정타이어의 평균수명은 최소한 50,000마일이라고 한다.

(5) 어떤 심리학자는 꿈꾸는 시간은 평균 10분이라고 한다.

8.10 모비율 p 또는 모평균 μ에 대한 양측검정에서 [표본 자료로부터 계산한 검정통계량 Z의 값을] z라고 할 때, 이들 각 경우에 대한 $p-$값을 구하고, 이것이 귀무가설을 기각할만한 충분한 증거가 되는지를 설명하여라. [8.2절]

(1) $z= 1.631$ (2) $z= 1.723$ (3) $z= -1.464$

(4) $z= -1.655$ (5) $z= 1.98$ (6) $z= -1.89$

(7) $z= 1.65$ (8) $z= -1.99$ (9) $z= 2.01$

8.11 가설검정의 결과를 보고함에 있어 다른 주요 통계량의 값과 더불어 $p-$값을 이에 포함하는 것이 바람직한 이유를 설명하여라. [8.2절]

8.12 다음에 주어진 각 α와 $p-$값에 대해 귀무가설의 기각여부를 결정하여라.

[8.2절]

(1) $\alpha=5\%$, $p-$값$=0.07$ (2) $\alpha=0.10$, $p-$값$=0.07$

(3) $\alpha=5\%$, $p-$값$=0.05$

8.13 한 의학 전문지에 따르면 최소한 50%의 성인이 담배를 피운다고 한다. 이를 확인하기 위해 200명의 성인을 조사한 결과 흡연율은 51.5%로 나타났다. 이 조사결과가 이 의학 전문지의 주장을 충분히 대변하고 있다고 할 수 있는가? 이 문제를 $p-$값의 관점에서 논하여라. 만약 여기서 유의수준 α=0.01로 했을 때의 검정결과는? [8.2절]

8.14 정부의 기업활동규제에 대한 연구에서 2000명의 기업가에게 설문조사를 수행한 결과 그 중 1500명이 정부의 규제정책은 기업활동에 부정적인 영향을 준다고 응답했다. 이 자료를 바탕으로 기업인의 70%가 정부의 규제정책에 대한 동일한 의견을 가지고 있다는 주장을 기각할 것인가? [8.2절]

8.15 한 조사회사에 따르면 최소한 55%의 성인이 아침을 먹지 않는다고 한다. 이를 확인하기위해 250명의 성인을 임의로 뽑아 조사한 바, 이중 56.4%가 아침을 먹지 않는 것으로 밝혀졌다. 이 결과가 최소한 55%의 성인이 아침을 먹지 않는다는 주장에 대한 충분한 근거를 제공하고 있는가? [8.2절]

8.16 전구제조회사가 개발한 새로운 신제품은 그의 평균수명은 최소한 750시간이라고 발표하였다. 만약 36개의 임의표본을 뽑아 조사한 결과 이들의 평균이 760시간이고 표준편차가 60시간으로 나왔다고 할 때, 이 전구제조회사의 신제품에 대한 발표가 통계적으로 타당하다고 할 수 있는가? [8.2절]

8.17 어떤 과학자에 따르면 서울의 평균 다이옥신의 수준은 28 ppb(parts per-billion)보다 높다고 주장하고 있다. 이를 알아보기 위해 한 환경단체에서는 임의로 36개의 날짜를 뽑아 조사한 결과 평균이 29 ppb이고 표준편차가 5 ppb였다고 한다. 이 과학자의 주장은 어느 정도의 타당성을 가지는가? [8.2절]

8.18 다음 각 경우 두 독립집단에서 모비율의 차이 $(p_1 - p_2)$에 대한 95% 신뢰구간을 구하여라. [8.3절]

(1) $n_1 = 400$, $\hat{p}_1 = 0.65$, $n_2 = 400$, $\hat{p}_2 = 0.58$

(2) $n_1 = 180$, $\hat{p}_1 = 0.31$, $n_2 = 250$, $\hat{p}_2 = 0.25$

(3) $n_1 = 100$, $\hat{p}_1 = 0.46$, $n_2 = 120$, $\hat{p}_2 = 0.61$

8.19 심장병 환자들에 대한 스트레스 완화 교육이 심장발작 증세를 완화시키는지를 알아보기 위해 107명의 심장환자를 임의로 3개의 그룹으로 나눈 후 33명으로 구성된 그룹 1에는 스트레스 완화 교육을, 34명으로 구성된 그룹 2에는 운동요법을, 나머지 40명으로 구성된 그룹 3에는 일반적인 심장질환 치료만 실시하였다고 한다. 이후 3년 동안 각 그룹에서 발생한 심장발작 환자의 수는 다음과 같다.

	그룹 1	그룹 2	그룹 3
n	33	34	40
심장발작 환자수	3	7	12

<자료출처: The Archives of Internal Medicine>

(1) 그룹 1과 2의 심장발작비율의 차이에 대한 99% 신뢰구간을 구하고 해석하여라.

(2) 그룹 1과 3의 심장발작비율의 차이에 대한 99% 신뢰구간을 구하고 해석하여라.

(3) 그룹 2와 3의 심장발작비율의 차이에 대한 99% 신뢰구간을 구하고 해석하여라.

(4) 그룹 1과 그룹 2의 심장발작비율이 차이가 있는지를 검정하여라.

(5) (4)를 그룹 1과 3, 그룹 2와 3에 대해 반복하여라.

(6) (4)와 (5)의 결과를 이용하여 그룹 1, 2, 3을 비교하여 그 이유를 설명하여라. [8.3절]

8.20 다음과 같은 두 독립 모집단으로부터 각각 100개의 표본을 뽑았다고 하자.

모집단 1	모집단 2
$\mu_1=14$ $\sigma_1=4$	$\mu_2=10$ $\sigma_2=3$

$\overline{X}$와 $\overline{Y}$를 모집단 1과 2로부터의 표본평균이라 할 때

(1) $\overline{X}$와 $\overline{Y}$ 각각의 근사분포는?

(2) $\overline{X}-\overline{Y}$의 근사분포는? [8.3절]

8.21 두 개의 독립인 모집단의 모평균을 비교하기 위해 400개의 단순임의표본을 각 모집단으로부터 뽑아 다음과 같은 결과를 얻었다고 하자.

표본 1(μ_1)	표본 2(μ_2)
$\overline{X}=5275$ $S_1=150$	$\overline{Y}=5240$ $S_2=200$

(1) $\mu_1-\mu_2$에 대한 95% 신뢰구간을 구하고, 그 결과를 해석하여라.

(2) $H_0:\mu_1-\mu_2=0$ 대 $H_a:\mu_1-\mu_2\neq 0$에 대한 검정을 하고 그 결과를 (1)의 결과와 비교, 설명하여라.

(3) $H_a:\mu_1-\mu_2>0$ 으로 대립가설을 바꿀 경우 검정결과가 어떻게 바뀌는지를 서술하여라.

(4) $H_0:\mu_1-\mu_2=25$ 대 $H_a:\mu_1-\mu_2\neq 25$로 가설을 바꿀 경우, 어떤 검정결과가 나오는지를 보이고 해석하여라. 그리고 (1)과 비교하여라.

(5) (1)~(4)의 통계적 추론에 타당성을 확보하기 위해 어떤 가정이 필요한지 설명하여라. [8.3절]

8.22 <예 7.39>의 경우에서 임의로 뽑은 9명($=n$)의 학생으로부터 계산한 평균 체중 $\overline{X}=64kg$이고, 미지의 모집단 표준편차인 σ를 (표본)표준편차 $S=3.58\,kg$로 추정한다고 하자. μ에 관한 95% 신뢰구간을 구하고, 다음 가설을 검정하여라. [8.3절]

(1) $H_0:\mu=60$ 대 $H_1:\mu>60$

(2) $H_0:\mu=60$ 대 $H_1:\mu<60$

(3) $H_0:\mu=60$ 대 $H_1:\mu\neq 60$

찾아보기

아

자

차

카

타

파

하

기타

[제2판] 통계적 탐구

2002년 3월 2일 초 판 발행
2017년 3월 2일 2판 2쇄 발행

저 자 김기영 | 박유성 | 송석헌 | 이재원
장인식 | 전명식 | 허명회
발행자 오판근
발행처 교우사

주 소 서울특별시 동대문구 약령시로 8 교우빌딩 2층
전 화 925-2861~2, 편집부 / 925-2825, 홈쇼핑 / 969-5762
팩 스 925-2860

E-mail kyowoo@kyowoo.co.kr
홈페이지 http://www.kyowoo.co.kr
북스토어(쇼핑몰) http://www.kyowoo.co.kr

등 록 1994. 3. 24 제6-0256호

ISBN 978-89-8172-669-0
값 20,000원